„Open Strategy ist mehr als nur eine inspirierende Idee. Mit diesem Buch erhalten Unternehmensverantwortliche nun endlich die Tools an die Hand, die sie brauchen, um Open Strategy zu einer erfolgskritischen Realität zu machen."
– **Richard Whittington**, Professor für strategisches Management an der University of Oxford

„Wenn Sie ein Unternehmen führen, müssen Sie dieses Buch lesen! Herkömmliches Top-down-Denken hilft in unserer komplexen Gegenwart und unsicheren Zukunft nicht mehr weiter. Dies ist das erste Buch zum Thema Strategie, das verstanden zu haben scheint, in welcher Welt wir heute leben."
– **Margaret Heffernan**, CEO und Autorin von *Unchartered: How to Navigate the Future*

„Bislang galt in Unternehmen: Strategie ist Sache der Führung. Nun öffnen sich die Türen zur Vorstandsetage langsam. Open Strategy ist wie zuvor bereits Open Innovation ein echter Game-Changer."
– **Des Dearlove** und **Stuart Crainer**, Thinkers50

Matzler · Stadler · Hautz · Friedrich von den Eichen · Anschober

**Open Strategy**

# Open Strategy

## Durch offene Strategiearbeit Disruption erfolgreich managen

von

Kurt Matzler, Christian Stadler, Julia Hautz,
Stephan Friedrich von den Eichen, Markus Anschober

Aus dem Amerikanischen übersetzt von Jana Fritz

Verlag Franz Vahlen München

**KURT MATZLER** ist Professor für Strategisches Management an der Universität Innsbruck, Direktor des Executive MBA Programms am MCI in Innsbruck und Partner der Unternehmensberatung IMP – Innovative Management Partner

**CHRISTIAN STADLER** ist Professor für Strategisches Management an der Warwick Business School

**JULIA HAUTZ** ist Professorin für Strategisches Management an der Universität Innsbruck

**STEPHAN FRIEDRICH VON DEN EICHEN** ist Managing Partner von IMP – Innovative Management Partner und Professor für Geschäftsmodellinnovation an der Universität Bremen

**MARKUS ANSCHOBER** ist Managing Partner von IMP – Innovative Management Partner

ISBN Print: 978 3 8006 6942 4
ISBN eBook (ePDF): 978 3 8006 6943 1
ISBN eBook (ePub): 978 3 8006 6944 8

Die Originalausgabe erschien 2021 unter dem Titel „Open Strategy" MIT Press.

Satz: Fotosatz Buck,
Zweikirchener Str. 7, 84036 Kumhausen
Druck und Bindung: Beltz Grafische Betriebe GmbH
Am Fliegerhorst 8, 99947 Bad Langensalza
Umschlaggestaltung: Ralph Zimmermann – Bureau Parapluie
In Anlehnung an die Originalausgabe
Gedruckt auf säurefreiem, alterungsbeständigem Papier
(hergestellt aus chlorfrei gebleichtem Zellstoff)

# Inhalt

In dem aus dem alten China stammenden Handbuch *Die Kunst des Krieges* rät der Militärstratege Sun Tzu Generälen, ihre Pläne für sich zu behalten, wenn sie ihre Gegner besiegen wollen: „Wenn wir die Planung des Feindes aufdecken und selbst unsichtbar bleiben, können wir unsere Streitkräfte konzentriert halten, während der Feind die seinen teilen muss", schreibt er. Diesen Rat nehmen sich die meisten Führungskräfte zu Herzen und versuchen mit allen Mitteln, ihre Strategien sowie die ihnen zugrunde liegenden Überlegungen, Marktdaten und Produktinformationen zu schützen.

– Doch was, wenn sie sich irren?

# Vorwort

*Von Gary Hamel*

Ich erinnere mich, es war ein bitterkalter Wintermorgen des Jahres 1993. Ich war mit dem Flugzeug aus London angereist und lief nun 700 Kilometer südlich des nördlichen Polarkreises über einen Parkplatz. Die Sonne würde erst in zwei Stunden aufgehen.

Einige Wochen zuvor hatte ich einen Anruf von Pekka Ala-Pietilä erhalten, dem schmalen, rotblonden Nokia-Topmanager, der eine wettbewerbsfähige Telekommunikationsstrategie für das Unternehmen entwickeln sollte. Bevor er mich angerufen hatte, wusste ich praktisch nichts über Nokia, aber nun war ich hier, in Espoo, der zweitgrößten Stadt Finnlands, und betrat die spartanische Zentrale des Unternehmens. Begleitet wurde ich von Dr. Jim Scholes, meinem langjährigen Berater-Partner, einem Experten für Systemdenken und Change Management. Bei diesem ersten Treffen waren wir beide überrascht, wie motiviert das junge Nokia-Team war, das uns gegenübersaß. Sie waren entschlossen, so erzählten sie uns, Motorola den Rang als weltweit führendes Mobilfunkunternehmen streitig zu machen.

Damals war Nokia bereits eine ernst zu nehmende Nummer Zwei auf dem Markt. 1992 hatte das Unternehmen 3 Millionen Handys verkauft, Motorola 4 Millionen. In den 1980ern hatte es beim Aufbau des Nordic Mobile Telephone Network mitgewirkt, einem der weltweit ersten Mobilfunksysteme, und 1984 wartete Nokia mit seinem ersten selbstgebauten Mobilfunkgerät auf, einem 4,7 Kilogramm schweren Autotelefon. Trotz dieser frühen Erfolge würde es nicht leicht werden, Motorola zu überholen. 1983 hatte der Konkurrent das erste tragbare Mobiltelefon auf den Markt gebracht. Das mauersteingroße DynaTAc entpuppte sich als unmittelbarer Erfolg bei Geschäftsreisenden und Managern, die sich den unglaublichen Anschaffungspreis von 4.000 US-Dollar leisten konnten. Sechs Jahre später stellte Motorola das MicroTAc vor, das erste Mobiltelefon, das in eine Hemdtasche passte. Mit 3.000 US-Dollar war es für die meisten Verbraucher immer noch unbezahlbar, doch sein schlankes Design stärkte Motorolas Position als führender Mobiltelefonhersteller.

Nokia hatte mich unter anderem eingeladen, weil ich einige Jahre zuvor einen Artikel in der *Harvard Business Review* mit dem Titel „Strategic Intent" veröffentlicht hatte. Darin plädierte ich dafür, dass sich Unternehmen „Stretch Goals" setzen sollten, ehrgeizige strategische Ziele, die sich mithilfe von Innovationen erreichen lassen. Als ich nun jedoch diesen todernsten Finnen gegenübersaß, musste ich schlucken. Es mit Motorola aufzunehmen erschien mir weniger wie ein ehrgeiziges Ziel als ein Selbstmordkommando. Ich kannte Motorola gut. Es war eines der bestgeführten Unternehmen in den Vereinigten Staaten. Und Bob Galvin, der CEO von Motorola, war eine Ikone. Er hatte miterlebt, wie japanische Unternehmen die US-amerikanische Unterhaltungselektronikbranche erobert hatten, und war fest entschlossen, Motorolas Führungsposition gegen alles und jeden zu verteidigen – kamen die Herausforderer nun aus dem In- oder Ausland. Ich hatte also Vorbehalte, doch die kraftstrotzende Entschlossenheit von Pekka und seinen Mitstreitern war ansteckend. Als es Zeit für die Mittagspause war, hatten Jim und ich Nokia bereits unsere Unterstützung zugesagt.

Als Erstes versuchte ich meinen neuen Klienten klar zu machen, dass sie eine völlig neue Strategie brauchen, um Motorola in die Knie zu zwingen. Dazu sollten sie im ersten Schritt ein ambitioniertes Ziel formulieren, das unkonventionelles Denken zuließ. Ich schrieb die Zahl 1.000.000.000 auf ein Flipchart, und erklärte, dass sie sich daran orientieren sollten: 1 Milliarde Mobiltelefone zu verkaufen. Das war viel verlangt, denn zu diesem Zeitpunkt gab es lediglich 35 Millionen Mobilfunkkunden weltweit. Es entstand eine lange Pause, doch niemand erhob Einspruch oder verzog auch nur eine Augenbraue. Sie hatten es verstanden. Sie wussten, dass das Bestreben des Menschen, überall mit jedem kommunizieren zu können, universell war. Natürlich würden eine Milliarde Menschen ein Mobiltelefon haben wollen. Die Frage war vielmehr, ob es Nokia gelingen würde, diese Nachfrage als führender Anbieter zu befriedigen.

Um das zu bewerkstelligen, bräuchte Nokia eine bahnbrechende Strategie, die es dem Unternehmen erlauben würde, den Markt radikal zu vergrößern und den Branchenführer zu überholen. Wie die meisten Unternehmen folgte Nokia bei der Entscheidung, in welche Projekte es investierte, einem disziplinierten Prozess. Um eine revolutionäre Strategie zu entwickeln, müsste Nokia diesen jedoch komplett umkrempeln und sich weniger auf Zahlen als auf neues Denken konzentrieren.

Durch unser Entrepreneurship-Studium wussten Jim und ich, dass die Entwicklung einer Game-Changer-Strategie, wie etwa Risikokapitalinvestitionen, ein Zahlenspiel ist. Ein Risikokapitalgeber, der auf der Suche nach dem „next big thing" ist, analysiert Hunderte von Businessplänen, bevor er in eine Handvoll vielversprechender Start-ups investiert. Game-Changer-Ideen sind selten – sowohl im Silicon Valley als auch in etablierten Unternehmen. Um die eine bahnbrechende Idee zu finden, würde Nokia Hunderte, wenn nicht Tausende verrückte Ideen generieren und sie auf ihre Originalität, Wirksamkeit und Machbarkeit prüfen müssen. Das bedeutete, den Strategieprozess für einen breiten Querschnitt der Belegschaft zu öffnen. Nokia verfügte über ein erstklassiges Führungsteam, doch dieses allein besaß nicht die nötige Kreativität und Vielfalt, um ein umfassendes Portfolio bahnbrechender Ideen zu entwickeln. Wollte Nokia die Zukunft erfinden, bräuchte es viele weitere kluge Köpfe.

In den darauffolgenden Wochen wurden Dutzende von Mitarbeiterinnen und Mitarbeitern damit beauftragt, große Mengen an neuen Informationen zusammenzutragen – das Rohmaterial für strategische Innovation. Wir teilten knapp 100 Beschäftigte in vier Teams ein. Das erste Team hatte die Aufgabe, Glaubenssätze der Branche zu identifizieren: Welche Annahmen traf Motorola über Verbraucher, Technologien, Produkte, Preise und Marktgröße, und wie könnte Nokia dieses konventionelle Denken infrage stellen? Das zweite Team sollte Diskontinuitäten erkennen: Welche neuen Entwicklungen in den Bereichen Wirtschaft, Lifestyle, Technologie und Regulierung hatte Motorola noch nicht auf dem Schirm, und wie könnte Nokia diese für seine Zwecke nutzen? Das dritte Team analysierte die Kernfähigkeiten des Unternehmens: Über welche einzigartigen Technologien oder Kompetenzen verfügte Nokia, und welche neuen müsste es entwickeln, um Motorola zu überholen? Die schwierigste Aufgabe fiel dem vierten Team zu: neue Bedürfnisse und Zielgruppen zu identifizieren.

Die Teams machten sich an die Arbeit und wollten sich dabei insbesondere auf die „Walkman-Generation" konzentrieren. Ein Jahr zuvor hatte Sony 100 Millionen tragbare Musikplayer verkauft – vor allem an junge Leute. Und schon bald traf man die Entwickler und Marketingfachleute von Nokia in Clubs in Tokyo und an den Stränden von L.A. an, wo sie das Verhalten und die Vorlieben von Teenagern und Mitzwanzigern studierten, die später einmal ihre Kunden sein würden.

Als die Marktforschungsteams wieder in Espoo waren, dienten ihre Beobachtungen als Futter für zahlreiche Brainstormingrunden. Hunderte Mitarbeiterinnen und Mitarbeiter hatten Gelegenheit, darüber zu brüten. Jede Erkenntnis wurde auf einer Karte festgehalten, und die Beschäftigten sollten die Karten beliebig oft herumschieben, um zu sehen, welche Geschäftsideen ihnen kamen. In diesem Zuge wurden mehr als 2.000 „Baby-Strategien" entwickelt – junge, unausgereifte Ideen zu der Frage, wie Nokia das Mobilfunkgeschäft neu erfinden könnte.

Nun war es Zeit, die Ideen zusammenzuführen. Dazu luden wir die Nokia-Strategen, von denen es mittlerweile beachtlich viele gab, ein, die riesige Menge an Geschäftschancen, die sie identifiziert hatten, zu sichten. Gab es Cluster von verwandten Ideen, die auf größere „Meta-Strategien" hindeuteten? Gab es Themen, die der Strategie von Nokia Fokus und Einheitlichkeit verleihen könnten? Erfreulicherweise ließen sich beide Fragen mit Ja beantworten.

Ein Bündel von Ideen konzentrierte sich darauf, das Mobiltelefon mit neuen Funktionen auszustatten. So sollten die Nutzerinnen und Nutzer damit zum Beispiel auch Fotos machen, Zahlungen tätigen, Nachrichten verschicken und Termine verwalten können. Ein zweites Bündel von Ideen verfolgte den Gedanken, das Mobiltelefon zu einem ansprechenden und unverzichtbaren Lifestyle-Produkt zu machen, das sich alle leisten konnten. Dazu gehörten Ideen, wie das Unternehmen die Produktionskosten radikal senken, das Telefon in verschiedenen Farben anbieten, es an die individuellen Vorlieben der Kunden anpassbar machen und vor allem junge Zielgruppen in den Blick nehmen könnte. Mit den Bedürfnissen von Netzwerkbetreibern beschäftigte sich ein drittes Ideen-Cluster. Um den Markt zu erweitern, müsste Nokia die großen Telekommunikationsanbieter mit ins Boot holen. Sie brauchten Komplettlösungen – Netzwerkgeräte und -Software, Abrechnungssysteme und Finanzierungslösungen –, die es ihnen erlauben würden, die nötige Infrastruktur aufzubauen und neue Services bereitzustellen.

Daneben gab es weitere Themen, doch diese drei – Funktionen über das Telefonieren hinaus integrieren, ein Lifestyle-Produkt entwickeln und Netzwerklösungen anbieten – schienen die vielversprechendsten. Sie wurden die tragenden Säulen der Unternehmensstrategie. Innerhalb des folgenden Jahrzehnts sollte diese Strategie Nokia zum Branchenführer machen und Milliarden US-Dollar an Marktwert generieren.

Zu Beginn des Prozesses hatten viele Beteiligte angezweifelt, ob es sinnvoll sei, so viele Personen an der Strategiediskussion zu beteiligen. Und ja: Es kostete Zeit und Mühe, Hunderte von Akteuren dazu zu bringen, wie Game-Changer zu denken. Und da nun viele Mitarbeiterinnen und Mitarbeiter in den Strategieprozess eingebunden waren, mussten andere Vorhaben zurückgestellt werden. Einige befürchteten auch, die Teams könnten zu „falschen“ Antworten gelangen: Was, wenn ihre Ideen langweilig oder – schlimmer noch – bloße Träumereien wären? Und dann war da noch die Frage der Geheimhaltung: Wie hält man eine Strategie unter Verschluss, wenn Hunderte Akteure an ihrer Entstehung mitwirken?

Doch den Zweiflern und Skeptikern zum Trotz erwies sich Open Strategy für Nokia als voller Erfolg. Zunächst einmal hatte das Unternehmen eine völlig neuartige Strategie entwickelt. In vielen Unternehmen wird der Planungsprozess von einer kleinen, eingeschworenen Gruppe von Top-Führungskräften dominiert, die nach einigen Jahren alle in denselben Bahnen denken. Das Topmanagement von Nokia wusste dagegen: Wollte das Unternehmen neue Ideen entwickeln, musste es neue Stimmen zulassen. Es war kein Zufall, dass die vier Marktforschungsteams hauptsächlich aus relativ jungen Leuten bestanden, die bereits in anderen Branchen gearbeitet hatten und nicht in der Zentrale angesiedelt waren.

Zweitens hatte der hoch-partizipative Prozess eine Strategie hervorgebracht, die auf dem Boden der Tatsachen beruhte. Bevor die Beschäftigten begannen, Ideen zu entwickeln, schulten wir sie im kreativen Denken und schickten sie nach „draußen“, um Daten zu sammeln. Eine Strategie muss schließlich auf Fakten basieren. Der Trick besteht darin, die Fakten zu finden, die die Wettbewerber noch nicht entdeckt haben oder die für sie zu unbequem sind, als dass sie sie berücksichtigen würden.

Drittens war die neue Strategie glaubwürdig und wurde von allen Beteiligten verstanden. Am Ende des Projekts wussten alle Beschäftigten, wohin das Unternehmen steuerte. Und sie waren entschlossen, das Mobiltelefon zur „Fernbedienung fürs Leben“ zu machen. Wird die Strategie dagegen im stillen Kämmerlein entwickelt, stehen die Verantwortlichen am Ende vor einem schier unlösbaren Kommunikationsproblem: Die Mitarbeiterinnen und Mitarbeiter tun sich schwer, sich für eine Strategie zu begeistern, die einer Black Box entstammt. Viele fragen sich dann unweigerlich, warum andere, scheinbar bessere Strategien nicht weiterverfolgt wurden. Und selbst wenn eine Strategie glaubwürdig erscheint, können PowerPoint-Folien und Blogbeiträge von einflussreichen Personen die Beschäftigten nicht ausreichend mobilisieren. Denn sie wollen verstehen, was die Strategie ganz konkret für ihre tägliche Arbeit bedeutet. Mit einem offenen Prozess lassen sich diese Stolperfallen vermeiden.

Zu guter Letzt brachte der gemeinschaftliche Prozess eine detaillierte Strategie hervor, die direkt umgesetzt werden konnte. Strategien, die allein vom Führungsteam entworfen werden, mangelt es häufig an Genauigkeit. Sie beantworten eher das „Was" als das „Warum". Und weil sie so unkonkret sind, geht von der Strategieformulierung bis zur Strategieumsetzung viel Zeit ins Land. Nokia hat seine Strategie dagegen bottom-up entwickelt. Jede der drei großen strategischen Säulen umfasste Dutzende ausgereifte Ideen, die zügig umgesetzt werden konnten. Als die Strategie schließlich festgezurrt wurde, waren die Mitarbeiterinnen und Mitarbeiter bereit, sie zu implementieren.

Zehn Jahre später vereinte Nokia mehr als die Hälfte des Wertes der Helsinki Stock Exchange auf sich, und 2005 verkaufte es in einem einzigen Jahr über 1 Milliarde Mobiltelefone. Nokia galt als bestgeführtes Unternehmen der Welt und schien unbezwingbar. Doch Sie, liebe Leserinnen und Leser, wissen, wie die Geschichte ausgeht. Wie in vielen anderen Unternehmen auch erwies sich Nokias Erfolg als ein sich selbst korrigierendes Phänomen.

Für alle, die sich mit Lebenszyklen auskennen, ist diese Entwicklung wenig überraschend. Mit zunehmendem Wachstum und Erfolg schalten die Verantwortlichen häufig von Angriff auf Verteidigung um. Milliardenschwere FuE- und Marketingbudgets treten an die Stelle von Kreativität. Einst neuartige Strategien münden in Ideenlosigkeit, und die Toleranz für abweichende Meinungen schwindet. Einstige Piraten werden zu Aristokraten. Die dreißigjährigen Rebellen, mit denen ich in den frühen 1990ern bei Nokia zusammengearbeitet hatte, waren nun, zwölf Jahre später, gefeierte, wohlhabende Tech-Titanen. Auf dem Höhepunkt ihres Erfolgs angelangt sahen sie wenig Notwendigkeit, ihr Erfolgsrezept zu ändern.

Insofern überrascht es nicht, dass Nokia nie wieder die kollektive Intelligenz seiner motivierten, ambitionierten Belegschaft anzapfte, um seinen zukünftigen Kurs zu bestimmen. Dem Unternehmen war es auf spektakuläre Weise gelungen, Motorola herauszufordern; es scheiterte jedoch daran, sich selbst herauszufordern. Das erledigte dann ein neuer Trupp von Rebellen: Am 9. Januar 2007 stellte Steve Jobs in San Francisco das iPhone vor. Elf Monate später kündigte Google an, sein soeben fertiggestelltes Betriebssystem für Mobilgeräte, Android, an Hersteller auf der ganzen Welt zu lizensieren. Heute laufen 99 Prozent aller Smartphones auf iOS oder Android, und den Großteil dieser Geräte produziert Samsung.

Die Welt ist heute wesentlich volatiler und komplexer als 1993, als ich aus einer Maschine von British Airways in den kalten, dunklen finnischen Winter Finnlands trat. Open Strategy ist überlebenswichtiger denn je, wird aber immer noch zu wenig genutzt, weil sich viele Top-Führungskräfte überschätzen. Sie betrachten sich häufig immer noch als Chefstrategen. Denn wie rechtfertigt man sonst ein Multimillionen-Dollar-Gehalt, wenn man nicht als Strategieprofi mit der mutigen Aufgabe betraut ist, die Zukunft des Unternehmens zu entwerfen? Ist es nicht genau das, was Aktionäre, Journalistinnen und Beschäftigte erwarten? Wer würde es wagen zu widersprechen, wenn ein Unternehmenshäuptling wie A. G. Lafley, der zweimal Chef von Procter & Gamble war, behauptet, „Der CEO ist in der Lage, Chancen zu erkennen, die andere nicht sehen, (…) und schwierige Entscheidungen zu treffen, vor denen andere zurückschrecken“? Und wer würde es als Unsinn abtun, wenn frühere geschäftsführende Partner eines der größten Beratungsunternehmen erklären, dass es einer Handvoll von Top-Führungskräften vorbehalten sei, „über das Schicksal des Unternehmens zu entscheiden (…), während die anderen sich um die operative Umsetzung kümmern“? Doch wir sollten wiedersprechen. Denn Weitsicht und Kreativität sind nicht an Position und Rang gebunden, und jedes Unternehmen, das die Befugnis zur Strategieentwicklung auf eine kleine Gruppe von Topmanagern begrenzt, findet sich schon bald in der Defensive wieder.

Unternehmensverantwortliche wissen häufig nicht, was wirklich vor sich geht, weil sie von buckelnden Untergebenen umringt sind, die die Erfahrung gemacht haben, dass es wenig bringt, Widerspruch zu äußern. Langjährige Entscheiderinnen und Entscheider fühlen sich verpflichtet, überholte Strategien zu verteidigen, und weigern sich anzuerkennen, dass ihr eigenes intellektuelles

Kapital abnimmt. Darin besteht das Problem eines Top-down-Strategieprozesses: Er koppelt die Anpassungsfähigkeit und den Veränderungswillen des Unternehmens an die Anpassungsfähigkeit und den Veränderungswillen einiger weniger Top-Führungskräfte. Scheitern sie an dieser Aufgabe, was häufig der Fall ist, scheitert auch das Unternehmen.

Damit Open Strategy ihr volles Potenzial entfalten kann, müssen wir uns von dem Gedanken verabschieden, dass einige wenige Personen an der Spitze in der Lage sind, robuste, zukunftsorientierte Strategien zu entwickeln. „Bescheidenheit im Topmanagement" ist in etwa so widersprüchlich wie die „schottische Küche" oder „virtuelle Präsenz". Für Open Strategy ist sie jedoch eine Grundvoraussetzung.

Soviel von meiner Seite. Nun sollten Sie sich in dieses Buch vertiefen, das – so viel sei jetzt schon gesagt – eines der wichtigsten Wirtschaftsbücher dieses Jahrzehnts ist. Auf den folgenden Seiten geben Ihnen Kurt Matzler, Christian Stadler, Julia Hautz, Stephan Friedrich von den Eichen und Markus Anschober einen unverzichtbaren Ratgeber an die Hand, wie Sie in Ihrem Unternehmen robuste, zukunftsorientierte Strategien entwickeln können. Wenn Sie also dem Wandel einen Schritt voraus sein, Ihre Wettbewerber links liegenlassen und alle Erwartungen übertreffen wollen, empfehle ich Ihnen, weiterzulesen.

*Silicon Valley, Kalifornien*
*Dezember 2020*

# Einführung
# Erfolgreich mit Open Strategy

Warum gelingt es einigen der weltweit erfolgreichsten Unternehmen, der Disruption zu entgehen und innovative Strategien zu entwickeln und umzusetzen, während weniger erfolgreiche Wettbewerber aufgeben müssen? Werden sie von klügeren Personen geführt? Engagieren sie bessere Berater? Nutzen Sie bessere Modelle zur Geschäftsanalyse? Verfügen Sie über bessere Ressourcen und Kompetenzen? Über bessere Prozesse?

Nichts von alledem.

Diese Unternehmen sind so erfolgreich, weil sie einen neuen Weg gefunden haben, mit Strategie umzugehen. Sie nutzen einen Strategieprozess, der unserer schnelllebigen und volatilen Geschäftswelt Rechnung trägt. Anstatt die Strategieplanung auf ein kleines Managementteam zu begrenzen, beteiligen diese Unternehmen weitere Akteure am Prozess: Frontline-Mitarbeiter, Expertinnen, Lieferanten, Kunden, Entrepreneure – ja sogar Wettbewerber. Sie „öffnen" ihren Strategieprozess, so wie Unternehmen in der Vergangenheit bereits andere Geschäftsbereiche wie Innovation oder Marketing geöffnet haben. Und sie sind damit außerordentlich erfolgreich.

Als Ashok Vaswani 2012 das britische Einzelhandelsgeschäft von Barclays übernahm, wusste er, dass die Großbank einige Veränderungen vornehmen musste – und zwar schnell. Zeitungen, Plattenfirmen und Telekommunikationsanbieter waren bereits der digitalen Disruption zum Opfer gefallen. Angesichts Dutzender in den Startlöchern stehender Fintech-Start-ups würden die großen Geldhäuser bald ebenfalls in Bedrängnis geraten. Vaswani war für eine in alten Strukturen verhaftete Organisation mit 30.000 Beschäftigten zuständig. Jede neue Strategie, die er und sein Team entwickeln würden, müsste nicht nur eine Antwort auf die bevorstehenden Wettbewerbsbedrohungen bieten, sondern auch die Mitarbeiterinnen und Mitarbeiter mit neuer Energie ausstatten und sie zu mehr Eigenverantwortung motivieren. Irgendwie musste es der Bank gelingen, sich von herkömmlichen Prozessen zu lösen und der Veränderung einen Schritt voraus zu sein.

Bislang hatte Barclays seine Strategien auf herkömmliche Weise formuliert: Das Topmanagement und sein Beraterteam zogen sich zurück und entwickelten hinter verschlossenen Türen einen strategischen Plan. Diesen kommunizierten sie dann an die Beschäftigten und legten Budgets fest, damit die verschiedenen Bereiche die Strategie umsetzen konnten.

Vaswani war überzeugt, dass es anders gehen musste. Wenn die Mitarbeiterinnen und Mitarbeiter an der Basis von Anfang an am Strategieprozess beteiligt wären, würden sie sich der Strategie stärker verbunden fühlen, sie besser verstehen und eher bereit sein, sie umzusetzen. Die Führungsspitze wiederum wäre in der Lage, differenziertere Strategien zu entwickeln, weil sie die Bedenken und Einwände der Frontline-Beschäftigten kannte, und die Strategien besser zu kommunizieren. „Strategie ist nicht kompliziert“, sagte uns Vaswani in einem Gespräch. „Sie muss lediglich drei Fragen beantworten: Wo stehen wir? Wo wollen wir hin? Und wie kommen wir dorthin? Das sind die *einzigen* relevanten Fragen, und Antworten darauf finden Sie auf allen Ebenen des Unternehmens. Deshalb halte ich es für unklug zu sagen: Nur die Leute an der Spitze sollen sich mit Strategie beschäftigen.“[1]

Anstatt den Strategieprozess also allein für sich zu beanspruchen, mussten Vaswani und sein Team alle mit einbeziehen. Sie mussten sich öffnen.[2] Und das taten sie. Die Großbank richtete mehrere „Councils“ ein, die jeweils 20 bis 25 erfahrene Produktmanagerinnen und manager umfassten sowie Fachleute aus den Funktionsbereichen Marketing, Compliance, Recht und Personalwesen. Ihre Aufgabe bestand darin, den aktuellen Zustand des Unternehmens zu beschreiben und in diese Analyse ihr fundiertes Faktenwissen zu Produkten, Trends und betrieblichen Fähigkeiten einfließen zu lassen. Parallel dazu bildete das Unternehmen Arbeitsgruppen mit mehreren Dutzend Frontline-Beschäftigten, die sich der Frage widmen sollten: „Wie soll Barclays im Jahr 2020 aussehen?“ Die Frage war bewusst offen gehalten, damit die Teilnehmenden nicht nur digitale Themen berücksichtigten, sondern sich ganz breit Gedanken zu den zukünftigen Angeboten und Abläufen des Unternehmens machen konnten.

Die Frontline-Beschäftigten waren am nächsten an den Bankkundinnen und -kunden dran. Sie kannte ihre Bedürfnisse und Sorgen. Und sie wussten, dass sich diese eine schnellere Bearbeitungszeit, eine bessere Verfügbarkeit und mehr Transparenz wünschten. Warum dauerte es so lange, eine Hypothek zu bekommen? Und warum war der Prozess nicht transparenter, sodass man jederzeit wusste, wie gut die Chancen auf einen Kredit standen? Damit sich die Bank in diesen Bereichen besser aufstellen konnte, schlugen die Frontline-Mitarbeiter vor, dass sich Barclays für digitale Plattformen öffnen und die großen Datenmengen, die solche Plattformen generieren, nutzen sollte.

Diese grundlegenden Ideen verknüpften die Councils mit ihrem fundierten operationalen Wissen und entwickelten einen vorläufigen Strategieplan, den sie dem Topmanagement präsentierten. Um den Plan zu verfeinern und zu finalisieren, öffnete Barclays den Prozess weiter und lud im Endeffekt alle Beschäftigten ein, sich zu beteiligen. Dadurch wollten die Verantwortlichen sicherstellen, dass die finale Strategie einfach genug war, um von allen verstanden zu werden. „Eine einfache Strategie, die alle verstehen, ist viel besser als eine komplizierte Strategie, die nur wenige verstehen", so Vaswani.[3]

Über einen Zeitraum von zwei Monaten veranstaltete das Unternehmen mehr als siebzig Town-Hall-artige Unternehmensversammlungen in Großbritannien und mietete dazu ganze Kinosäle an, um allen Beschäftigten Platz zu bieten.[4] Dadurch, dass die Verantwortlichen den Strategieplan bereits während seiner Entstehung vorstellten, kam es zu lebhaften Diskussionen, in denen die Frontline-Mitarbeiterinnen und -Mitarbeitern durchspielen konnten, was die Strategie in der Praxis für Kunden, die ein bestimmtes Produkt kauften, und die Beschäftigten, die dieses verkauften, bedeutete. Da die Führungsspitze bereits Input von den Mitarbeitern der Basis erhalten hatte, war sie in der Lage, deren Sprache zu sprechen. Dies führte dazu, dass die Beschäftigten die Strategie als relevant und glaubwürdig erachteten – und nicht bloß als eine weitere Initiative, die ihnen übergestülpt wird.

Um die Belegschaft weiter einzubeziehen, veranstaltete Barclays einen einwöchigen „Strategy Jam", bei dem mithilfe eines digitalen Tools von IBM alle 30.000 Beschäftigten einschließlich der Führungsspitze zusammenkamen. In einer moderierten Online-Diskussion wurden mehrere Hauptthemen, die die Arbeitsgruppen identifiziert hatten, besprochen. Am Ende kristallisierte sich für das Topmanagement heraus, welche Ideen es wert waren, weiterverfolgt zu werden, und an welchen noch gearbeitet werden musste. Der Strategy Jam hatte jedoch noch einen weiteren Vorteil: Er steigerte das Bewusstsein für die

Strategie innerhalb des Unternehmens und veranlasste die Mitarbeiterinnen und Mitarbeiter, sich noch intensiver darüber auszutauschen.

Irgendwann kamen die Teilnehmenden auf Domino's Pizza zu sprechen und die Frage, welche Bedeutung Schnelligkeit und Transparenz für die Kundschaft haben. Die Barclays-Mitarbeiter wussten, dass der Pizzalieferant durch seinen Pizza-Tracker dem Kunden jederzeit sagen konnte, ob sich die Salami bereits auf der Pizza befand oder die Pizza bereits im Ofen backte. Wenn Domino's Pizza das konnte, warum war dann Barclays nicht in der Lage, seine Kunden darüber zu informieren, ob die Bank die Immobilie bereits bewertet, schon einen bestimmten Kreditwert bewilligt, das Darlehen finalisiert oder das Geld bereits überwiesen hatte? Diskussionen wie diese erweckten die Strategie zum Leben, was es eine herkömmliche Ansprache oder E-Mail des CEO nicht geschafft hätte.

Einen Monat nach dem Strategy Jam begann die Bank mit der Umsetzung: Die Abteilung für Verbraucherkredite startete eine App, über die Kunden mit wenigen Klicks einen Kredit beantragen konnten. Privatkunden konnten ihre Konten personalisieren und ihre bevorzugten Funktionen auszuwählen, und die Bank als Ganzes richtete eine mobile Banking-Plattform ein, die kurz nach dem Jam live ging. Die Strategie war ein voller Erfolg: Innerhalb kürzester Zeit zählte Barclays mehr als eine Millionen Nutzerinnen und Nutzer, und heute verwenden die App mehr als 9 Millionen Kunden, was sie zu einem der beliebtesten Fintech-Produkte in Großbritannien macht.[5] „Wir haben eine 320 Jahre alte Bank ins digitale Zeitalter befördert", bringt es Vaswani auf den Punkt.

Dank dieses Vorgehens ist Barclays heute relevanter, „jünger" und erfolgreicher als je zuvor. Etwa 17 Prozent seiner Privatkunden in Großbritannien sind Millennials, und mehr als 70 Prozent sind digital unterwegs. Nach eigenen Angaben verfügt die Bank in dieser Altersgruppe auch über den größten Marktanteil.[6] In einem stark umkämpften Markt, der von Fintech-Start-ups umgekrempelt wird, konnte Barclays die Eigenkapitalrentabilität seines Privatkundengeschäfts in Großbritannien von 15 auf 17 Prozent steigern.[7] Was Vaswani betrifft: Er wurde dreimal befördert und ist heute Mitglied des Executive Committee der Bank sowie CEO des Bereichs Consumer Banking and Payments. In dieser Funktion ist er für die Strategieumsetzung in den Bereichen Verbraucherkredite, Privatkundengeschäft und Zahlungsdienstleistungen in Asien, Großbritannien, Europa und den Vereinigten Staaten verantwortlich.

Anstatt sich der Disruption zu ergeben, hat Barclays den Wandel aktiv begrüßt und sich die Unterstützung und Partizipation der Beschäftigten gesichert. Die Verantwortlichen mussten nicht viel Zeit in die Kommunikation und Umsetzung der Strategie investieren, weil die Umsetzung bereits begonnen hatte, während sie im Rahmen von Workshops und dem Strategy Jam Feinjustierungen an der Strategie vornahmen. Und die Beschäftigten wiederum handelten ganz automatisch im Sinne der Strategie: Sie erhöhten das Tempo und die Transparenz, machten die Strategie zugänglicher und nutzten Kundendaten, um den Service zu verbessern. Eine Führungskraft beschrieb es mit den Worten: „Unter unseren 30.000 Beschäftigten gab es wahrscheinlich niemanden, der nicht wusste, wie [unsere Strategie] aussah, was wir erreichen wollten, und wie wir es erreichen wollten."[8] Indem Barclays sich öffnete, konnte das Unternehmen seine Strategie wesentlich schneller entwickeln und umsetzen, als es sonst der Fall gewesen wäre.

Auf den ersten Blick scheint die Idee, die strategische Planung aus den Vorstandszimmern herauszuholen und die Beschäftigten einzubinden, sehr logisch und wenig bemerkenswert. „Transparenz" und „Offenheit" sind in den letzten Jahren zu Buzzwords geworden, die man in allen möglichen Bereichen findet – von der Forschung und Entwicklung über die Logistik bis hin zu Marketing und Personalwesen. Gleichzeitig zeigt sich, dass der klassische Strategieprozess nicht funktioniert. Unternehmen geben jährlich mehr als 30 Milliarden US-Dollar für die Strategieberatung aus, und doch bleiben Studien zufolge 50 bis 90 Prozent der Strategien erfolglos.[9] Wären sie da nicht besser beraten, ihren Strategieprozess offener und partizipativer zu gestalten?

Und doch weigern sich die meisten Unternehmensverantwortlichen, dies zu tun. Aus verschiedenen Gründen: Viele Unternehmenslenker betrachten Strategie als „ihre" Aufgabe, während die Umsetzung den Führungskräften und Mitarbeitern zufällt – ein Glaube, der nicht selten ihre hohen Gehälter rechtfertigt. Viele machen sich zudem große Sorgen um die Vertraulichkeit: Wie um alles in der Welt kann man den Strategieprozess für Tausende Akteure öffnen, ohne dabei Geschäftsgeheimnisse preiszugeben oder Wettbewerbern Einblick in die eigenen Pläne zu geben? Und zu guter Letzt wissen die meisten Verantwortlichen nicht, wie sie – siehe das Beispiel Barclays – eine Vielzahl von Beschäftigten in den Prozess einbeziehen sollen, und haben Angst, dass das Ganze im Chaos endet.

Barclays hat seinen Wettbewerbsvorteil jedoch nicht eingebüßt, indem es Mitarbeiterinnen und Mitarbeiter auf allen Ebenen in seine strategischen Überlegungen einbezogen hat. Anders als vielen Mitbewerbern ist es der Bank gelungen, der Disruption zu begegnen und erfolgreich in die Zukunft zu starten. Auch wenn die digitale Transformation des Geldhauses oberflächlich betrachtet unvermeidbar schien, mussten die Verantwortlichen für die konkrete Umsetzung doch viele kleine Entscheidungen treffen, sich die Unterstützung der Filialen sichern und das bestehende Geschäft fortsetzen, während sie parallel dazu aggressiv in die digitale Richtung vorstießen. Dabei hätte einiges schiefgehen können. Nur weil der Planungsprozess so sorgfältig konzipiert war, konnte die digitale Strategie reibungslos umgesetzt werden.

Barclays ist bei Weitem nicht das einzige Unternehmen, dass sich für einen Open-Strategy-Ansatz entschieden hat. In den letzten Jahren haben auch das kanadische Bergbauunternehmen Goldcorp und der schwedische Telekommunikationsanbieter Ericsson interne – und externe – Akteure an der Lösung zahlreicher strategischer Fragen beteiligt. Ebenso adidas, Linde, Telefónica, ENEL, der europäische Stahlproduzent voestalpine, der internationale Beschlägehersteller Blum, die RWA Gruppe sowie eher unerwartete Kandidaten wie die US Navy, die US Intelligence Community (Nachrichtengemeinschaft der Vereinigten Staaten) und die NATO.

Doch auch mittelständische Unternehmen haben mit Open Strategy experimentiert, etwa Gallus (ein Geschäftsbereich von Heidelberger Druckmaschinen und einer der weltweit führenden Produzenten von Druckerpressen für Etikettenhersteller), SSM (ein führender Textilmaschinenhersteller), der Hörgerätehersteller WS Audiology, der Glashersteller Vetropack, sowie BPW (Europas größter Hersteller von Achs- und Federungssystemen), und auch kleinere Unternehmen wie der Softwareentwickler Saxonia Systems, der Energieversorger EGT sowie Buffer – ein Start-up, das Softwarelösungen anbietet, mit denen sich Social-Media-Konten effektiver verwalten lassen – haben ihren Strategieprozess geöffnet.

Die Verantwortlichen in diesen und weiteren Unternehmen haben erkannt, dass sie ihr Unternehmen durch einen kollaborativeren Strategieprozess in Richtungen lenken können, die vorher undenkbar gewesen wären. Richtungen, die zu mehr Rentabilität geführt haben, wohlgemerkt. Eine Umfrage, die wir unter 201 Topmanagerinnen und -managern durchgeführt haben, ergab: Die Mehrheit der Führungskräfte hatte weniger als ein Drittel ihrer Strategieprozesse geöffnet. Und doch waren diese Initiativen für 50 Prozent der Umsätze und Gewinne des jeweiligen Unternehmens verantwortlich. Unternehmenslenker, die mit Akteuren außerhalb des Topmanagements – sowohl interne als auch externe Stakeholder – gemeinsam an der Strategie arbeiteten, bewerteten Geschäftschancen sorgfältiger, formulierten realistischere Strategien und setzen diese schneller und effektiver um. Manchmal schufen sie sogar ganz neue Geschäftsbereiche, an die sie ohne die Partizipation von Personen außerhalb des Führungsteams gar nicht gedacht hätten. Dies zeigt: Die Zeit für Open Strategy ist gekommen. Stellen Sie sich nur einmal vor, die meisten großen und kleineren Unternehmen würden ihre Strategien so entwickeln, wie es Barclays getan hat. Sie würden klüger und flexibler planen, ihre Strategien erfolgreicher umsetzen und damit bessere Ergebnisse erzielen.

Welches Potenzial Open Strategy hat, war uns anfangs noch nicht wirklich bewusst. Aber wir hatten eine erste Ahnung. Julia Hautz und Kurt Matzler forschten damals zu Open Innovation. Stephan Friedrich von den Eichen und Markus Anschober sammelten mit Ihrem Beratungsunternehmen Innovative Management Partner (IMP) erste Erfahrungen mit dem Einsatz offener Strategie- und Innovationswerkzeuge. Unsere Überlegung: Was wäre, wenn wir Unternehmen nicht nur dabei helfen, neue Produkte zu entwickeln, sondern mit einem offenen Ansatz Strategien formulieren und innovative Geschäftslogiken entwickeln und diese umsetzen?

Also starteten Kurt Matzler und sein Doktorandenteam ein Pilotprojekt, bei dem sie einem mittelständischen Unternehmen durch digitale Technologien dabei halfen, seinen Strategieprozess zu öffnen. Zahlreiche Artikel und Vorträge folgten, und diese weckten das Interesse vieler anderer Unternehmensverantwortlicher.[10] IMP begann, Open Strategy als Dienstleistung anzubieten. Dabei gingen wir über digitales Crowdsourcing hinaus und entwickelten spezielle Werkzeuge und dazu passende Workshop-Formate. Seitdem hat IMP viele der oben genannten Unternehmen bei Open Strategy Initiativen begleitet. Mit der Erfahrung aus mehr als 200 erfolgreichen Projekten avancierte IMP zum Vordenker in den Bereichen Disruption, Geschäftsmodellinnovation und Wachstum und wurde für seine Beratungsleistungen mit renommierten Preisen ausgezeichnet.

Um die Wirksamkeit von Open Strategy zu belegen, begannen wir 2014 mit umfangreichen wissenschaftlichen Studien, die vom österreichischen Wissenschaftsfonds finanziert wurden. Wir nahmen uns die relevante akademische Literatur vor, analysierten die Open-Strategy-Projekte von IMP und arbeiten gemeinsam daran, diese zu optimieren. Zudem führten wir Gespräche mit Hunderten von Klienten und mehreren Beratungsteams, um ihre Erfahrungen mit dem Konzept zu erfragen. Wir wollten herausfinden, was funktionierte und was nicht. Darüber hinaus stellten wir Kontakt zu anderen Wissenschaftlerinnen und Wissenschaftlern her und wandten uns an Unternehmen wie IBM, Ericsson, Telefónica, Barclays, Red Hat und die US Navy, die ebenfalls hilfreiche Tools entwickelt hatten, um Daten zu weiteren Open-Strategy-Initiativen zusammenzutragen. Schließlich führten wir zwei Studien durch: In der ersten baten wir mehr als 200 Unternehmensverantwortliche um ihren Input zu Open Strategy; in der zweiten wollten wir von 347 Führungskräften wissen, wie sie zum Thema Offenheit stehen. So haben wir detaillierte Einblicke in verschiedene Open-Strategy-Tools erhalten und erfahren, wie sie funktionieren und wie Unternehmen sie einsetzen und damit beeindruckende Ergebnisse erzielen.[11]

## Wie Sie dieses Buch nutzen

*Open Strategy* ist das erste Managementbuch, das Unternehmenslenkern und Führungskräften dabei hilft, einen offenen Ansatz in ihrem Strategieprozess zu verfolgen. Anhand von zahlreichen Case Studies von großen und kleinen Pionier-Unternehmen aus den unterschiedlichsten Branchen möchten wir zeigen, dass es bei Open Strategy um mehr geht als um die Optimierung des herkömmlichen Strategieprozesses. Open Strategy ist eine neue Philosophie, die eine fundamental neue Art des Denkens beinhaltet und davon ausgeht, dass Unternehmen durch den Einbezug von Akteuren außerhalb der Führungsetage besser in der Lage sind, mit Veränderungen umzugehen und radikal neue Geschäftsmodelle zu entwickeln. Klassische, „geschlossene“ Ansätze eignen sich sicher weiterhin, um das Kerngeschäft zu optimieren. Sie ermöglichen es den Entscheiderinnen und Entscheidern, wichtige Annahmen über Planbarkeit und Stabilität zu treffen, und helfen ihnen, Aktivitäten innerhalb des Unternehmens zu steuern und zu begrenzen. Es sind jedoch genau diese Annahmen, die den klassischen Strategieprozess für Führungskräfte, die mehr wollen, als bestehende Geschäftsmodelle schrittweise anzupassen, ungeeignet erscheinen lassen. Ihr Ziel ist es, völlig neuartige Ideen zu entwickeln, die das Überleben des Unternehmens in sich rasant verändernden Märkten sicherstellen.

1987 verwendeten Warren Bennis und Burt Nanus erstmals den Begriff „VUCA", um zu beschreiben, wie die Welt nach dem Ende des Kalten Krieges volatiler (volatility), unsicherer (uncertainty), komplexer (complexity) und mehrdeutiger (ambiguity) geworden war.[12] Im Vergleich zu heute muss diese Periode Unternehmensverantwortlichen wie ein Zeitalter der Stabilität und Ruhe vorkommen. Im Durchschnitt brauchen Unternehmen heute nur noch halb so lange, bis sie eine Größe erreichen, die sie für die *Fortune* 500 qualifiziert. Gleichzeitig werden diese Unternehmen mit zunehmendem Wachstum aber auch schwerfälliger. 1994 verzeichneten die 50 größten Unternehmen eine durchschnittliche jährliche Wachstumsrate von –4 Prozent. 2014 waren es –10 Prozent.[13] Die wenigsten Branchen scheinen heute stabil zu sein. Der stark regulierte Taxisektor wird zum Beispiel von Uber dominiert, das keine eigenen Fahrzeuge mehr besitzt und dessen Fahrerinnen und Fahrer die Stadt, in der sie unterwegs sind, nicht mehr in- und auswendig kennen müssen. Große Automobilhersteller befürchten, dass Google und andere Tech-Giganten sie im Bereich selbstfahrende Autos überholen. Und auch Einzelhändlern wie Walmart ergeht es angesichts von Amazon, das immer mehr Kunden zu Onlinekäufen bewegt, nicht besser.

Die Liste ließe sich fortsetzen, doch es sollte deutlich geworden sein: Das Tempo der Veränderung hat sich in den meisten Branchen drastisch verschärft, und die Grenzen zwischen den Branchen verschwimmen zunehmend.[14] In diesem Kontext stehen Unternehmen unter einem enormen Druck, disruptive Trends zu verfolgen, zu handeln, bevor sie von aufstrebenden Playern überholt werden, und neue Geschäftsbereiche zu erschließen. Doch die Zeit drängt, und so verlassen sich viele Entscheiderinnen und Entscheider auf ihre Erfahrung – und erliegen dabei kognitiven Verzerrungen.

Bereits vor über zwanzig Jahren stellte Gary Hamel, einer der einflussreichsten Managementdenker der Welt, fest, dass Unternehmen ihre herkömmlichen, elitären Prozesse der Strategiefindung überdenken müssten. „Sie können entweder zulassen, dass die Zukunft den revolutionären Herausforderungen zum

Opfer fällt", schrieb er, „oder Sie revolutionieren die Art und Weise, wir Ihr Unternehmen Strategien entwickelt."[15] Open Strategy ermöglicht Führungsteams Zugang zu externem, vielfältigem Wissen, das ihnen sonst verwehrt bliebe, und führt dem Einzelnen seine Wahrnehmungsfehler vor Augen, die er dann überwinden kann. Open Strategy kann Entscheiderinnen und Entscheider sicher dabei unterstützen, ihr Kerngeschäft zu optimieren. Sein volles Potenzial entfaltet der Ansatz jedoch in Unternehmen, die vor grundlegenden Veränderungen stehen. Open Strategy gibt den Verantwortlichen die Möglichkeit, über den Tellerrand ihrer Branche zu blicken und neue vielversprechende Geschäftschancen zu ergreifen.

Entscheidend ist dabei natürlich, *wie* Unternehmen ihren Strategieprozess öffnen. Hierbei willkürlich und ohne Plan vorzugehen könnte zu neuen Problemen führen[16]: So besteht die Gefahr, dass durch die Einbindung einer breiteren Zielgruppe die Strategiefindung langsamer und weniger flexibel vonstattengeht und es zu unberechenbaren Ideen, Diskussionen und Beiträgen kommt.[17] Ist die Zahl der Beteiligten groß, kann es passieren, dass diese aufgrund ihrer unterschiedlichen Bezugsrahmen und Sprachen zu unterschiedlichen Interpretationen gelangen.[18] Informationen mit einer größeren Gruppe von Menschen zu teilen könnte in Unternehmen die Befürchtung auslösen, Wettbewerbsgeheimnisse preiszugeben, und zu einer Informationsüberflutung bei den Beteiligten führen. Und die unterschiedlichen Erwartungen der Akteure könnten für Spannungen sorgen, die in Unzufriedenheit und Frustration münden.[19]

Wie Gary Hamel und sein Co-Autor Michele Zanini in ihrem neuen Buch schreiben, sei ein Open-Strategy-Prozess zwar ungeordneter und zeitaufwendiger als ein Top-down-Ansatz; die Vorteile rechtfertigten jedoch den Aufwand.[20] Wollen Unternehmen die Vorteile von Open Strategy genießen, müssen sie bestimmte Werkzeuge und Techniken einsetzen, die ihnen dabei helfen, mit der Komplexität der vielen internen und externen Meinungen umzugehen, strategische Einblicke zu gewinnen und die Beschäftigten zu mobilisieren, ohne dabei zu viele Informationen preiszugeben. Unser Buch stellt diese Tools im Detail vor und liefert Unternehmensverantwortlichen, Entrepreneuren, Inhaberinnen kleiner Unternehmen, Board-Mitgliedern, Beraterinnen und Studierenden der Wirtschaftswissenschaften eine Schritt-für-Schritt-Anleitung, mit der es den Klienten von IMP gelungen ist, Wettbewerber zurückzudrängen, der Disruption zu begegnen und die Grundlage für langfristiges Wachstum zu schaffen.

In den einzelnen Kapiteln stellen wir die zentralen Herausforderungen von Open Strategy vor und legen dar, wie Unternehmen diese vermeiden und meistern können. Durch die Struktur des Buches haben wir versucht, das Konzept klar und verständlich zu vermitteln und die Umsetzung so einfach wie möglich zu machen. Kapitel 1 beleuchtet zunächst die Grenzen des traditionellen Strategieprozesses. Kapitel 2 bis 4 helfen Ihnen, sich und Ihr Unternehmen auf die neue Philosophie einzustimmen. In Kapitel 2 können Sie ermitteln, inwieweit Sie persönlich bereit sind, den Strategieprozess zu öffnen. In Kapitel 3 geben wir Ihnen einen Rahmen an die Hand, mit dem Sie ermitteln können, was Sie durch die Öffnung des Strategieprozesses erreichen möchten, wie Sie dabei vorgehen und wen Sie idealerweise einbeziehen. Kapitel 4 legt schließlich dar, wie Sie Open Strategy managen können, ohne sensible Informationen preiszugeben.

Im Anschluss daran stellen wir Ihnen einige Tools für die drei Phasen des Strategieprozesses vor: die Ideengenerierung, die Strategieformulierung und die Strategieumsetzung. In den Kapiteln 5 bis 7 lernen Sie praxiserprobte Tools kennen, mit denen Sie die Grundlage für eine erfolgreiche Strategie schaffen und eine bahnbrechende Vision über den zukünftigen Kurs des Unternehmens oder, wie wir es nennen, eine „strategische Idee“ entwickeln. Diese Tools umfassen zwei rein digitale Instrumente – Strategiewettbewerbe und Strategie-Communitys, mit denen Sie eine große Zahl von Akteuren einbeziehen können, sowie zwei hybride Tools, die digitale und physische Elemente miteinander kombinieren und mit denen Sie konkrete Trends identifizieren, die Ihr Unternehmen betreffen (das IMP Trend Radar), und sich mit einem fiktiven Wettbewerber auseinandersetzen (die IMP Nightmare Competitor Challenge).

Die Tools, die wir in Kapitel 8 und 9 präsentieren, helfen Ihnen, strategische Ideen in detaillierte Pläne zu überführen. Mit dem IMP Business Logic Contest stellen wir Ihnen ein Workshop-Tool vor, das den Prozess der Geschäftsmodellentwicklung spielerisch gestaltet, und zeigen Ihnen, wie Sie mithilfe von Prognosemärkten aus einer Vielzahl von strategischen Schwerpunkten den vielversprechendsten herausfiltern. Kapitel 10 beschäftigt sich mit der Frage, wie Sie mit Strategy Jams und sozialen Mitarbeiternetzwerken Ihre strategischen Pläne umsetzen, Open-Strategy-Initiativen langfristig aufrechterhalten und eine Kultur schaffen, in der Offenheit die Regel ist.

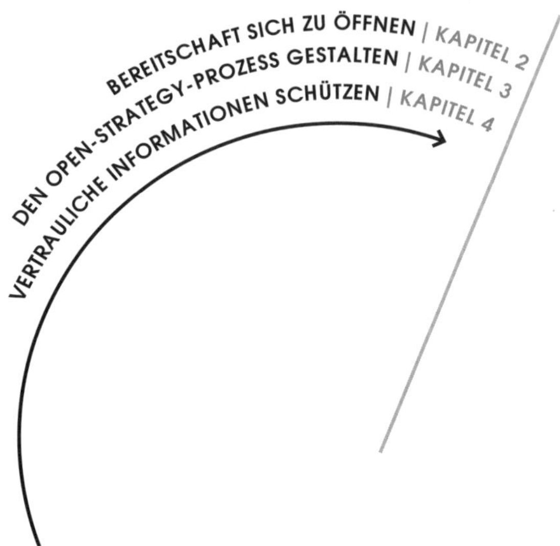

***Abb. 0.1:*** *Auf die Öffnung vorbereiten und die Open-Strategy-Toolbox nutzen*

Open Strategy lässt sich sowohl in allen Phasen des Strategieprozesses anwenden als auch nur in ausgewählten, etwa um die Zukunft zu modellieren oder strategische Ideen zu entwickeln. Unseren Studien zufolge nutzen die untersuchten Unternehmen das Konzept in 25 Prozent aller Fälle in allen Phasen der Strategieentwicklung und -umsetzung. In 70 Prozent der Fälle fand Open Strategy Anwendung, um die Zukunft zu modellieren und strategische Ideen zu generieren, und in 46 Prozent der Fälle wandten Unternehmen das Konzept an, um auf Basis dieser Ideen einen Strategieplan zu entwickeln. In mehr als 55 Prozent verwendeten sie Open Strategy bei der Umsetzung der Strategie.[21] Mit Erfolg: In einer Umfrage unter Topmanagerinnen und -managern sagten 69 Prozent, dass Open Strategy zu einer größeren Vielfalt an strategischen Ideen geführt habe, und 73 Prozent gaben an, dass die Öffnung ihres Strategieprozesses die Umsetzung wesentlich vereinfacht habe.[22]

Kapitel 3 hilft Ihnen bei der Entscheidung, in welcher Phase des Strategieprozesses Sie Open Strategy anwenden wollen und welche Tools Sie abhängig von Ihren Zielen dafür nutzen sollten. Unsere Tools eignen sich für Unternehmen aller Größen – vom zehnköpfigen Start-up bis hin zum multinationalen Konzern mit hunderttausend Beschäftigten. Einige Unternehmen nutzen die Tools in Verbindung mit teuren Technologien, viele andere setzen auf kostengünstigere Plattform- und Offline-Lösungen. Externe Akteure in den Prozess einzubeziehen kann teuer sein, doch das müssen Sie auch nicht: Schon die Partizipation Ihrer Frontline-Mitarbeiter kann viel bewirken, und sie kostet wenig. Exemplarisch hierfür stellen wir ein Unternehmen mit weniger als zweihundert Beschäftigten vor, das Open Strategy auf kostengünstige Weise eingesetzt hat und damit erfolgreich war: Innerhalb von drei Jahren konnte es seinen Umsatz verdreifachen.

Es ist an der Zeit, dass Unternehmen ihren Strategieprozess aus dem stillen Kämmerlein herausholen und kollaborativ gestalten. Allein das Topmanagement und den Vorstand an der Strategieentwicklung zu beteiligen hat funktioniert, als die Märkte noch stabil und vorhersehbar waren. Heute lähmt diese Geheimniskrämerei Unternehmen jedoch und hält sie davon ab, wirksame Strategien zu entwickeln und umzusetzen. Entscheiderinnen und Entscheider sitzen häufig im Elfenbeinturm, sie schauen nicht über den Tellerrand ihrer Branche und wissen nicht, was Kunden, Mitarbeiterinnen, Lieferanten, technische Experten und andere Stakeholder bewegt. Und selbst wenn es ihnen gelingt, smarte Strategien zu entwickeln, gestaltet sich die Umsetzung schwierig, weil die Beschäftigten sich wenig für Pläne verantwortlich fühlen, die sie nicht mitentwickelt haben. Damit wollen wir nicht sagen, dass der Strategieprozess demokratisiert werden sollte. Das sollte er nicht. Auch beim Open-Strategy-Konzept entscheidet am Ende die Unternehmensspitze darüber, welche Strategien verfolgt werden. Dabei kann sie jedoch auf wesentlich mehr Input zurückgreifen als früher, wodurch die Umsetzung inklusiver und feiner abgestuft erfolgt.

Unternehmen, die ihre Kundinnen, Lieferanten, Technologie-Experten, Frontline-Beschäftigten und weitere Akteure einbeziehen, sind für den Wandel in ihrer Branche gut gerüstet. Mit ihrer Unterstützung können sie ihre Optionen ausloten und mithilfe von digitalen Kollaborationstools und physischen Meetings einen Strategieplan entwickeln. Die Zusammenarbeit endet jedoch nicht mit der Strategieentwicklung. Auch in der Umsetzungsphase sollten Sie Ihre Mitarbeiterinnen und Mitarbeiter einbeziehen und fragen, welche Maßnahmen sie für am wirksamsten halten. Damit sagen wir nicht, dass Sie sich komplett nackt machen sollten. Sie können und sollten überlegen, welche Informationen Sie zurückhalten. Sorgfältig umgesetzt stellt Open Strategy keine Gefahr für Ihr Unternehmen dar, sondern versetzt es vielmehr in die Lage, potenziell disruptive Marktveränderungen zu erkennen und frühzeitig darauf zu reagieren. Durch Open Strategy steigt die Qualität der Strategieinhalte und zugleich sinken die Implementierungshürden, weil die Organisation mit in die Strategiearbeit eingebunden ist. Den Nutzen und vor allem die mobilisierende Wirkung von Open Strategy stellt auch Dr. Peter Nagler (vormals Chief Innovation Officer bei Evonik Industries, heute Chief Innovation Officer A*STAR, Singapore) heraus: „Der Open-Ansatz hat uns die Augen geöffnet. Wir haben Möglichkeiten gesehen, die vorher nicht im Raum und nicht in den Köpfen waren. Zudem verleiht der Ansatz den Konzepten eine ungeheure Kraft. Es ist nicht ein Einzelner, der eine Idee hervorbringt. Es ist das Ergebnis eines heterogenen Teams mit viel Expertise. Und diese Expertise kommt eben nicht nur von innen! Damit lässt sich das nicht so einfach wieder vom Tisch wischen und hilft entscheidend bei Akzeptanz und Umsetzung der Ergebnisse."

Barclays hat sein bestehendes Geschäft mit Open Strategy modernisiert. Sie können das auch. Wir laden Sie ein, mit den Tools zu experimentieren, die wir Ihnen in diesem Buch vorstellen. Anstatt aus Angst Mauern hochzuziehen, ermutigen wir Sie, Akteure außerhalb Ihrer eigenen Reihen einzubinden. Hören Sie ihnen zu. Sie werden es nicht bereuen.

# Kapitel 1
# Der klassische Strategieprozess hat ausgedient

General Electric galt viele Jahrzehnte lang als eines der erfolgreichsten und bestgemanagten Unternehmen. Diese Zeiten sind mittlerweile vorbei. Zwischen 2011 und 2019 schrumpfte die Kapitelrendite des Unternehmens von 29,6 Prozent auf 3,3 Prozent. Auch der Aktienkurs rutschte in den Keller: zwischen der globalen Finanzkrise und Ende 2019 um mehr als 40 Prozent. Zum Vergleich: Der S&P-500-Index hat sich im selben Zeitraum mehr als verdreifacht.[1]

Was war geschehen? Das Unternehmen hatte eine schlechte Übernahmestrategie verfolgt. 2015 kaufte GE den französischen Energieriesen Alstrom für 10,6 Milliarden US-Dollar und tätigte damit die teuerste Akquisition seiner Geschichte. Diese entpuppte sich jedoch als Desaster: GE Power, der Geschäftsbereich, der den Betrieb von Alstrom übernahm, schrumpfte um 45 Prozent.[2] Alstrom war jedoch nicht der einzige Fehltritt des Unternehmens: Unter CEO Jeff Immelt ging GE einige Deals ein, die mehr von einem Hype statt vom Respekt für die Gesetze der Wirtschaft getragen schienen. Nach dem 11. September 2001, als Sicherheit in den USA zu einem zentralen Thema wurde, übernahm GE die Sprengstofferkennungsunternehmen First Ion Track und InVision. Obwohl der Konzern den Übernahmepreis nicht offenlegte, zahlte er 900 Millionen US-Dollar für InVision und verbuchte die beiden Zukäufe in seinem Geschäftsbereich GE Homeland Security. 2009 verkaufte GE einen Mehrheitsanteil an dieser Geschäftseinheit für lediglich 760 Millionen US-Dollar.[3]

GE Capital, das die Finanzdienstleistungen des Konzerns bündelt, beteiligte sich 2004 am Immobilienboom in den USA und übernahm den Subprime-Hypothekenanbieter WMC für 500 Millionen US-Dollar. Während der Hypothekenkrise 2008/2009 machte GE in diesem Geschäftsbereich 1 Milliarde US-Dollar Verluste, entließ einen Großteil seiner Beschäftigten und verkaufte WMC schließlich. 2018 musste GE 1,5 Milliarden US-Dollar für einen möglichen Vergleich mit dem US-Justizministerium zum Geschäftsgebaren von WMC zur Seite legen.[4] Durch riskante und unrentable Deals wie diese lösten sich die Gewinne von GE Capital in Luft auf. Die Verantwortlichen kürzten die Dividende – was seit den 1930ern nicht mehr vorgekommen war – und baten Warren Buffett um eine Kapitalspritze von 3 Milliarden US-Dollar, um das Unternehmen aus der Krise zu führen. GE Capital hat sich davon nie erholt, und seitdem arbeitet der Konzern an der Auflösung des Geschäftsbereichs.[5]

Viele (wenn auch nicht alle) Deals von GE entpuppten sich als Flops, doch das war nicht das einzige Problem: Dem Unternehmen gelang es auch nicht, die neu erworbenen Einheiten in sein operatives Geschäft zu integrieren.[6] Das hatte zum Teil mit der Fehleinschätzung von Immelt zu tun, der das Unternehmen in Sicherheit wähnte. Eine ausführliche Analyse zum Untergang von GE kommt zu dem Schluss: „Führungskräfte, die mit Immelt zusammenarbeiteten, sagten, er habe zwar die Wichtigkeit der Effizienzsteigerung erkannt, sei aber davon überzeugt gewesen, dass diese eine sich selbsterhaltende Kernkompetenz des Unternehmens darstelle. ‚Jeff ist immer davon ausgegangen, dass dieses Unternehmen phänomenal gut in der operativen Umsetzung sei und das auch in Zukunft sein werde, egal was kommt', beschreibt es ein Befragter. ‚Das war eine fatale Fehleinschätzung.'"[7]

Auch die übergeordnete Strategie von Immelt, GE in eine digitale Plattform für die Industrie zu verwandeln, brachte Probleme mit sich. Eine ehemalige Führungskraft des Unternehmens berichtete uns, dass der Konzern es versäumt hatte, seine Fertigungskapazitäten zu modernisieren. Die Werke seien zwar mit digitalen Messgeräten ausgestattet gewesen; in den Fabriken gab es aber kein WLAN. „Wir hatten also diese digitalen Kalibratoren – ohne WLAN funktionierten sie aber nicht. Und wir erhielten iPads für die tägliche Arbeit, die aber ebenfalls nicht funktionierten. Wir haben Unmengen an Geld in die Digitalisierung gesteckt (…), dabei jedoch vergessen, wie man ein Industrieunternehmen führt."[8] Am Ende ging GE das Geld aus, sodass Immelts Strategie nicht weiterverfolgt werden konnte, und der Konzern musste sein Kerngeschäft sowie viele seiner digitalen Initiativen veräußern.[9]

GE ist sicher ein Extrembeispiel, doch tatsächlich tun sich heute viele Unternehmen schwer mit dem Thema Strategie. Laut einer Studie von Bain aus dem Jahr 2018 ist die strategische Planung nach wie vor das beliebteste Managementinstrument.[10] Und doch sind die Ergebnisse dieser Planung selten beeindruckend. Studien zeigen, dass 50 bis 90 Prozent der von Unternehmensverantwortlichen entwickelten Strategien scheitern.[11] Unsere eigene Studie unter 201 Führungskräften aus den USA und Europa kommt zu dem Schluss, dass 52 Prozent aller in den vergangenen drei Jahren unternommenen strategischen Initiativen hinter den Erwartungen zurückblieben. Wie das Beispiel von GE eindrücklich zeigt, führen solche Misserfolge zu einer Wertvernichtung riesigen Ausmaßes.

Bei genauerem Hinsehen kristallisieren sich zwei Herausforderungen heraus, auf die Unternehmen bei der Strategieentwicklung stoßen: Erstens tun sie sich schwer, neue und vielversprechende Geschäftsideen zu entwickeln und diese in Strategien zu übersetzen. Beate Uhse, einem der ersten Betreiber von Sexshops, traf das zunehmende Onlineangebot von Sexprodukten hart. 2007 wollte der damalige CEO Otto Christian Lindemann Beate Uhse ganz neu aufstellen und in ein Lifestyle-Unternehmen verwandeln, ähnliche wie es Puma beim Wandel vom Sport- zum Modeartikelanbieter gemacht hatte. Ohne Erfolg. Lindemanns Nachfolger, Serge van der Hooft verfolgte eine andere Strategie und wollte das Image des Unternehmens verbessern, um weibliche Käufer anzuziehen. Angesichts des stark männlich orientierten Images von Beate Uhse ein weiterer Rohrkrepierer.[12] Wie viele andere Unternehmen auch verfügte Beate Uhse zwar über eine Prestige-Marke, schaffte es jedoch nicht, ein erfolgreiches Onlinegeschäft aufzubauen. 2017 führte van der Hoofts Nachfolger das Unternehmen in die Insolvenz.[13]

Die zweite und größere Herausforderung betrifft die Umsetzung der Strategie.[14] Auch wenn wir vielleicht gerne zwischen der Entwicklung einer Strategie und ihrer Umsetzung unterscheiden würden, müssen Unternehmensverantwortliche „bereits während der Strategieformulierung an die Umsetzung denken“[15]. Und die Umsetzung hat es in sich – „sie ist schwieriger als die Strategieentwicklung“, wie es Lawrence G. Hrebiniak von der Wharton School in Pennsylvania formuliert.[16] Das Topmanagement bei Nokia würde dem zustimmen. 1996, ein Jahrzehnt vor der Einführung des iPhones, brachte Nokia das erste Smartphone auf den Markt, den Nokia 9000 Communicator. Auch ein Konzept für einen Tablet-Computer, wie ihn Apple Jahre später anbieten würde, wurde dem Topmanagement vorgestellt, laut dem damaligen Designchef Frank Nuovo jedoch nicht weiterverfolgt.[17] In der Folgezeit boten sich Nokia einige weitere Gelegenheiten, seine Strategie anzupassen und sich zum Marktführer im Smartphonebereich aufzuschwingen. Doch das Verhältnis zwischen mittlerem und oberem Management war so gestört, dass diese Chancen nicht genutzt wurden.[18] Der Druck von oben löste auf der mittleren Führungsebene Angst und ein zerstörerisches Kurzzeitdenken aus und führte zu einem darwinistischen „Gerangel um Rang und Ressourcen", sodass es nicht gelang, die Beschäftigten auf das Ziel einzuschwören, eine marktfähige Alternative zum iPhone zu entwickeln.[19]

Viele Menschen stellen sich Strategie als ein kleines Bündel großer Entscheidungen vor. In der Praxis hängt der Erfolg oder Misserfolg einer Strategie jedoch von Tausenden exekutiven Entscheidungen ab. Um sicherzustellen, dass die täglichen Entscheidungen im Sinne der strategischen Vorgaben erfolgen, müssen die Verantwortlichen langfristige Ziele in kurzfristige übersetzen und sich dabei dreier Hebel bedienen: Kommunikation, Prozesse und Anreize. Häufig scheitern ihre Bemühungen jedoch.

Das Technologieunternehmen NCR ging bei dem Versuch, sein Angebot von mechanischen Rechnungsverfahren auf elektronische Datenverarbeitung umzustellen, beinahe unter. Eigentlich hatte das Unternehmen alles, was man für den Wandel brauchte: umfangreiches Wissen über die neue Technologie, ein starkes Vertriebsteam sowie ausreichend Kapital.[20] Den Verantwortlichen gelang es jedoch nicht, den Beschäftigten die Bedeutung der neuen Technologie zu vermitteln. Das Unternehmen machte seinen Mitarbeiterinnen und Mitarbeitern dürftige Angebote zur beruflichen Entwicklung im Bereich elektronische Datenverarbeitung und versäumte es, die neue Initiative prominent auf Messen vorzustellen. Das vermittelte den Beschäftigten den Eindruck: Das neue Geschäft ist zweitranging. Auch bot NCR seinem Vertriebsteam nicht genügend Anreize, die neuen Produkte zu verkaufen: Die Vertriebler wurden nach Stückzahl entlohnt; die neue Technologie sollte aber im Abomodell verkauft werden. Insofern überrascht es nicht, dass die meisten von ihnen sich nicht dahinterklemmten und einigen Kunden sogar von der neuen Technologie abrieten.

Jetzt könnte man meinen, Führungskräfte seien versiert darin, Strategien zu entwickeln und umzusetzen. Schließlich geben sie jährlich mehr als 30 Milliarden US-Dollar für Berater aus, um von deren Branchenwissen, Kompetenzen und Geschäftsmodellen zu profitieren.[21] Zudem verbringen Entscheiderinnen und Entscheider einen Großteil ihrer Zeit damit, sich Gedanken über die Zukunft des Unternehmens zu machen. Eine detaillierte Studie kommt zu dem

Schluss, dass CEOs mehr als 20 Prozent ihrer Arbeitszeit auf das Thema Strategie verwenden.[22] Die meisten Unternehmen stellen gezielt Führungskräfte – häufig mit MBA-Abschluss – ein, die nicht nur über einen messerscharfen Verstand verfügen, sondern speziell in den wichtigsten Analysemodellen zur Strategieentwicklung geschult wurden. Und was die Umsetzung betrifft, gibt es unzählige Fachbücher, die Anleitungen und Tipps bereithalten. Und doch scheitern viele Führungskräfte am Thema Strategie. Waren sie schlicht nicht clever genug? Hatten sie die falschen Modelle? Oder wurden sie falsch beraten?

Nein, nichts von alledem. Was ihnen fehlt, ist Offenheit. Unternehmen wird es kaum gelingen, einen zukunftsfähigen Kurs zu skizzieren, wenn sie ihre strategischen Überlegungen auf einen kleinen Kreis von Entscheidern begrenzen. So finden sie weder die besten Ideen noch können sie die entwickelten Strategien wirksam umsetzen. Derzeit erfolgt die strategische Planung jedoch häufig in engen Zirkeln streng gehütet hinter verschlossenen Türen. Führungskräfte unterliegen dem Irrglauben, dass sie durch dieses Korsett das Unternehmen vor Wettbewerben schützen könnten und die Beschäftigten vor dem schädlichen Einfluss externer Akteure und ihrer Denkweisen. Strategien im stillen Kämmerlein zu entwickeln bringt Unternehmen jedoch nicht weiter. Es schadet ihnen sogar – in mehrerlei Hinsicht.

## Isomorphe Strategien

Ist Ihnen schon einmal aufgefallen, dass viele Strategien innerhalb einer Branche sehr ähnlich aussehen? Die Ideen gleichen sich, sie sind einfallslos und langweilig. Schuld daran ist ein Phänomen, das man in der Organisationstheorie „Isomorphismus“ nennt.[23]

„Isomorph“ klingt fancy, meint aber lediglich „von gleicher Gestalt oder Struktur“. Und wie es scheint, ähneln wir Menschen uns in mehrfacher und überraschender Hinsicht. Nehmen wir zum Beispiel unser Verhalten: Wie Studien zum menschlichen Essverhalten zeigen, ist Fettleibigkeit ansteckend.[24] Wenn Ihre Freunde fettleibig sind, sind Sie es mit hoher Wahrscheinlichkeit auch.[25] Wenn Menschen, die eher wenig essen, häufig mit Vielessern zusammenkommen, neigen sie dazu, ebenfalls mehr zu essen. Umgekehrt verhält es sich genauso. Wenn Sie also abnehmen möchten, geben Sie Ihr Geld nicht für

Weight Watchers (WW) aus, sondern laden Sie lieber Freunde zum Essen ein, die sich aus Lebensmitteln nicht viel machen.

Auch andere Verhaltensweisen sind ansteckend. Weibliche Teenager werden zum Beispiel mit größerer Wahrscheinlichkeit schwanger, wenn sie erleben, wie ihre Freundinnen Kinder bekommen. Schülerinnen und Schüler erhalten bessere Noten, wenn sie von Leistungsstarken umgeben sind. Und das ist jetzt wirklich interessant: Menschen, die zusammenleben, sehen sich mit der Zeit immer ähnlicher! Das kann natürlich zu einem gewissen Grad an den ähnlichen Essgewohnheiten liegen, die Sie und ihre Mitbewohner teilen; es liegt aber teilweise auch daran, dass diese Menschen die Neigung haben, die Gesichtsausdrücke des anderen zu imitieren.[26] „Menschen als Lemminge zu bezeichnen, würde zu weit gehen", schreiben Richard Thaler und Cass Sunstein in ihrem Buch *Nudge*, „sie lassen sich aber von den Aussagen und Handlungen ihrer Mitmenschen leicht beeinflussen (...) Wenn Sie im Kino eine Szene sehen, in der die Protagonisten lächeln, lächeln Sie auch eher (unabhängig davon, ob der Film lustig ist oder nicht). Gähnen ist ebenfalls ansteckend."[27]

Was hat das jetzt mit Strategie zu tun? Alles. Denn wie sich herausgestellt hat, legen auch Unternehmen nachahmendes Verhalten an den Tag. Mit der Zeit gleichen sich Unternehmen im selben Umfeld immer mehr an. Sie werden sich immer ähnlicher.[28] Das hat mehrere Gründe: Erstens müssen sich Unternehmen an ihr Umfeld anpassen, und nur die anpassungsfähigsten überleben. Und da die Überlebenden denselben Umweltbedingungen und Beschränkungen ausgesetzt sind, werden sie sich mit der Zeit immer ähnlicher. Zu diesen Umweltfaktoren zählen gesetzliche Regelungen, soziale Erwartungen und andere äußere Anforderungen (etwa die ISO-Zertifizierung).[29] Zweitens neigen Unternehmen nicht nur bei unsicheren Rahmenbedingungen dazu, sich gegenseitig zu kopieren, sondern tun dies auch auch aufgrund von Managementmethoden wie Best Practices oder Branchenbenchmarks.

Und drittens haben Menschen in ähnlichen Berufen häufig eine ähnliche Ausbildung genossen, weshalb ihre Werte und Ansichten oft übereinstimmen (nicht zufällig findet man im Fachbereich Soziologie viele Geisteswissenschaftler, während in Unternehmen an der Wall Street viele besonnene Ökonomen tätig sind). Sie neigen dazu, ähnliche Praktiken und Strukturen zu übernehmen, wodurch die Unternehmen, in denen sie arbeiten, sich angleichen.[30] Die Folge sind langweilige, einfallslose Strategien – und das ist ein

Problem. Nehmen Sie Kabel-TV-Anbieter: Die großen Player haben alle auf eine Strategie gesetzt, die der Bedrohung durch Netflix nichts anhaben konnte. Jahr für Jahr haben sie versucht, den Kunden mehr Geld abzuknöpfen, indem sie die Abonnementkosten erhöht und mehr Werbung geschaltet haben. Dass immer mehr Kundinnen und Kunden ihr Abo kündigen, überrascht da wenig. Im vierten Quartal 2018 allein hat die US-amerikanische Kabel-TV-Branche 500.000 Abonnenten verloren.[31]

Ähnlich ist es der Pharmabranche ergangen. Die weltgrößten Pharmaunternehmen sind alle multinationale Konzerne, die in vielen Ländern tätig sind. Und doch spiegeln die Produktentwicklungsstrategien dieser Unternehmen häufig eher die Zwänge der Märkte wider, in denen sie ihren Hauptsitz haben, als die Bedürfnisse der globalen Zielgruppe. In einer detaillierten statistischen Analyse der 56 größten Pharmaunternehmen in neun Ländern konnten Wissenschaftlerinnen und Wissenschaftler zeigen, dass die Produktentwicklungsprojekte dieser Unternehmen häufig den internationalen Bedarf ignorieren und stattdessen lokale Dynamiken wie Regulierung, politische Lobbyarbeit und die Verbraucherbedürfnisse vor Ort widerspiegeln.[32] Das heißt, Unternehmen mit Hauptsitz in den USA, zum Beispiel, neigen dazu, ähnliche Produktentwicklungsstrategien zu verfolgen, und blenden die Signale anderer Märkte aus.

„Eine Strategie, die zu einem klaren Wettbewerbsvorteil führt, besteht darin, anders zu sein", schreibt Harvard-Professor Michael Porter. „D. h. bewusst eine Kombination von Tätigkeiten zu wählen, die für die Kunden einen einzigartigen Mix an Werten erzeugt (…) Ein Unternehmen wird seine Mitwerber nur übertreffen, wenn es sich von ihnen abheben und diesen Abstand dauerhaft halten kann."[33] Klingt überzeugend, gestaltet sich in der Praxis aber extrem schwierig. Unternehmen schaffen zusammenhängende Strukturen und Systeme und etablieren eine dazu passende Kultur. Sie stellen Mitarbeiterinnen und Mitarbeiter ein, die die Werte des Unternehmens teilen, und sozialisieren sie so, dass sie dieselben Grundprinzipien und Weltbilder vertreten. Diese Mitarbeiter eignen sich spezifisches Wissen in spezifischen Feldern und Branchen an, in denen das Unternehmen tätig ist.[34] Unter solchen Bedingungen ist es fast unmöglich, unkonventionelle Blickwinkel einzunehmen und neue Ansätze zu entwickeln. Wenn Unternehmen die Welt verändern wollen, müssen sie externe Akteure einbeziehen. Indem sie ihren Strategieprozess jedoch auf einen kleinen, elitären Kreis von Topmanagerinnen und -managern begrenzen, schneiden sie sich von diesem externen Input ab. Das Ergebnis sind langweilige, einfallslose Strategien, die man in der Branche schon hundertmal gesehen hat. Sehen wir uns dazu die Geschichte des Basketballtrainers Vivak Ranadivé an, der das Team seiner Tochter mit einer sehr ungewöhnlichen Strategie zum Erfolg führte.[35] Das Basketballspiel war mehr als ein Jahrhundert zuvor erfunden worden: Im Winter des Jahres 1891/1892 trainierte der 31-jährige James Naismith, Absolvent des Springfield College in Massachusetts, an selbiger Hochschule eine Klasse quirliger Studenten. Die Footballsaison war bereits vorüber, und so mussten die sportlichen Aktivitäten, bei denen sich die jungen Athleten auspowern sollten, nach drinnen verlegt werden.[36] Zwei andere Trainer waren bereits daran gescheitert, spannende Übungen für die Studenten zusammenzustellen. Also setzte sich Naismith hin und entwarf die Regeln für ein Spiel, das folgende Bedingungen erfüllen sollte: Es sollte einfach zu lernen sein, aber doch komplex genug, damit es spannend war. Es sollte in Innenbereichen und auf jeglichem Bodenbelag gespielt werden können. Es sollte viele Spieler umfassen und diese ausreichend ins Schwitzen bringen, jedoch weniger kämpferisch sein als Football, Fußball oder Rugby. Dies war die Geburtsstunde des Basketballs. Naismiths Spiel entpuppte sich als unmittelbarer Erfolg. Die Regeln wurden in der College-Zeitung publiziert und an die CVJMs im Land verschickt. Als Vivak Ranadivé, der in Mumbai geboren wurde und mit Cricket und Fußball groß geworden ist, zum ersten Mal einem Basketballspiel beiwohnte, ergab dieses für ihn keinen Sinn: Sobald Mannschaft A Punkte erzielt hatte, zog sie sich sofort in die eigene Spielhälfte zurück und wartete dort geduldig, bis Mannschaft B den Ball einwarf, auf den Korb zudribbelte und den Ball wahrscheinlich versenkte. War dies der Fall, warf nun wiederum Mannschaft A den Ball ein und dribbelte ans andere Ende des Spielfelds, wohin sich Mannschaft B bereits zurückgezogen hatte. So würde es das gesamte Spiel hin- und hergehen. Dieses Muster lässt sich in praktisch jedem Basketballspiel beobachten – Isomorphismus in Reinform. Basketball hat klare Regeln: Das Spielfeld ist 28 Meter lang und 15 Meter breit. Der Korb hängt genau 3,05 Meter über dem Boden und hat einen Durchmesser von 0,45 Metern. Jede Mannschaft umfasst fünf Spieler; gespielt wird in vier Viertels à 12 Minuten. Ein Korb wird nur gegeben, wenn die Spieler bestimmte Regeln befolgen. Die Mannschaft, die die meisten Körbe erzielt, gewinnt. Die Spielregeln und Bedingungen bestimmen die Strategien und Taktiken, die die Spieler anwenden (erzwungener Isomorphismus). Erfolgreiche Mannschaften zeichnen sich durch großgewachsene Spieler, gute Dribbler, gute Werfer und gute Taktiken aus. Als Ranadivé die Basketball-Schulmannschaft seiner Tochter trainieren wollte, stellte er fest, dass die 12-jährigen Mädchen keine „typische Siegermannschaft" waren. „Die Mädchen stammten nicht aus sportlichen Familien. Sie waren weder groß noch besaßen sie eine gute Koordination. Gut werfen konnten sie auch nicht. Sie waren Außenseiterinnen, aber das nutzten wir zu unserem Vorteil."[37] Wie bildet man nun eine Topmannschaft? Mit Blick auf seinen Trainererfolg erklärt Ranadivé: „Außenseiter müssen unkonventionell denken. Sie können nicht auf Stärke und Größe setzen. Wir mussten strategischer denken und ungewöhnliche Ansätze finden. Also analysierten wir die Schwächen unserer Gegner und stellten fest, dass sich die meisten Mannschaften, sobald sie einen Korb erzielt haben, in ihre eigene Spielhälfte zurückziehen, um ihren Korb zu verteidigen. Dadurch kann die gegnerische Mannschaft den Ball problemlos einwerfen und anschließend ihre einstudierten Spielzüge präzise ausführen (…) Da wir unterlegen waren, mussten wir diesen Prozess durchbrechen. Wir mussten in Echtzeit spielen. Wir mussten eine Ganzfeldpresse anwenden – und zwar während des gesamten Spiels. Dieses unkonventionelle Vorgehen überraschte den Gegner und verschaffte uns einen Vorteil. Und so gewannen wir – immer und immer wieder."[38] Zwei wichtige Regeln brachten Ranadivé auf diese Strategie: Erstens, wenn eine Mannschaft einen Treffer erzielt, hat das gegnerische Team fünf Sekunden Zeit für den Einwurf. Dabei greifen die Gegenspieler meistens nicht ein. Zweitens muss die Mannschaft den Ball innerhalb von zehn Sekunden über die Mittellinie bringen. Das Team von Ranadivé (Redwood City) zog sich nach einem Treffer allerdings nicht zurück. Stattdessen blieben die Spielerinnen eng an ihren Gegnerinnen dran und verhinderten so in den meisten Fällen, dass die gegnerische Mannschaft den Ball im Rahmen der 5-Sekunden-Regel einwerfen konnte. Entweder bekam die Spielerin, die den Einwurf ausführen sollte, Panik und ließ den Ball fallen, oder die Redwood City-Spielerinnen fingen ihn. Und selbst wenn der Einwurf gelang, blockierte die Mannschaft von Ranadivé die Spielerin, die den Ball gefangen hatte, so, dass die gegnerische Mannschaft den Ball nicht innerhalb von zehn Sekunden über die Mittellinie bringen konnte. Diese Strategie überraschte die Gegnerinnen und war am Ende so erfolgreich, dass Redwood City an den Landesmeisterschaften teilnehmen konnte. In der Geschichte des Basketballs wandten einzelne Mannschaften die Ganzfeldpresse hin und wieder an, sie setzte sich jedoch nicht durch.[39] Woran lag das? Verantwortlich dafür sind unter anderem zwei weitere Mechanismen, die zu Isomorphismus führen: Bei Unsicherheit neigen Menschen dazu, anderen zu folgen (nachahmender Isomorphismus). Unternehmensverantwortliche und Strategen übernehmen häufig die Strategien erfolgreicher Wettbewerber. Unkonventionelle Ansätze werden als zu riskant betrachtet. Der Basketballtrainer Richard Andrew Pitino, der viele Mannschaften mit dieser Strategie zum Erfolg geführt hat, sagte einmal: „Jedes Jahr kommen unzählige Basketballtrainer zu mir, um die Presse zu lernen. Dann schreiben sie mir eine E-Mail und berichten, dass sie es nicht schaffen. Sie wissen nicht, ob sie die richtigen Spieler dafür haben und ob diese durchhalten."[40] Zudem durchlaufen wir als Angehörige einer bestimmten Berufsgruppe bestimmte Schulungen, erlernen bestimmte Werte und übernehmen bestimmte Ansichten (normativer Isomorphismus). Malcolm Gladwell, der die Erfolgsgeschichte von Ranadivé untersucht hat, zeigt, wie dieser Mechanismus funktioniert: Die Trainer der gegnerischen Mannschaft wurden langsam wütend. Sie waren der Meinung, die Ganzfeldpresse habe in einem Basketballspiel mit 12-jährigen Mädchen nichts verloren. Sie waren ja schließlich erst gerade dabei, die Grundregeln des Spiels zu lernen!

## Einfallslose Strategien

Wir sind an einem entscheidenden Punkt in diesem Buch angelangt, denn jetzt geht es um Quallen. Genauer gesagt darum, wie faszinierende leuchtende Quallen Osamu Shimomura vom Marine Biological Laboratory in Woods Hole, Massachusetts, dem Columbia-Professor Martin Chalfie und dem mittlerweile verstorbenen Roger Tsien, der an der University of California, San Diego, lehrte, den Nobelpreis für Chemie einbrachten. Die Geschichte beginnt 1960, als der damals junge Osamu Shimomura eine simple Frage beantworten wollte: Warum leuchtet die Qualle *Aequorea victoria* grün, wenn sie angeregt wird? Das ist nicht gerade die Art von Frage, die man stellt, um den Nobelpreis zu gewinnen, doch Shimomura war dennoch hoch erfreut, als es ihm nach zahlreichen Feinjustierungen und Versuchen gelang, ein Protein zu isolieren – das Green Fluorescent Protein (GFP) –, das die Qualle zum Leuchten brachte.[41]

Spulen wir vor zum 25. April 1989. An diesem Tag nahm Martin Chalfie an einem Lunch Talk mit dem Neurobiologen Paul Brehm teil. Unter Wissenschaftlern sind diese Veranstaltungen recht beliebt. Nicht unbedingt, weil sie hoffen, dort etwas bahnbrechend Neues zu erfahren, sondern eher – wie auch in diesem Fall – weil die Lunchs von ihrem Fachbereich organisiert werden und sie sich aus Netzwerkgründen dort blicken lassen sollten. In einem Interview mit der Zeitschrift *Scientific American* erinnert sich Chalfie daran, dass er nicht im Entferntesten ahnte, aus dieser Veranstaltung irgendetwas mitzunehmen, das ihm für seine Arbeit dienen könnte. Chalfie erforschte damals das Nervensystem des transparenten Fadenwurms *C. elegans*.[42]

Doch entgegen seiner Erwartungen lernte Chalfie etwas Neues. Bislang hatte sein Assistententeam die Würmer immer töten müssen, um ihre Neuronen untersuchen zu können – ein Standardverfahren auf diesem Forschungsgebiet. Als er nun während des Lunch Talks hörte, wie Quallen Licht produzieren und Biolumineszenz nutzen, verstand er sofort, dass diese Erkenntnis ein großes Problem für Wurmforscher weltweit lösen würde: Wenn er seinen Würmern das grün fluoreszierende Protein injizierte, könnte er sie in lebendigem Zustand untersuchen. Und wenn er die Tiere mit ultraviolettem Licht bestrahlte, ließe sich vielleicht beobachten, wie sich das Protein im Körper verbreitete. Und so könnte Chalfie wiederum verfolgen, in welche Zellen das Protein transportiert würde. „Ehrlich gesagt kann ich mich an keine Einzelheiten aus dem Seminar erinnern, weil mich der Gedanke elektrisierte, dieses Experiment nun durchführen zu können. Ich hatte mich bereits seit zwölf Jahren mit transparenten Lebewesen beschäftigt. (…) Ich war also sehr aufgeregt, dass wir nun die Möglichkeit hatten, das an *C. elegans* zu testen."[43]

Chalfies Entdeckung revolutionierte die Wissenschaft und führte zur Entstehung einer millionenschweren Branche.

Das grün fluoreszierende Protein gibt es heute in verschiedenen Farben, es kann für die unterschiedlichsten Organismen verwendet werden und findet zahlreiche Anwendungen. Wissenschaftlerinnen und Wissenschaftler nutzen es, um herauszufinden, wie sich Viren verbreiten und mit dem Immunsystem von Mäusen interagieren. Sie beobachten, wie Brustkrebszellen in Echtzeit wandern und wie sich HI-Viren zwischen Immunzellen ausbreiten. Dank dieser neuen Technologie können unsichtbar ablaufende biologische Prozesse jetzt wie ein Glühwürmchen zum Leuchten gebracht werden.[44]

Chalfies Entdeckung zeigt anschaulich, wie bahnbrechende Ideen häufig entstehen: Völlig unerwartet kommt es zu einem Heureka-Moment, der ausgelöst wird durch das Aufeinandertreffen von Ideen. Diese Ideenkollision entsteht, wenn Wissen aus unterschiedlichen Fachgebieten Grenzen überschreitet. Gary

Klein, Autor des Buches *Seeing What Others Don't*, empfiehlt Innovatoren, sich bei der Suche nach kreativen Ideen vom herkömmlichen Modell zu verabschieden, bei dem nach einer sorgfältigen systematischen Analyse aussichtlose Ideen aussortiert und die vielversprechenden validiert werden.[45] Stattdessen unterstreicht er die Wichtigkeit von Ideenkollisionen, Verbindungen, Zufällen, Merkwürdigkeiten, Widersprüchen und kreativer Verzweiflung.[46]

Dass sich Ideen gegenseitig befruchten, ist in Unternehmenssettings alles andere als selbstverständlich. Häufig konkurrieren Abteilungen und Einzelpersonen um Ressourcen oder Anerkennung. Sie vertrauen sich nicht und schotten sich ab. Selbst wenn die Unternehmensspitze anordnet, zusammenzuarbeiten und Silos aufzubrechen, findet kein freier Austausch von Ideen statt. Das zeigt das Beispiel von Sony, das in den 1990ern im Rahmen der Initiative „Sony United" versuchte, Abteilungsgrenzen aufzulösen, um Innovationen voranzutreiben und den Geist der Unternehmensgründer, unkonventionell zu denken, zu fördern. Es gelang ihnen jedoch nicht, die Konkurrenz zwischen den einzelnen Bereichen zu beenden. Die Mitarbeiterinnen und Mitarbeiter waren weder bereit, ihre innovativen Ideen zu teilen noch langfristige Strategien und Investitionsmöglichkeiten zu brainstormen.

Die Folgen dieser Fehlentwicklung zeigten sich einige Jahre später auf der Comdex-Messe, die 1999 in Las Vegas stattfand.[47] Voller Vorfreude und Spannung erwarteten die Zuschauer im majestätischen venezianischen Ballsaal des Sands Expo and Convention Center den CEO von Sony, Nobuyuki Idei. Die Branche stand durch das Aufkommen des Internets am Scheideweg, und Sony war als Innovationsschmiede bekannt. Als Idei schließlich erschien und sich an das Publikum wandte, hatte seine Stimme etwas Dramatisches: „Wir sind ein breit aufgestelltes Unterhaltungsunternehmen und werden dies auch bleiben." Er stellte verschiedene neue Gadgets vor, darunter die PlayStation2 – die erste Spielkonsole im Computerbereich.

Dann betrat der Rockstar Steve Vai die Bühne, und Idei bat ihn, etwas auf seiner Gitarre zu spielen. Nachdem er fertig war, zog Vai einen kaugummigroßen „Memorystick-Walkman" hervor, ein neues digitales Gerät. Daraufhin erhob sich der Brite Howard Stringer, der Idei nachfolgen sollte, von seinem Platz und nahm das Gerät in die Hand. „Hören Sie mal!", sagte er, als er das Gerät anschaltete und die Töne, die Vai soeben gespielt hatte, erklangen. Und zwar kristallklar! Alle im Saal verstanden, was Sony vorhatte: den enormen Erfolg des Walkman, mit dem das Unternehmen einen neuen Markt geschaffen hatte, zu wiederholen. Und kaum einer zweifelte daran, dass dies auch gelingen werde.

Doch dann geschah etwas Merkwürdiges: Idei stellte ein zweites Gerät in der Größe eines Stiftes vor, den Vaio MusicClip, der das Gitarrensolo ebenfalls aufgenommen hatte. Ein konkurrierendes Produkt!? Das ergab keinen Sinn. Warum sollte Sony zwei Geräte mit derselben Funktion auf den Markt bringen? Aus strategischer Sicht noch unsinniger war die Einführung eines dritten, wieder ähnlichen Geräts kurz nach der Messe. Was damals nur wenige erkannten: Die Geschäftsbereiche des Unternehmens hatten es versäumt, ihre Innovationsinitiativen zusammenzuführen. Ihnen war es nicht gelungen, ihre Ideen auszutauschen und gemeinsam zu einem attraktiven Angebot zu verschmelzen. Wenige Jahre später verabschiedete sich Sony aus dem Geschäft der digitalen Musik-Player und überließ Apple den Markt.

Was lernen wir daraus? Unternehmen profitieren, wenn sie ihre Kompetenzen bündeln, um neue Probleme zu lösen. Sie verlieren dagegen, wenn sie sie voneinander abkapseln und jeweils in ihrer Welt belassen. Das gilt nicht nur im Bereich Innovation, sondern auch bei der Strategieentwicklung und -umsetzung. Bereits einige Jahre vor der Einführung des iPhone hatte Microsoft erkannte, dass ein solches Gerät die Branche wahrscheinlich verändern würde. Also beauftragte Bill Gates den damaligen CEO Steve Ballmer, ein vergleichbares Produkt zu entwickeln, das die Wettbewerbsfähigkeit des Unternehmens sichern würde. Ballmer delegierte dieses strategische Unterfangen an seine Senior Vice Presidents, die zusammen über riesige F&E-Budgets und Tausende Ingenieurinnen und Ingenieure verfügten. Doch wir alle wissen: Microsoft ist es nie gelungen, ein Produkt zu entwickeln, das auch nur ansatzweise mit dem iPhone vergleichbar wäre.

Die meisten Experten führen dieses Scheitern auf die mangelnde Kooperation zwischen den Abteilungen und Geschäftsbereichen von Microsoft zurück.[48] Im Unternehmen arbeiteten die Softwareentwickler getrennt von den Mitarbeitern, die das Betriebssystem des Telefons entwickelten. Als Messlatte wurden das Nutzererlebnis und der Innovationsgrad angelegt – nicht der Erfolg der Mobiltelefonplattform als Ganzes. Auch versäumte es das Unternehmen, externe Partner wie zum Beispiel App-Entwickler sinnvoll einzubeziehen, sodass es keine Apps für YouTube, Instagram und andere beliebte Dienste gab.

Während sich Nokia auf die rasant wachsenden Märkte in Asien konzentrierte, in der Hoffnung, seinen Vorsprung und sein Markenkapital zu nutzen, versuchte Microsoft, seinem alten Erzfeind Apple etwas entgegenzusetzen.

Wenn sich einzelne Abteilungen nicht gegenseitig befruchten, verhindert das nicht nur die Entwicklung und Umsetzung neuer Strategien, sondern auch die Implementierung bestehender. Manchmal mit verheerenden Folgen: BP generiert einen Großteil seines Gewinns mit der Erdölförderung in schwierigen Gebieten, etwa offshore im Golf von Mexiko. 2010 verursachte eine Explosion auf der Plattform Deepwater Horizon eine Ölkatastrophe im Golf. Es war die größte in der Geschichte der Offshorebohrung.[49] BP zahlte schätzungsweise 42 Milliarden US-Dollar an Entschädigungen und stimmte 2012 der staatlichen Überwachung seiner Sicherheitspraktiken zu.[50] Die mit der Untersuchung des Vorfalls betrauten Experten kamen zu dem Schluss, dass Silos innerhalb des Unternehmens eine der Hauptursachen für die Katastrophe gewesen waren. Das für die Sicherheitsüberwachung zuständige Technikerteam kommunizierte nicht mit den Mitarbeitern, die für den Betrieb auf der Deepwater-Horizon-Plattform verantwortlich waren. Informationen wurden zu langsam oder gar nicht weitergeleitet.[51]

Unternehmen profitieren nicht nur von der gegenseitigen Befruchtung innerhalb der Organisation, sondern auch, wenn sie sich für Ideen von außen öffnen, sogar von *sehr* weit außen, wie Studien zu Innovationsprozessen nahelegen. Lars Bo Jeppesen und Karim Lakhani haben 166 wissenschaftliche Probleme untersucht, mit denen sich die F&E-Abteilungen von 26 Unternehmen beschäftigten.[52] Mit interessantem Ergebnis: Ihnen zufolge erhöhen die technische Marginalität (die fehlende Vertrautheit einer Person mit einem Problem und der entsprechenden technischer Disziplin) und die soziale Marginalität (die Randposition einer Person in ihrer eigenen beruflichen Community) die Problemlösefähigkeit. Marginale Problemlöser betrachten ein Problem mit frischem Blick. Sie wenden neues Wissen und neue Problemlöseansätze an und lassen sich – anders als Personen, denen das Problem vertrauter ist –, nicht von gängigen Annahmen beeinflussen. Deshalb können sie dabei helfen, neue Lösungen zu entwickeln.

Auf dem Gebiet der Innovation gibt es zahlreiche Beispiele für Unternehmen, die durch den Einbezug externer Akteure beeindruckende technische Lösungen entwickelt haben. Etwa die Internationale Raumstation: Sie stand vor dem

Problem, genug Energie zu gewinnen, um den Satelliten betreiben zu können. Die Solarpanele müssen präzise angebracht sein, und die langen, dünnen Verbindungsbalken sind sehr fragil. Da sie empfindlich auf Temperaturschwankungen reagieren, können sie sich schnell verbiegen und durchbrechen, wenn sich der Satellit zu lange im Schatten aufhält. Um die Panele neu auszurichten, sind komplexe Algorithmen nötig – und diese hatte die NASA lange nicht. Bis sie sich für Crowdsourcing entschied und einen Wettbewerb veranstaltete, bei dem der Person oder Gruppe, die einen funktionierenden Algorithmus entwickelte, ein Preisgeld von 30.000 US-Dollar winkte.[53]

Hunderte von Teilnehmern reichten über zweitausend Algorithmen ein. Mehr als die Hälfte der Vorschläge waren von besserer Qualität als der von der NASA entwickelte Algorithmus.[54] Viele Teilnehmer nutzen technische Herangehensweisen, die die NASA gar nicht auf dem Schirm hatte. Am Ende gewann ein Datenwissenschaftler, der vorher noch nie an Problemen im Bereich Weltraum oder solarer Energiegewinnung gearbeitet hatte.

Was für Innovation gilt, gilt auch für Strategie. Indem Unternehmen mit herkömmlichen, geschlossenen Konzepten arbeiten, bleiben sie hinter ihren Möglichkeiten zurück: Sie begnügen sich mit sicheren oder bekannten Denkweisen und geben den scheinbar haarsträubenden Ideen und Ansätzen, die häufig zu den besten Strategien führen, keine Chance. Nicht selten entgehen ihnen dadurch entscheidende Gelegenheiten, die zunächst marginal erschienen. Mit verheerenden Folgen: Denken Sie nur an all die Zeitungs- und Zeitschriftenverleger, die nicht erkannt haben, dass die Online-Werbung ihre wichtigste Einnahmequelle bedroht. Oder die Schweizer Uhrenbranche, die nicht verstehen wollte, dass japanische Hersteller durch den Vertrieb günstigerer Quarzuhren irgendwann den Markt beherrschen würden. Wenn sich die anspruchsvollsten wissenschaftlichen oder technischen Probleme durch einen sich wechselseitig befruchtenden Gedankenaustausch und kollektive Intelligenz lösen lassen, sollten wir diese Ansätze dann nicht auch nutzen, um neue Strategien zu formulieren, neue Wachstumsmöglichkeiten zu erschließen oder disruptive Geschäftsmodelle zu entwickeln? Und doch tun dies die meisten Unternehmen nicht.

Erschwerend kommt hinzu, dass das Topmanagement häufig keinen Zugang zu den bahnbrechenden Ideen hat, die im Unternehmen schlummern. Das liegt weniger an den Silos als an den starren Hierarchien, die verhindern, dass

Ideen frei fließen können. Bereits vor zwei Jahrzehnten stellte Gary Hamel fest, dass es auf der mittleren Ebene in Unternehmen viele frustrierte „Revolutionäre“ gebe, die nicht zu Wort kämen, weil sie durch mehrere Schichten vorsichtiger Bürokraten vom Topmanagement abgetrennt seien. Hamel gab zu bedenken, dass man diese Revolutionäre jedoch nicht zum Schweigen bringen könne. Eher würden sie das Unternehmen verlassen und bei der Konkurrenz anheuern.[55] Das gilt heute noch viel mehr. Unternehmen, die ihren Strategieprozess ins stille Kämmerlein verbannen, nutzen die intellektuellen „Gärstoffe“, der sich in ihren Mauern verbergen könnten, nicht. Sie verlieren den Zugang zu verschiedenartigen Ideen und wissen nicht, was sie nicht wissen. Das Ergebnis sind einfallslose Strategien.

## Verzerrte Strategien

Nach mehreren Seiten Input ist es Zeit für eine kurze Auflockerung. Vielleicht haben Sie als Kind die Fernsehsendung *Der Preis ist heiß* gesehen. Wie gut können Sie einschätzen, wie viel eine Flasche australischer Wein kostet? Bevor wir beginnen, noch eine Bitte: Nehmen Sie sich einen Zettel, und notieren Sie die letzte Ziffer Ihrer Telefonnummer. Sie haben sie aufgeschrieben? Dann sehen Sie sich nun das Bild einer Flasche d'Arenberg The Dead Arm Shiraz von 2005 an (Abbildung 1.1).

***Abb. 1.1:** Was meinen Sie: Wie viel kostet diese Flasche Wein?*

Betrachten Sie die Flasche und das Etikett genau, und lesen Sie die Beschreibung des Weins und seiner Eigenschaften aufmerksam. Was meinen Sie: Wie viel kostet die Flasche?

Eine ähnliche Übung haben wir mit 500 Führungskräften durchgeführt. Dabei hat sich ein interessantes und etwas seltsames Muster gezeigt: Die Teilnehmerinnen und Teilnehmer, deren Telefonnummer mit einer hohen Ziffer endete (sieben, acht oder neun), lagen mit ihrer Preisschätzung *30 Prozent über* den Vorschlägen derjenigen, deren Telefonnummer mit einer niedrigen Ziffer endete (eins, zwei oder drei). Zur Sicherheit haben wir diese Beobachtung überprüft und tatsächlich: Das Muster bestätigte sich. Wie war das möglich?

Man spricht hier vom „Ankereffekt“ (oder Anchoring Bias). Dieser beschreibt den Effekt, dass Menschen bei der Bewertung einer Situation auf Informationen zurückgreifen, über die sie bereits verfügen. Diese Informationen dienen als kognitiver Anker. Im Beispiel mit den Führungskräften fungierte die letzte Ziffer der Telefonnummer als Anker bei der kognitiven Verarbeitung der Aufgabe; sie beeinflusste die Schätzung. Denken Sie an Ihren Alltag: die Entscheidungen, die Sie treffen; die Informationen, mit denen Sie konfrontiert sind; die Gespräche, die Sie führen. Beeinflusst der Ankereffekt Ihre Entscheidungen im Großen oder im Kleinen? Vielleicht.

Den Strategieprozess beeinflusst er auf jeden Fall. Es gibt Dutzende von Verzerrungen, die Einfluss auf das strategische Denken haben können und teilweise zu verheerenden Fehlern führen. Anfang der 1990er war der Geschäftsbereich der elektronischen Bildverarbeitung von Polaroid auf dem besten Weg, ein großer Player in der Digitalfotografie zu werden.[56] Die Einheit verfügte über zahlreiche Patente und hatte eine ganze Schar neuer Mitarbeiter eingestellt, die sich in der elektronischen Bildverarbeitung auskannten oder von anderen Hightech-Unternehmen kamen. Und doch tat sich Polaroid mit der Markteinführung schwer. Das Unternehmen verfügte zwar bereits 1992 über einen Prototypen; dieser war jedoch erst 1996 erhältlich. Zu diesem Zeitpunkt boten jedoch bereits vierzig andere Unternehmen ähnliche Produkte an. Die Digitalkamera von Polaroid gewann zwar einige Preise, die Verbraucher überzeugte sie jedoch nie. Was war geschehen?

Das Topmanagement des Unternehmens hatte sich nicht auf eine wirkungsvolle Markteinführungsstrategie einigen können. Einige Entscheider wollten nicht vom sogenannten Razor-Blade-Geschäftsmodell lassen, bei dem das

Grundprodukt günstig angeboten wird und der Umsatz mit dem Zusatzprodukt gemacht wird. Sie waren überzeugt: Das Geld musste mit Filmen verdient werden, nicht mit Hardware. Im Bereich Digitalfotografie funktioniert dieses Modell jedoch offensichtlich nicht. Die daraus resultierenden Streitigkeiten verlangsamten die Entscheidungsfindung. Erschwerend kam hinzu, dass der Geschäftsbereich der elektronischen Bildverarbeitung mit demselben Vertriebsteam wie die Sparte Sofortbild-Fotografie arbeiten musste. Dieses kannte sich mit Händlern wie Walmart and K-Mart aus, nicht aber mit Fachgeschäften, die hochpreisige Digitalprodukte anboten. 1997 brachte Polaroid eine zweite Kamera auf den Markt, doch damit hatte es sich dann. Immer mehr technische Experten verließen das Unternehmen, und die Entwicklung digitaler Kameras geriet ins Stocken. Das Unternehmen hatte eine einzigartige Chance verspielt.

Schuld daran war, was Verhaltenspsychologen die „Status-quo-Verzerrung" nennen. Sie beschreibt die menschliche Neigung, das fortzusetzen oder zu verlängern, was bereits existiert. Die Verantwortlichen bei Polaroid unterlagen auch einem Bestätigungsfehler (Confirmation Bias), bei dem sie die Informationen auswählten oder bevorzugten, die ihre Erwartungen bestätigten. Im Strategiekontext gibt es zahlreiche Verzerrungen: etwa die Versunkene-Kosten-Falle (Sunk-cost Trap), bei der Menschen Entscheidungen der Vergangenheit durch neue, irrationale Entscheidungen rechtfertigen; die Verlustaversion, bei der wir Verluste als wesentlich schwerwiegender erachten als potenzielle Gewinne; und die Selbstüberschätzung, die Menschen dazu verleitet, ihren häufig viel zu optimistischen Prognosen Glauben zu schenken.

Für Verzerrungen anfällig sind vor allem Strategen, die allein arbeiten. Sie haben niemanden, der sie auf ihre blinden Flecke hinweist. Doch auch kleine Gruppen, die Strategien nach bewährten Rezepten im stillen Kämmerlein entwickeln, können Verzerrungen unterliegen: In engmaschigen Teams kann Anpassungsdruck dazu führen, dass negative Informationen ausgeblendet werden und diejenigen, die darauf hinweisen, mit Verachtung gestraft werden. Das Ergebnis sind Strategien, die hinter dem Möglichen zurückbleiben.[57] Die gescheiterten Globalisierungspläne von Mark & Spencer sind das Resultat eines solchen Gruppendenkens.[58] Als sich die Verantwortlichen einmal auf eine Strategie geeignet hatten, bevorzugten sie Fakten, die ihre Annahmen bestätigten, und ließen keine abweichenden Meinungen zu.[59] Das machte sie anfällig für Verzerrungen und führte zu schlechten Entscheidungen. Der Ankereffekt zeigte sich, als das Management ungeachtet nationaler Unterschiede versuchte, die Praktiken, die das Unternehmen in den Vereinigten Staaten anwandte, auf den kanadischen Markt zu übertragen. Und Verlustaversion führte dazu, dass sich Mark & Spencer nicht schnell genug aus schwachen Märkten zurückzog.

Hätten die Verantwortlichen die Mitarbeiter und externe Akteure in ihre Überlegungen einbezogen, hätten diese sie vielleicht auf ihre blinden Flecke hingewiesen und notwendige Anpassungen vorgenommen. Die fehlende Offenheit verhinderte eine solche Achtsamkeit jedoch und hielt die Verantwortlichen in ihren Denkmustern gefangen. Wenn alle die gleiche Sichtweise vertreten, ist die Gruppe anfällig für Bestätigungsfehler. Nachforschungen sind dann unerwünscht, und blinde Flecken werden nicht thematisiert. Anders in divers zusammengesetzten Teams, die zum Beispiel Frontline-Mitarbeiter und externe Akteure umfassen: Hier sorgen unterschiedliche Perspektiven dafür, dass Bestätigungsfehler gar nicht erst auftreten und die Beteiligten sich stärker selbst reflektieren.

Zum Problem der rigiden mentalen Modelle gesellt sich das Problem der nicht hinterfragten Strategieprämissen. Sehen wir uns dazu das berühmte Beispiel von Iridium an. 1990 verfolgte Motorola den Plan, ein Telefonsystem zu entwickeln, das überall auf der Welt funktionieren würde – in jeder Stadt und in jedem Land, auf Schiffen auf dem Meer und auf den entlegensten Berggipfeln und für das nur ein einziger Sendemast nötig wäre. Dafür schickte das Unternehmen mithilfe von 15 Raketen, die es aus Russland, den Vereinigten Staaten und China bezogen hatte, 72 Satelliten ins All. Sie sollten den weltumspannenden Empfang sicherstellen. Doch 1998, neun Monate nachdem der erste Anruf über Iridium erfolgt war, scheiterte das Kommunikationssystem auf spektakuläre Weise und musste Insolvenz anmelden. Dabei basierte das Projekt auf einem soliden Businessplan. Man hatte die potenziellen Kunden, ihre Probleme und die geplante Lösung gründlich untersucht und geprüft, daraus Annahmen abgeleitet und ein Geschäftsmodell entwickelt. Diesem zufolge sollte das Unternehmen bis 2022 42 Millionen Kunden haben. Das Problem war jedoch, dass diese Annahmen in einer Zeit getroffen wurden, in der Mobilfunkgeräte noch kein Massenprodukt waren. Damals besaßen nur wenige Menschen ein Handy, die Geräte waren riesig und kosteten ein Vermögen. In den 11 Jahren, die Iridium für die Produkteinführung brauchte, hatten sich die Welt und der Markt verändert: Es gab nun bessere Mobilfunkdienste, und die Geräte waren mittlerweile erschwinglich und so klein, dass sie in die Hosentasche passten. Iridium konnte dagegen weder im Auto noch in Büros oder Gebäuden genutzt werden, und es war teuer: Ein Anruf über Iridium kostete 7 US-Dollar pro Minute, während die Kosten bei einem normalen Handy nur 50 Cent betrugen. Für das Gerät selbst musste man 3.000 US-Dollar aufbringen! Der Markt, die Technologie und die Kundenbedürfnisse hatten sich grundlegend verändert, doch das Geschäftsmodell von Iridium war dasselbe geblieben. Es basierte immer noch auf Annahmen aus dem Jahr 1990.[60] So hat Iridium innerhalb von acht Jahren insgesamt 5 Milliarden US-Dollar für ein Projekt ausgegeben, das auf veralteten Annahmen beruhte.[61]

## Unbeliebte Strategien

Wir schreiben das Jahr 1985. Sie arbeiten als Ingenieur bei Daimler in Untertürkheim in der Nähe von Stuttgart. Das Unternehmen zahlt gut, bietet großzügige Zusatzleistungen und hat einen hervorragenden Ruf. Wenn Sie Ihren schicken Mercedes in der Einfahrt Ihres Hauses parken, kommt gelegentlich Ihr Nachbar auf einen Schwatz vorbei und erkundigt sich, ob Sie ihm nicht einen Job „beim Daimler" verschaffen können. Das Leben ist schön.[62]

Zwei Jahre später, 1987, wird Edzard Reuter neuer Vorstandsvorsitzender bei Daimler.[63] Eine mutige Entscheidung: Reuter hatte zuvor für das Medienunternehmen Bertelsmann gearbeitet und war erst seit ein paar Jahren für Daimler tätig. Das Unternehmen fühlt sich zu diesem Zeitpunkt von Konkurrenten wie BMW, Lexus und Jaguar bedroht. Reuter zieht die Beratungsagentur McKinsey hinzu und präsentiert eine völlig neue Strategie: Er will Daimler in einen integrierten Technologiekonzern verwandeln. Um dem Konzern einen Wettbewerbsvorteil zu verschaffen, sollen Unternehmen aus verschiedenen Branchen zugekauft und die unterschiedlichen Technologien integriert werden.

Um diese Vision Wirklichkeit werden zu lassen, hält das Unternehmen nach Übernahmekandidaten Ausschau und erwirbt schließlich das Industriekonglomerat AEG, zwei Raumfahrtunternehmen sowie die IT-Beratung Cap Gemini. Ach ja, und das ein oder andere Rüstungsunternehmen. Keine große Sache, könnte man meinen. Doch es ist 1985: Der Zweite Weltkrieg und die Grausamkeiten, die deutsche Soldaten in der Welt verübt hatten, sind den

Menschen noch sehr präsent, vor allem in Deutschland. Plötzlich häufen sich die negativen Berichte über Daimler, und in allen Zeitungen kann man lesen, dass die Produkte des Unternehmens in Kriegsgebieten überall auf der Welt eingesetzt werden. Auf einmal ist Ihr Nachbar nicht mehr so erpicht darauf, dass Sie ihm einen Job bei Daimler besorgen. Und auch Ihre Partnerin ist verstimmt, weil immer mehr Freunde unangenehme Fragen zu Ihrem Job stellen. Schon bald spüren Sie selbst den Druck, und es fühlt sich nicht mehr so toll an, bei Daimler zu arbeiten. Ihre Arbeitsmotivation sinkt in den Keller.

Wenn sich ein kleiner Zirkel von Führungskräften an die Strategieformulierung macht, vergessen diese häufig, sich die Frage zu stellen, ob sie die Beschäftigten für die Umsetzung gewinnen können. Stehen die Mitarbeiterinnen und Mitarbeiter hinter den Überlegungen? Werden sie ihr Bestes geben? Und fühlen sie sich für das erfolgreiche Gelingen verantwortlich? Häufig lautet die Antwort Nein. Der Grund: Die Beschäftigten hatten keine Gelegenheit, ihre Vorschläge zu äußern oder mitzudiskutieren. Jon L. Pierce, Tatiana Kostova, und Kurt T. Dirks haben eine Theorie der psychologischen Ownership in Organisationen entwickelt, nach der sich Individuen am ehesten für eine Strategie, einen Prozess oder ein Projekt verantwortlich fühlen, wenn sie ein gewisses Maß an Kontrolle darüber haben und viel darüber wissen.[64] Werden sie nicht einbezogen, fühlen sie sich nur selten mit der Sache verbunden und zeigen kein Engagement. Es ist eine Sache, etwas zu tun, weil Ihr Chef es von Ihnen verlangt, aber etwas ganz anderes, wenn Sie sich dafür verantwortlich fühlen.

Ein „geschlossener" Ansatz führt häufig auch dazu, dass die Mitarbeiterinnen und Mitarbeiter die Strategien nicht verstehen oder als falsch erachten, einfach weil ihre Meinung nicht berücksichtigt wurde. Hätte Edzard Reuter die Daimler-Belegschaft in seine Pläne einbezogen (was er nicht tat), hätte diese vielleicht ihre Bedenken darüber geäußert, wie der Zukauf von Rüstungsunternehmen in der Öffentlichkeit ankomme (und dass auch einige andere Übernahmekandidaten in ihren Augen wenig vielversprechend seien). Vielleicht hätte Reuter seinen großen Plan, Daimler zu einem integrierten Konglomerat zu machen, entsprechend angepasst. Fakt ist: Seine Strategie scheiterte – auch wegen mangelnder Unterstützung in der Belegschaft. 1995 wurde Reuter der Rücktritt nahegelegt. Das Unternehmen verzeichnete zu diesem Zeitpunkt einen Verlust von 5,7 Milliarden D-Mark und hatte damit das schlechteste

Ergebnis seit fünfzig Jahren erzielt – und das schlechteste Ergebnis eines deutschen Unternehmens seit dem Zweiten Weltkrieg.

Gelegentlich erkennen Unternehmen jedoch die Notwendigkeit, ihre Mitarbeiter mit ins Boot zu holen, zum Beispiel wenn Umstrukturierungen anstehen. Als Munich Re, der zweitgrößte Rückversicherer der Welt, sich neu aufstellte, um das Kundenerlebnis zu verbessern, richtete das Unternehmen mehrere Arbeitsgruppen ein, in denen das Vorhaben diskutiert werden sollte. Mit dabei waren Beschäftigte aller Ebenen. In einem Interview erinnert sich Christian Kluge, der damals dem Vorstand angehörte, wie wichtig dieser Schritt war, um sich die Unterstützung der Belegschaft zu sichern – gerade zu einem Zeitpunkt, an dem das Unternehmen kurz davor war, sich von einem Organisationsmodell zu verabschieden, das es vierzig Jahre lang verfolgt hatte.[65] Selbst Beschäftigte, die im Zuge der Transformation ihren alten Job verlieren würden, unterstützten das Vorhaben. Weil sie in den Prozess einbezogen wurden, wuchs bei ihnen die Überzeugung, dass das Unternehmen eine neue Aufgabe für sie finden würde. Ein weiterer Vorteil war, dass die Verantwortlichen potenzielle Probleme antizipieren konnten, weil sie die Frontline-Mitarbeiter, die die Strategie umsetzen sollten, um ihre Meinung gebeten hatten. Die Implementierung bei Munich Re verlief nicht reibungslos, sie verursachte jedoch nicht das Maß an Widerstand, das Transformationen häufig auslösen.[66] Stellen Sie sich nur mal vor, Unternehmen würden den kooperativen Ansatz, den sie bei Transformationsvorhaben verfolgen, auch in ihren wesentlich risikobehafteteren Strategieprozessen anwenden.

## Jenseits klassischer Strategien

Die Defizite der klassischen Strategieentwicklung bringen erhebliche Nachteile für Unternehmen mit sich. Sie begrenzen sie in ihrer Kreativität. Selbst wenn es Unternehmen gelingt, vielversprechende Strategien zu formulieren, verzetteln sie sich häufig in der Umsetzung. Und wie einige der oben genannten Beispiele zeigen, lähmt die fehlende Offenheit Unternehmen in einer Zeit, in der die Disruption so viele Märkte herausfordert. Wie Clayton Christensen beobachtet hat, sind es in der Regel nicht die etablierten Unternehmen, die disruptive Ideen entwickeln. Das hat zweierlei Gründe: Erstens sind disruptive Innovationen für traditionsreiche Unternehmen wenig attraktiv. Sie adressieren lediglich einen kleinen Nischenmarkt und sind mit den bestehenden Geschäftsmodellen nicht kompatibel.[67] Selbst wenn Unternehmensverantwortliche die Gefahr der Disruption erkennen, tun sie sich schwer, eine plausible Strategie zu entwickeln, um ihr zuvorzukommen oder auf sie zu reagieren.

Damit nicht genug. Auf diejenigen, denen es doch gelingt, diese kognitive Barriere zu überwinden, wartet eine noch größere Herausforderung: Sie müssen ihre eigene disruptive Strategie umsetzen. Das bedeutet normalerweise, bestehende Produkte und Dienstleistungen zu kannibalisieren und überholte Geschäftsmodelle über Bord zu werfen. Deshalb ist der Widerstand gegen solche Strategien innerhalb des Unternehmens meist groß. Kodak wollte in den 1990ern in den Bereich der Digitalfotografie vorstoßen, doch eine alptraumhafte Bürokratie machte Innovation fast unmöglich, und die Führungskräfte verlangten von ihren Teams, den bestehenden Regeln zu folgen. Der Gedanke, das Cash-Cow-Geschäftsmodell, das auf dem Verkauf von Filmen basierte, aufzugeben, erschien den meisten Beteiligten, die in dieser „altmodischen Produktionskultur“ arbeiteten, vollkommen töricht.[68]

Oder nehmen Sie Blockbuster. Als der CEO John Antioco 2004 mit Verspätung erkannte, dass Netflix das Geschäft des Unternehmens bedrohte, beschloss er, große Summen in eine Onlineplattform zu stecken und die Mahngebühren in allen Blockbuster-Filialen abzuschaffen (die Kunden mochten sie nicht, und bei Netflix gab es keine Mahngebühren). Andere Führungskräfte legten Widerspruch ein und argumentierten, Blockbuster werde 200 Millionen US-Dollar an Mahngebühren verlieren und könne es sich nicht leisten, weitere 200 Millionen in eine Onlineplattform zu investieren. Am Ende setzten sie sich auch dank der Unterstützung des Investoraktivisten Carl Icahn durch, und James W. Keyes wurde neuer CEO. Sein Plan, am alten Geschäftsmodell festzuhalten, scheiterte, und fünf Jahre später war Blockbuster pleite.[69]

Alle in diesem Kapitel aufgeführten Schwächen des klassischen Strategieprozesses verschärfen die folgenden beiden Herausforderungen: Sie erschweren es den Verantwortlichen, sich von Konventionen zu lösen und auf Neues und Unbekanntes einzulassen. In der Abgeschiedenheit der Vorstandsetage folgen sie den immer gleichen Routinen und kapseln sich von den frischen Ideen ab, die sie so dringend bräuchten, um ihr Unternehmen zukunftsfit zu machen und die Branche voranzubringen. Sie ignorieren die Einblicke, die externe Akteure und Frontline-Mitarbeiter haben könnten, und verhindern das dynamische Zusammentreffen von Ideen, die Innovation erst ermöglichen. Das Schlimmste dabei: Sie wissen nicht, was sie nicht wissen, und unterliegen dem Irrglauben, ihr Unternehmen verantwortungsvoll durch unruhiges Fahrwasser in eine sichere Zukunft zu steuern.

Wie kann es anders gehen? Ganz einfach: Unternehmen müssen sich öffnen. Es ist viel einfacher, der Disruption zu begegnen, wenn Sie Ihre Strategie gemeinsam mit Personen formulieren, die die Welt aus einem anderen Blickwinkel betrachten. Anders ausgedrückt: Perspektivische Vielfalt ist enorm wichtig. Dem Sozialwissenschaftler Scott E. Page zufolge sind für Fortschritt und Innovation weniger einsame Denker mit einem überdurchschnittlichen IQ verantwortlich, als vielmehr diverse Gruppen, die zusammenarbeiten und ihre Individualität als Stärke nutzen.[70] Erinnern Sie sich noch an das Phänomen des Isomorphismus? Wenn Sie gerne und viel essen und abnehmen möchten, ist das Schlimmste, was Sie tun können, gemeinsam mit anderen Vielessern zu speisen. Und wenn Sie eine Bank leiten, werden Sie das Privatkundengeschäft nicht revolutionieren, indem Sie sich mit ihren wichtigsten Mitbewerbern messen. Was Sie brauchen, ist der Blick von außen und von denjenigen, die nah am Geschehen sind, zum Beispiel ihre Frontline-Mitarbeiterinnen und -Mitarbeiter. Sie können Sie auf Probleme bei der Umsetzung und auf kundenbezogene Aspekte aufmerksam machen.

Erinnern wir uns auch noch einmal daran, wie eine zufällige Begegnung den Biologen Martin Chalfie auf eine bahnbrechende Idee brachte. Unternehmen, die sich öffnen und unterschiedliche Bereiche miteinander verknüpfen, können Ähnliches erreichen. Gleichzeitig sind sie durch die Vielfalt an Perspektiven besser in der Lage, kognitive Verzerrungen schnell und verlässlich zu erkennen, sobald sie auftauchen. Und was noch wichtiger ist: Sie vermeiden Gruppendenken. Auf diese Weise können die Mitarbeiterinnen und Mitarbeiter diese Verzerrungen im Entscheidungsprozess korrigieren.

Kognitive Verzerrungen und Gruppendenken zu vermeiden ist umso wichtiger, wenn Sie radikal neue Ideen verfolgen möchten, die ein Großteil der Beschäftigten erst einmal ablehnt. Im herkömmlichen Strategieprozess gilt: Je gewagter eine Strategie ist, desto schwieriger lässt sie sich umsetzen. Die Mitarbeiterinnen und Mitarbeiter fühlen sich überfordert und sind sich unsicher, was das neue Vorhaben für ihre tägliche Arbeit bedeutet. Indem Unternehmen im Zuge von Open Strategy Frontline-Mitarbeiter und mögliche externe Partner am Prozess beteiligen, erhöhen sie ihre Chance, radikale Ideen zu generieren, die die Beteiligten auch bereit sind umzusetzen. Open Strategy bietet den Beteiligten die Möglichkeit, operative Fragen frühzeitig zu berücksichtigen und ein Gefühl von psychologischer Ownership entwickeln – beides entscheidende Faktoren für die erfolgreiche Implementierung. Durch die Öffnung des Strategieprozesses werden radikale Ideen wesentlich leichter umsetzbar – und dadurch mächtiger. Neuartigkeit und Umsetzung stellen keine Gegensätze dar; sie verstärken sich gegenseitig.

Während die herkömmliche strategische Planung zu Strategien führt, die langweilig, einfallslos, voreingenommen und viel zu selten von Erfolg gekrönt sind, stehen am Ende des Open-Strategy-Prozesses frischere, innovativere, fundiertere und einfacher umzusetzende Strategien. Wie wir noch sehen werden, ist Open Strategy die *einzige* Möglichkeit, die Umsetzung zu einem integralen Bestandteil der Strategieentwicklung zu machen, denn nur auf diese Weise werden diejenigen, die die Strategie am Ende umsetzen, am Prozess beteiligt. Und immer mehr Erfolgsbeispiele zeigen: offene Konzepte funktionieren. Wenn Ihr Unternehmen damit noch nicht experimentiert hat, sollten Sie das ändern.

**Fragen zur Reflexion:**

- Welche strategischen Initiativen in Ihrem Unternehmen scheinen von vornherein zum Scheitern verurteilt zu sein und warum?
- Haben Sie Sorge, von einem Mitbewerber überholt zu werden, oder dass ein neuer Player eine Innovation auf den Markt bringt, die Ihr Geschäft beeinträchtigen könnte?
- An wen wenden Sie sich typischerweise, um über die Zukunft Ihres Unternehmens und Ihrer Branche zu sprechen? Sind darunter Personen außerhalb Ihrer Branche?
- Wann haben Sie das letzte Mal Frontline-Mitarbeiter in den Strategieprozess einbezogen? War dies hilfreich? Und wenn ja, inwiefern?
- Hilft der Wettbewerb zwischen einzelnen Geschäftsbereichen Ihrem Unternehmen oder schadet er ihm?

# Kapitel 2
# Sind Sie bereit, sich zu öffnen?

Vor einigen Jahren kam ein mittelständischer Spezialmaschinenhersteller mit der Frage auf uns zu, ob sein Geschäft von einem Open-Strategy-Ansatz profitieren würde. Dem Unternehmen ging es sehr gut: Die Beschäftigten waren top ausgebildet und hoch motiviert, die Kunden zufrieden, und die Margen stimmten ebenfalls. Bei genauerem Hinsehen zeigten sich jedoch Gefahren am Horizont: Chinesische Anbieter verkauften Produkte mit ähnlicher Qualität zu günstigeren Preisen. Um die kommenden Jahre zu überleben, würde das Unternehmen ein völlig neues Nutzenversprechen formulieren müssen, das auf Services statt auf Produkten basiert. Da die Verantwortlichen über keine Erfahrungen im Dienstleistungssektor verfügten, waren sie bei der Entwicklung und Umsetzung der neuen Strategie auf Input von außen angewiesen. Eine gute Gelegenheit also, Open Strategy auszuprobieren.

Der CEO schien bereit dafür, den Strategieprozess auf neue Füße zu stellen: „Wir brauchen frische Ideen für Dienstleistungen und wie wir diese anbieten wollen. Ich allein kann das nicht leisten." Als sein Führungsteam jedoch erfuhr, dass das Unternehmen auf Open Strategy setzen wollte, regte sich Widerstand. Die Mehrheit lehnte eine Öffnung des Strategieprozesses vehement ab; sie hielt sie für unnötig und unklug. Da die Führungskräfte dieser Gruppe über wenig Erfahrung und Wissen im Servicebereich verfügten, fühlten sie sich unwohl bei der Vorstellung, ein darauf basierendes Geschäftsmodell entwickeln zu müssen. Das Kerngeschäft sei doch stark, argumentierten sie, und das neue Serviceangebot würde das bestehende Geschäft schließlich nur unterstützen. Wieso sollte man externes Wissen hinzuziehen? Das werde der Qualität der Diskussion und Entscheidungsfindung nur abträglich sein, weil den externen Akteuren sicher das Know-how und die Expertise fehle, um hilfreichen Input beizusteuern. Das sei das Risiko nicht wert.

Ihre Position überrascht nicht, zieht man in Betracht, wie sehr die Deutschen es lieben, Maschinen herzustellen. In den USA bekommen Kinder zu Weihnachten eine Xbox geschenkt, in Deutschland Lego. In keinem anderen Land werden pro Kopf so viele Lego-Baukästen gekauft. Und Sie ahnen es bereits: Die beliebteste Kategorie ist Lego Technic – hier können die kleinen Tüftler Spielzeugmaschinen bauen.[1] Und wenn sie erwachsen sind, wollen sie weiter Maschinen bauen. Dienstleistungen dagegen … Nun ja, sagen wir einfach, für den typischen Geschäftsmann oder die klassische Ingenieurin sind sie weniger attraktiv.

Die zweite Gruppe im Unternehmen bestand aus Personen, die als Kinder wahrscheinlich nicht viel mit Lego gespielt haben und für die der Servicebereich eine Möglichkeit darstellte, das alte Geschäftsmodell zu überwinden und ein frisches und wettbewerbsfähiges Angebot zu entwickeln. Sie waren neugierig, Open Strategy auszuprobieren. Und sie wussten, dass sie auf externen Input angewiesen waren, wenn sie die Märkte aufrütteln und mutige neue Ideen entwickeln wollten – selbst wenn dieser von Akteuren außerhalb ihrer eigenen Branche kam. „Wir schaffen das nicht allein", argumentierten sie. „Wir brauchen Ideen von Leuten, die jenseits unserer Branchenlogik denken."

Der CEO ließ sich schließlich von der konservativen Fraktion umstimmen. Den Strategieprozess zu öffnen klang zwar in der *Theorie* gut. Je länger er aber darüber nachdachte, desto mehr wurde ihm bewusst, dass dies ja Unsicherheit, Veränderung und einen gewissen Kontrollverlust bedeuten würde. „Open Strategy ist eine gute Idee", sagte er, „aber wir müssen genau überlegen, wie weit wir gehen wollen. Das Kerngeschäft zu ergänzen ist sinnvoll, aber sollten wir dabei wirklich unsere Kernkompetenzen aufgeben?" Am Ende erschien ihm und einigen anderen Führungskräften das Open-Strategy-Konzept zu gewagt, und das Unternehmen ließ von dem Vorhaben ab, seinen Strategieprozess zu transformieren.

Damit Open Strategy funktioniert, müssen die Verantwortlichen nicht nur das Grundkonzept annehmen, sondern auch die zugrunde liegenden Ideen von Inklusion, Innovation, Kreativität und Mut akzeptieren. Selbst unter den Entscheiderinnen und Entscheidern, die sich als offen und innovativ bezeichnen, gibt es einige, die sich zunächst für Open Strategy begeistern, dann aber immer mehr davon Abstand nehmen. Verantwortlich dafür ist häufig die Angst, dass die Öffnung des Strategieprozesses ihre Autorität untergraben könnte und sie Kontrolle abgeben müssen. An Hochschulen und Universitäten lernen Führungskräfte, Strategie als ihre exklusive Domäne zu betrachten. Sie entwickeln die Haltung: Wir „machen Strategie", und die anderen setzen sie um. Wenn sie dann ins Berufsleben einsteigen und die Karriereleiter hochklettern, gewinnen sie den Eindruck, dass sie dem Unternehmen durch das Entwickeln einer Vision und der dazugehörigen Strategien erheblichen Nutzen bringen. Sie rechtfertigen ihre hohen Gehälter sich selbst und anderen gegenüber mit dem Argument, dass sie – und nur sie – das Unternehmen auf Erfolgskurs bringen und diesen Kurs halten können. Andere am Strategieprozess zu beteiligen würde ihre besondere Rolle untergraben und ihren Status schmälern.

Führungskräfte haben zudem Sorge, ihre Vorgesetzten und Kollegen zu enttäuschen, wenn sie sich für Open Strategy aussprechen. Über flache Hierarchien und Gleichstellung zu philosophieren mag trendy sein, doch die meisten von uns haben gelernt, in klaren Hierarchien nach den Prinzipien Arbeitsteilung, Konsistenz, Standardisierung, Disziplin und Stabilität zu arbeiten. Diese Faktoren erschweren zwar Kreativität, Innovation, unkonventionelles Denken, Zusammenarbeit und schnelles Handeln, doch sie haben zu einer enormen Steigerung der betrieblichen Effizienz geführt. Büßen wir diese ein, wenn wir nun den Strategieprozess öffnen, Silos aufbrechen, Hierarchien und selbst Unternehmensgrenzen überwinden? Und was passiert, wenn wir uns für die falsche Strategie entscheiden? Machen wir uns zu Narren, wen wir neue Sichtweisen zulassen und gewagte Strategien übernehmen, die wenig Aussicht auf Erfolg haben? Entlarven wir damit nicht unsere bestehende Strategie als falsch und dumm? Und was wirft das für ein Licht auf andere Akteure im Unternehmen?

Es ist eine Sache, solche Ängste zu haben, aber eine ganz andere, sich von ihnen leiten zu lassen. Bevor Sie sich zu schnell auf Open Strategy stürzen, sollten Sie sich und Ihr Führungsteam ernsthaft fragen, ob Sie wirklich bereit für das Konzept sind. Auf Basis unserer Erfahrungen mit Klienten und Studien zu Open Strategy haben wir sieben Leitfragen entwickelt, die Ihnen helfen herauszufinden, ob Sie mögliche Ängste, die Open Strategy auslöst, überwinden können. Zudem haben wir ein Bewertungstool konzipiert, mit dem Sie herausfinden, ob Ihr Unternehmen Open Strategy verfolgen sollte. Wenn Sie und Ihr Führungsteam mental und emotional bereit sind, sich vom klassischen Strategieprozess zu lösen, wartet ein völlig neuer und alles verändernder Weg auf Sie. Wenn Sie dazu noch nicht bereit sind, besteht kein Grund zur Sorge: Wir stellen Ihnen einige Methoden vor, mit denen Sie ein Open-Strategy-förderndes Mindset entwickeln können.

## Frage 1: Wen mögen Sie lieber: Miles Davis oder Johann Sebastian Bach?

Diese Frage scheint wenig mit Strategie zu tun zu haben, aber vertrauen Sie uns einfach. Aus ästhetischen Gesichtspunkten ist keiner dieser beiden Musiker besser als der andere. Sie unterscheiden sich jedoch in ihrem Temperament. Die Kompositionen von Bach folgen einer strengen Struktur und Ordnung und sind vorhersehbar. Klassische Musikerinnen und Musiker spielen sie, indem sie einem festen Skript, der Musikkomposition, folgen. Die legendären Jazzstücke von Miles Davis folgen dagegen so gut wie keinem Plan. Während der Performance dienen sie lediglich als Gerüst für spontane, unvorhersehbare Improvisationen. Die erfolgreichsten Jazzmusiker sind Meister darin, unvorhergesehene musikalische Herausforderungen zu meistern und für ihr Spiel zu nutzen.

Sind Sie eher ein Jazzkünstler, der nur darauf wartet, sich auf eine unvorhersehbare und sogar gefährliche Reise zu begeben, die Aufregung verspricht und zu unvorstellbaren Ergebnissen führen kann? Oder sind Sie eher ein klassischer Pianist, der sein Handwerk meisterlich beherrscht, aber nur kleine Variationen in der Ausführung zulässt und an der Struktur nicht rührt? Wenn Sie sich eher als Improvisateurin oder Improvisateur betrachten, ist Open Strategy wie für Sie gemacht.

## Frage 2: Führen Sie nach dem Prinzip „Ja, und …"?

Mit einer spannenden, aber unbekannten Idee konfrontiert reagieren einige von uns mit „JA, das ist eine tolle Idee, ABER bei uns wird das wahrscheinlich nicht funktionieren". Andere sagen dagegen, „JA, das ist eine tolle Idee, UND damit sie bei uns funktioniert, müssen wir Folgendes tun." Ein „Ja, UND"-Mindset beinhaltet eine instinktive Offenheit und Bereitschaft, Neues zu wagen. Es versucht, tief in uns verwurzelte binäre Oppositionen zu überwinden, um neue Lösungen zu finden. Menschen mit einem „Ja, aber"-Mindset dagegen tun nur so, als wären sie offen. Führungskräfte zeigen diese Denkweise häufig, wenn sie feststellen, dass eine neue Idee nicht in ihre vorhandene Struktur passt. Lassen Sie uns das am Beispiel eines deutschen

Fertigungsbetriebs veranschaulichen, den wir beraten haben. Das Unternehmen hatte große Ambitionen, stutzte seine ursprüngliche Strategie dann aber Schritt für Schritt zurück, damit sie in die bestehenden Geschäftsbereiche passte. Anstatt sich ganz neu aufzustellen, bot das Unternehmen seinen Kunden am Ende nur marginale Verbesserungen seines bestehenden Produkts.

In den meisten globalen Unternehmen können die Verantwortlichen heute nicht mehr vorhersagen, wer über entscheidende Informationen verfügt oder die nächste bahnbrechende Idee entwickelt. Um neue Geschäftschancen zu identifizieren, müssen sie auf einzelne Teile dezentralisierten Wissens zugreifen, diese verstehen und zu einer funktionsfähigen Lösung zusammenfügen. Ein offener „Ja, und"-Ansatz stellt hier einen großen Vorteil dar. Die Kultur des Silicon Valley mag in vielerlei Hinsicht fragwürdig sein, doch ein „Ja, und"-Mindset hat die Region und die in ihr angesiedelten Unternehmen zu Innovationsführern gemacht. Entscheiderinnen und Entscheider in diesen Unternehmen konzentrieren sich darauf, großartige Ideen zu erkennen und auf den Weg zu bringen, und interessieren sich nicht dafür, woher diese ursprünglich stammen.

Dieses Mindset kann sich natürlich auch andernorts entwickeln. Jim Whitehurst, ehemaliger CEO des in North Carolina ansässigen Unternehmens Red Hat, das eines der offensten Unternehmen ist, die wir kennengelernt haben, sieht sich selbst als obersten Katalysator: „Als Katalysator habe ich die Aufgabe, die Diskussion anzuregen und das Gespräch in Gang zu bringen. Dann übernehmen unsere Mitarbeiter, indem sie durch ihre eigenen Gespräche und Diskussionen Handlungsschritte entwickeln."[2] Whitehurst ist als Führungskraft offen für neue Ideen aus allen Richtungen und sucht dann nach profitablen Anwendungsbereichen. Das ist „Ja, und" hoch drei. Wenn Sie wie Whitehurst Open Strategy und anderen vermeintlich „verrückten" Ideen mit Interesse und Begeisterung statt mit Skepsis begegnen, sind Sie bereit dafür, Ihren Strategieprozess zu öffnen.

## Frage 3: Können Sie mit glücklichen Zufällen umgehen?

Einige der bedeutendsten Entdeckungen wie Röntgenstrahlen, Viagra oder Teflon waren das Ergebnis glücklicher Zufälle. Das Gleiche gilt für fast 10 Prozent der in den am häufigsten zitierten wissenschaftlichen Studien vorgestellten Ergebnisse.[3] Für dieses Phänomen gibt es einen wunderbaren Begriff: *Serendipität*. Geprägt hat ihn der englische Schriftsteller Horace Walpole 1754 in einem Brief, der auf das persische Märchen *Die drei Prinzen von Serendip* Bezug nimmt.[4] In dieser Geschichte entdecken die drei Protagonisten ständig Neues, nach dem sie gar nicht gesucht haben – und lassen sich dabei vom Zufall und von ihrem Scharfsinn leiten.[5] Der Romancier John Barth schreibt dazu: „Serendip erreichen Sie nicht auf einer vorher festgelegten Route. Sie müssen sich vielmehr im guten Glauben auf den Weg machen und sich immer wieder verlaufen." Obwohl Sie sich nicht vorbereiten oder nicht alles kontrollieren können, „begünstigt der Zufall nur den vorbereiteten Geist", um es mit den Worten von Louis Pasteur zu sagen. Zu unerwarteten, ungeplanten und zufälligen Entdeckungen kommt es laut Pasteur, weil die richtigen Personen zur richtigen Zeit am richtigen Ort zusammenkommen.[6]

Wenn wir eine Umgebung schaffen, in der Informationen frei fließen können, Leistung mehr zählt als Status und Rang und sich die Menschen informell austauschen können, erhöhen wir die Chancen für Serendipität. Google und Pixar sind vielleicht am besten dafür bekannt, Gelegenheiten für innovatives Denken zu schaffen. Doch es war das mächtige Industrieunternehmen 3M, das die Vorteile der Serendipität bereits zwei Generationen zuvor entdeckte. 1948 führten die Verantwortlichen eine 15-Prozent-Regel ein, die es den Beschäftigten ermöglichte, 15 Prozent ihrer Arbeitszeit auf eigene Ideen zu verwenden. Diese Regelung bescherte 3M einige seiner erfolgreichsten Produkte, beispielsweise die Post-it-Klebezettel.[7] In einem Serendipitäts-freundlichen Klima wie diesem kann Open Strategy gut gedeihen. Wenn glückliche Zufälle Sie begeistern und Sie die Organisationselemente bevorzugen, die Serendipität fördern, könnte Open Strategy für Ihr Unternehmen die richtige Wahl sein. Serendipität kann jedoch auch mit einem gewissen Kontrollverlust einhergehen und setzt voraus, dass Sie weitermachen, obwohl Sie das Ergebnis nicht kennen. Wenn diese Aussicht Sie beunruhigt, könnte Open Strategy für Sie einen Schritt zu weit gehen.

## Frage 4: Sind Sie offen für vielfältige Ideen?

Wie wir in Kapitel 1 gesehen haben, müssen Unternehmen ihre homogenen Denkmuster diversifizieren, wenn sie innovativere Strategien verfolgen wollen. Das bedeutet, die Vorstandsetage zu verlassen und die Gruppe derjenigen, die an der Entwicklung der Strategien mitwirken, breiter zusammenzustellen. Unsere Erfahrung zeigt, dass Menschen in geschlossenen Gruppen (zum Beispiel innerhalb des Topmanagements oder in der F&E-Abteilung) oder Personen, die in derselben Branche arbeiten, zu homogenen Einschätzungen und Ergebnissen kommen, wenn sie die bestehenden Fähigkeiten ihres Unternehmens bewerten sollen. Stellt man diese Aufgabe dagegen Personen außerhalb dieser Cluster, kommen sie auf ganz andere Ideen und weisen auf Fähigkeiten hin, die bislang niemand auf dem Schirm hatte. Jackie Yeaney, ehemalige Executive Vice President of Corporate Strategy and Marketing bei Red Hat und heute Chief Marketing Officer bei Tableau Software sagt dazu: „Vor einigen Jahren dachte ich, ich mache [Open Strategy] nur, weil ich andere mit ins Boot holen muss. Heute denke ich jedoch, dass man sich dadurch einen Vorteil verschafft (...) Je mehr Menschen mitdenken und sich engagieren und ihre unterschiedlichen Meinungen einbringen, desto größer ist die Wahrscheinlichkeit, dass Sie sich für den richtigen Weg entscheiden.“[8]

Viele Unternehmenslenker tun sich allerdings schwer damit, diverse Meinungen zuzulassen. Wie wir gesehen haben, bezweifeln sie, dass Externe über das nötige Wissen verfügen, um hilfreichen Input beizusteuern. Für Individuen in großen, hierarchischen Organisationen ist es nicht einfach, Silos aufzubrechen und zusammenzuarbeiten. Verdächtig sind auch Menschen, die nicht ins klassische Schema passen, zum Beispiel weil sie keinen geraden oder nur einen sehr vagen Lebenslauf haben. In einer Analyse von 250 Millionen E-Mails von Beschäftigten eines großen Unternehmens hat Adam Kleinbaum, Professor an der Tuck Business School, herausgefunden, dass Menschen mit atypischen Lebensläufen eher Netzwerke aufbauen, die für das Unternehmen förderlich sind, indem sie Gruppen zusammenbringen, die normalerweise nicht miteinander kommunizieren.[9] Sie haben Silos aufgebrochen, Menschen zum Entwickeln vielfältiger Ideen animiert und Innovationen gefördert. Diese Ergebnisse legen nahe, dass Unternehmen heute nicht mehr so stark von Mitarbeiterinnen und Mitarbeitern profitieren, die im Rahmen einer klassischen Karriere immer weiter aufsteigen, sondern eher von Personen mit Zickzack-Lebenslauf. Sie zeigen außerdem, dass Menschen, die ungewöhnliche Wege einschlagen, die betriebliche Diversität fördern. Leider ignorieren oder marginalisieren viele Unternehmen diese Menschen und betrachten sie als Außenseiter.

Es gibt jedoch immer mehr Belege dafür, dass Unternehmen von Diversität profitieren. Paul Gompers und Silpa Kovvali von der Harvard Business School haben verschiedene Eigenschaften von Risikokapitalgebern untersucht – darunter Geschlecht, ethnische Zugehörigkeit, Ausbildung und Berufserfahrung – und dabei herausgefunden, dass diverse Kooperationen wesentlich erfolgreicher sind als homogene Partnerschaften.[10] So war zum Beispiel die relative Erfolgsquote einer Investition 26,4 bis 32,2 Prozent geringer, wenn die Partner derselben Ethnie angehörten. Diese Unterschiede zeigten sich nicht sofort, als die Projekte ausgewählt wurden, sondern erst später, als die Investoren die Unternehmen bei der Strategieentwicklung und Personalbeschaffung unterstützten. Ähnliches hat eine McKinsey-Studie in 366 öffentlichen Organisationen ergeben: Die finanziellen Erträge von Unternehmen, die sich hinsichtlich der ethnischen Diversität ihrer Belegschaft im oberen Quartil befanden, lagen 35 Prozent häufiger über dem nationalen Branchendurchschnitt.[11] Auch die Geschlechtervielfalt spielte in der Studie eine Rolle, wenn auch eine etwas geringere. So erzielten Unternehmen, die Menschen verschiedener Geschlechter beschäftigten, mit 15 Prozent höherer Wahrscheinlichkeit überdurchschnittliche Ergebnisse.

Die Botschaft ist eindeutig: Fördern Sie die Diversität in der Belegschaft, beziehen Sie Menschen mit atypischen Lebensläufen ein, und bieten Sie ihnen die Unterstützung, die sie brauchen, um ihr Bestes zu geben. Sind Sie dazu bereit? Wenn Ihre Antwort „Nicht wirklich" lautet, wird Open Strategy eine enorme Herausforderung für Sie darstellen. Wenn Sie dagegen bereits nach Menschen mit ungewöhnlichen Ansichten Ausschau halten und sich anhören, was sie zu sagen haben, wird Ihnen Open Strategy ziemlich intuitiv und natürlich erscheinen.

## Frage 5: Sind Sie ein Teamplayer?

Wenn Sie die Fernsehshow *Deutschland sucht den Superstar* mögen, verzeihen wir es Ihnen, falls Sie glauben, dass Musik, Theater und andere darstellende Künste nicht wirklich ein Teamsport sind. Erfolg scheint in dieser Sendung nur zu haben, wer als Einzelperson brilliert. Bei genauerem Hinsehen ist Teamwork im Kunstbereich jedoch enorm wichtig. Die Pop-Ikone Madonna hatte nie eine großartige Stimme, dafür aber ein starkes Team aus Background-Sängerinnen und -Sängern sowie ein engagiertes Produktionsteam, das jedes ihrer Konzerte in ein wahres Spektakel verwandelte. Oder ein aktuelleres Beispiel: An Adeles Album *21*, das sechs Grammys gewonnen hat und damit das vierterfolgreichste Album aller Zeiten ist, haben mehr als hundert Musiker, Produzenten, Arrangeure und Techniker mitgewirkt – und noch einmal so viele Marketingfachleute, Designer und andere Experten.

Eine der Musikerinnen war die klassische Cellistin Rosie Danvers. Adeles Producer Jim Abbiss erinnert sich, wie ihre Zusammenarbeit mit Adele zustande kam. Rosie hatte Adele musikalische Auszüge vorgespielt und dabei eine große Offenheit an den Tag gelegt. „Alle mussten schnell sein und sich anpassen können", erzählt Abbiss, „und alle waren das auch. Dazu muss man wissen, dass es zu diesem Zeitpunkt noch kein Budget gab. Zeit war also Geld. Innerhalb von drei Stunden gelang es jedoch allen, das, mit dem sie gekommen waren, so zu verwandeln, dass sie eine fantastische Performance hinlegten. Dabei hatten alle die Einstellung: Die beste Idee gewinnt. Es geht weder um dich noch um sie oder mich. Die beste Idee gewinnt."[12]

Praktiken wie Mitarbeiter-Rankings erschweren die Zusammenarbeit in großen Unternehmen. Bei General Electric war es Usus, dass die Führungskräfte die Mitarbeiterinnen und Mitarbeiter miteinander verglichen und so die Spreu vom Weizen trennten. 20 Prozent der Beschäftigten gehörten zu den Besten, 70 Prozent tummelten sich im mittleren Bereich und 10 Prozent waren Low Performer. Dieser in Unternehmen mittlerweile weitverbreitete Ansatz spornte die Beschäftigten zwar dazu an, härter zu arbeiten, er verhinderte aber gleichzeitig den Austausch von Ideen und anderen Ressourcen. Stellen Sie sich vor, Sie gehören zu den unteren 10 Prozent und müssen jeden Tag mit einer Kündigung rechnen. Wenn Sie ums Überleben kämpfen und mit Ihren eigenen Themen beschäftigt sind, werden Sie kaum mit anderen zusammenarbeiten. Ähnliches gilt im mittleren Leistungsbereich: Warum sollten Sie Ihre Ideen mit Kollegen teilen, wenn die Gefahr besteht, dass diese Ihnen den Rang ablaufen? Bei Microsoft haben die Verantwortlichen erkannt, dass ein starres Rankingsystem mehr Schaden als Nutzen bringt und für politische Spielchen und Kompetenzgerangel sorgt. In der *New York Times* berichtet eine frühere Führungskraft des Unternehmens, dass Microsoft zwar 2000 über einen funktionsfähigen Tablet-Computer verfügte, es jedoch nicht schaffte, Apple zuvorzukommen, weil konkurrierende Bereiche innerhalb des Unternehmens das Projekt zu Fall brachten.[13]

Extremer Wettbewerb mag ein Fußballspiel interessanter machen, am Arbeitsplatz schadet er jedoch. Um eine Umgebung zu schaffen, in der Kreativität und Innovation sprießen können, müssen Unternehmensverantwortliche ein kollaboratives Mindset entwickeln und die Mitarbeiter dafür belohnen, dass sie zusammenarbeiten, statt ihre eigene Agenda zu verfolgen. Wenn Sie bereit sind, Ihr Wissen und Ihre Expertise mit anderen zu teilen und wenn Sie gerne mit Ihren Kolleginnen und Kollegen zusammenarbeiten, werden Sie unter Open Strategy aufblühen. Wenn Sie mit Blick auf eine stärkere Zusammenarbeit jedoch das Gefühl haben, sich verletzbar zu machen, ist das Konzept wahrscheinlich nicht das Richtige für Sie.

## Frage 6: Sind Sie bereit für die Revolution?

Bevor Sie Open Strategy anwenden können, müssen Sie sich wohl bei dem Gedanken fühlen, Ihr Unternehmen neu zu erfinden. Viele Führungskräfte tun dies nicht, auch wenn sie es glauben. Nach Ansicht einiger Wirtschaftsanalysten hat es Polaroid nicht geschafft, in der Digitalfotografie Fuß zu fassen, weil die Verantwortlichen in einem traditionellen Mindset gefangen waren. Sie waren nicht der Lage, sich von bestehenden Annahmen über das Geschäftsmodell der Branche zu lösen.[14] Und Polaroid ist nicht das einzige Beispiel. Eine weltweite Studie mit mehr als achthundert Führungskräften kommt zu dem Ergebnis, dass es etablierten Branchenführern nur selten gelingt, sich neu zu erfinden.[15] 25 Prozent der Disruptionen sind auf Branchen-Outsider zurückzuführen, und 25 bis 50 Prozent dieser innovativen Unternehmen sind Start-ups.[16]

Disruption kann einem Angst machen. Doch denken Sie an Netflix, das seinen DVD-Verleih aufgab, Amazon, das sich vom Buchverkäufer zum Einzelhändler aufgeschwungen hat, Siemens, das sein Mobilfunkgeschäft verkauft hat, oder Target, das sich vom klassischen Filialmodell gelöst hat und heute ein Omnichannel-Einzelhändler ist. In allen Fällen ist es Managerinnen und Managern, die dafür bezahlt wurden, ein bestehendes Geschäftsmodell aufrechtzuerhalten und umzusetzen, gelungen, das alte Skript gegen ein neues, unerprobtes zu ersetzen. Sind auch Sie bereit für die Herausforderung? Wenn nicht, wird es Ihnen schwerfallen, sich am Open-Strategy-Prozess zu beteiligen, und noch schwerer, die dabei entstehenden disruptiven Geschäftsmodelle umzusetzen.

## Frage 7: Besitzen Sie ein Growth Mindset?

Als Satya Nadella 2014 den Posten des CEO bei Microsoft übernahm, stand das Unternehmen kurz vor der Stagnation. Unter seinem Vorgänger Steve Ballmer (CEO von 2000 bis 2014) waren die Umsätze und Gewinne zwar gesprudelt, mit seinem PC-Kerngeschäft befand sich das Unternehmen jedoch nicht mehr auf der Höhe der Zeit. Die Zukunft gehörte dem Smartphone und der Cloud – Bereiche, in denen Microsoft nicht gut aufgestellt war. Eine Kultur des internen Wettbewerbs, der Risikoaversion und der Veränderungsunwilligkeit verhinderte Innovation. Alles konzentrierte sich auf Microsoft Windows, und dem Unternehmen gelang es nicht, sich stark genug von seinem Hauptprodukt lösen, um neue Wertversprechen zu entwickeln. „Microsoft war ein enorm profitables Unternehmen", so ein Business-Analyst. „Es lief nicht Gefahr, demnächst pleitezugehen. Die Frage war eher, ob das Geschäft langsam aber sicher verschwinden würde."[17]

Innerhalb von fünf Jahren nach seinem Amtsantritt hatte es Nadella geschafft, das Windows-zentrierte Geschäft zu transformieren. Er hatte große Summen in Technologien wie Cloud-Computing und KI gesteckt, die dem Unternehmen auch heute noch Wachstum bescheren.[18]

Verantwortlich für den Erfolg war ein umfangreicher kultureller Wandel, der beeinflusst wurde durch das Buch *Mindset: Changing The Way You Think to Fulfil Your Potential* der Standford-Professorin Carol Dweck – im Besonderen durch ihr Konzept des „Growth Mindset".[19] Dweck zufolge gehen Menschen mit einem Growth Mindset davon aus, dass sie ihre Fähigkeiten durch harte

Arbeit, gute Strategien und Zusammenarbeit weiterentwickeln können. Sie erreichen in der Regel mehr als Menschen, die ihr Talent für angeboren halten und damit über ein „starres Mindset" (fixed mindset) verfügen, wie Dweck es nennt. Nadella war aufgefallen, dass es bei Microsoft zu viele Besserwisser gab, und deshalb wollte er ein Growth Mindset etablieren, in dem die Mitarbeiterinnen und Mitarbeiter offen sein würden, Neues zu lernen und sich kontinuierlich weiterzuentwickeln. „Ich würde sagen, dass jedwede Veränderung, die wir erreicht haben, nur möglich war, weil wir uns für ein kulturelles Meme entschieden haben, das Carol Dweck mit ihrer Arbeit zum Growth Mindset inspiriert hat", erklärte Nadella 2020 auf dem World Economic Forum in Davos.[20]

Um diese Transformation zu ermöglichen, beendete Microsoft seine Praxis der „Präzisionsbefragung", bei der die leitenden Managerinnen und Manager regelmäßig vom Vorstand in die Mangel genommen und zu ihren Fortschritten und Plänen befragt wurden. Diese Tradition hatte eine Command-and-Control-Kultur entstehen lassen, die von Angst geprägt war und die Betroffenen dazu verleitete, sich im besten Licht darzustellen und Fehler und Misserfolge unter den Teppich zu kehren. Der neue Ansatz war ein coachingorientierter Führungsstil, in dessen Zuge die Midyear Review schließlich abgeschafft wurde.[21] Microsoft investierte zudem in neue Veranstaltungen und Tools, die die Offenheit, den Ideenaustausch und das Lernen fördern sollten. Jeden August treffen sich die Beschäftigten des Unternehmens für eine Woche am Standort in Redmond, Washington, zur sogenannten One Week, um sich auszutauschen und gegenseitig zu inspirieren. Das Highlight ist ein dreitägiger Hackathon, bei dem die Mitarbeiterinnen und Mitarbeiter an Projekten jenseits ihres Fachgebiets arbeiten, zum Beispiel zu der Frage, wie man Menschen mit Behinderung besseren Zugang zu Computern gewähren oder die industrielle Lieferkette verbessern kann.[22]

Nadella macht außerdem regen Gebrauch des unternehmenseigenen sozialen Netzwerks Yammer, um sich mit anderen zu vernetzen und seine Ideen zu teilen. Er bittet die Beschäftigten auf seiner Seite „CEO Connection" um Input und Feedback und fordert sie auf, sich an der Diskussion zu den verschiedensten Themen zu beteiligen – von Produktstrategien bis hin zu Zusatzleistungen für Mitarbeiter.[23]

Damit nicht genug: Einmal im Monat veranstaltet Nadella zudem ein Live-Event in Form eines Town-Hall-Meetings, das weltweit gestreamt wird und bei dem die Beschäftigten Fragen zu den Prioritäten des Unternehmens, zu seiner Entwicklung und seiner Kultur stellen können.[24]

Dabei kommt Nadella zugute, dass er von Natur aus über ein Growth Mindset verfügt. So ließ er die Beschäftigten in seinem ersten Mitarbeiterschreiben als CEO wissen: „Viele, die mich kennen, sagen, dass ich neugierig und wissensdurstig bin. Ich kaufe mehr Bücher, als ich lesen kann, und melde mich für mehr Onlinekurse an, als ich absolvieren kann. Ich bin fest davon überzeugt: Wenn Sie nichts Neues lernen, können Sie auch nichts Großes oder Nützliches vollbringen. Was mich ausmacht, sind also Familiensinn, Neugier und Wissensdurst.“ [25] Können Sie Ähnliches von sich behaupten? Glauben Sie, dass Intelligenz statisch ist, oder denken Sie, sie kann genährt und entwickelt werden? Haben Sie Lust, Neues zu lernen und an Herausforderungen zu wachsen, auch wenn Sie Rückschläge erleiden? Im Kern geht es bei Open Strategy darum, den Strategieprozess mit mehr Erkenntnissen und Wachstum zu verweben. Führungskräfte, die über ein Growth Mindset verfügen, werden am stärksten von dem neuen Konzept profitieren.

## Testen Sie Ihre Offenheit

Jetzt kennen Sie einige der Ängste, die Führungskräfte davon abhalten, Open Strategy anzuwenden, und – positiver ausgedrückt – einige Denkweisen, die den Erfolg des Konzepts erhöhen. Doch wie wir bereits angedeutet haben, kann es schwierig sein, die eigenen Neigungen und geistigen Gewohnheiten einzuschätzen. Damit Sie Ihre Bereitschaft zur Offenheit besser reflektieren können, haben wir einen kurzen Selbsttest konzipiert. Er dauert nur wenige Minuten und ist einfach durchzuführen. Und so geht's: Lesen Sie jede Aussage einzeln und kreuzen Sie an, wie sehr Sie der Aussage links und der Aussage rechts jeweils zustimmen. Wenn Sie der Aussage links stark zustimmen, vergeben Sie eine 1, wenn Sie ihr etwas zustimmen, eine 2. Wenn Sie der zugehörigen Aussage rechts stark zustimmen, vergeben Sie eine 4, wenn Sie ihr etwas zustimmen, eine 3.

Wenn Sie alle Fragen beantwortet haben, ermitteln Sie für jeden Abschnitt die durchschnittliche Punktzahl. Je höher der Wert, desto eher deckt sich dieser Bereich Ihres Denkens mit der Philosophie von Open Strategy. Addieren Sie anschließend die durchschnittlichen Punktzahlen aller sieben Abschnitte. Ist Ihr Gesamtwert größer als 2, sollten Sie in der Lage sein, Open Strategy als neues Managementkonzept zu etablieren. Doch nur bei einem Gesamtwert von 3 oder höher ist die Chance groß, dass Sie das volle Potenzial des Ansatzes ausschöpfen werden – und zwar nachhaltig.

| „Loslassen“-Mindset | | |
|---|---|---|
| Wenn ich mit einem Problem konfrontiert werde, überlege ich als Erstes, was ich tun muss, um es zu lösen. | 1 2 3 4 | Wenn ich mit einem Problem konfrontiert werde, überlege ich als Erstes, wen ich in die Problemlösung einbeziehen sollte. |
| Ich entscheide meist selbst, wie ich schwierige Situationen löse. | 1 2 3 4 | Bevor ich schwierige Situationen löse, bitte ich andere um Input. |
| Ich teile ungern Informationen, weil ich darin ein großes Risiko sehe. | 1 2 3 4 | Ich teile gerne Informationen, weil ich überzeugt bin, dass die Vorteile die Nachteile überwiegen. |
| Ich bevorzuge es, schnell zu einer Einigung zu kommen, weil ich mich in Situationen, in denen Menschen anderer Meinung sind als ich, unwohl fühle. | 1 2 3 4 | Ich fühle mich in Situationen, in denen Menschen anderer Meinung sind als ich, wohl, denn sie bieten mir die Gelegenheit, Neues zu lernen. |
| **Durchschnittliche Punktzahl** | | |

| „Ja, und“-Mindset | | |
|---|---|---|
| Wenn ich mit einer neuen Idee konfrontiert werde, suche ich instinktiv nach Argumenten, warum sie bei uns nicht funktioniert. | 1 2 3 4 | Wenn ich mit einer neuen Idee konfrontiert werde, überlege ich instinktiv, was wir tun müssen, damit sie funktioniert. |
| Wenn meine Ideen infrage gestellt werden, bin ich schnell frustriert. | 1 2 3 4 | Wenn meine Ideen infrage gestellt werden, suche ich den Austausch, um sie weiterzuentwickeln. |
| Beschäftigte ohne Führungsverantwortung verfügen über wertvolles operatives Wissen, können aber keinen Beitrag zu strategischen Fragen leisten. | 1 2 3 4 | Beschäftigte ohne Führungsverantwortung können bei der Lösung strategischer Fragen wertvollen Input leisten. |
| Unsere Branche erfordert spezifisches Fachwissen. | 1 2 3 4 | Um neue Ideen zu entwickeln, ist in unserer Branche kein spezifisches Fachwissen erforderlich. |
| **Durchschnittliche Punktzahl** | | |

| Serendipitäts-Mindset | | |
|---|---|---|
| Ich habe gern die volle Kontrolle über einen Prozess oder eine Situation. | 1 2 3 4 | Ich habe kein Problem damit, die Kontrolle über einen Prozess oder eine Situation abzugeben. |
| Ich fühle mich in bekannten, berechenbaren Situationen wohl. | 1 2 3 4 | Ich fühle mich in Situationen mit hoher Ambiguität oder Unsicherheit und ungewissem Ausgang wohl. |
| Bei der Analyse verschiedener Optionen bewerte ich ihren Nutzen objektiv anhand bekannter Kennzahlen und vergleiche diese miteinander. | 1 2 3 4 | Ich fühle mich auch wohl, wenn ich den Nutzen verschiedener Optionen nicht anhand bekannter Kennzahlen objektiv messen und vergleichen kann. |
| **Durchschnittliche Punktzahl** | | |

| Diversity-Mindset | | |
|---|---|---|
| Ich diskutiere meine Ideen und Entscheidungen mit einem engen Zirkel vertrauter Personen, die über einen ähnlichen Hintergrund und ähnliche Expertise verfügen wie ich. | 1 2 3 4 | Ich diskutiere meine Ideen mit sehr unterschiedlichen Personen außerhalb meines Unternehmens und meiner Branche. |
| Ich vertraue der Meinung von Branchenexperten mehr als der Meinung einer Gruppe von Individuen mit unterschiedlichen Hintergründen. | 1 2 3 4 | Ich vertraue der Meinung einer Gruppe von Individuen mit unterschiedlichen Hintergründen mehr als der Meinung von Branchenexperten. |
| Ich gründe meine Entscheidungen auf bisherige Erfahrungen in der Branche. | 1 2 3 4 | Ich gründe meine Entscheidungen auf Informationen und Input verschiedener Quellen mit unterschiedlichen Hintergründen. |
| Externe können nur irrelevanten oder negativen Input beisteuern. | 1 2 3 4 | Externe können relevanten und wertvollen Input beisteuern. |
| **Durchschnittliche Punktzahl** | | |

| „Freund statt Feind"-Mindset | | |
|---|---|---|
| Wettbewerb führt zu besseren Ergebnissen als Kollaboration. | 1 2 3 4 | Kollaboration führt zu besseren Ergebnissen als Wettbewerb. |
| Andere einzubeziehen verlangsamt den Entscheidungsprozess. | 1 2 3 4 | Andere einzubeziehen beschleunigt die Markteinführung. |

| | | |
|---|---|---|
| Schwierige Probleme löse ich gern allein, denn das geht am schnellsten. | 1 2 3 4 | Schwierige Probleme löse ich gern gemeinsam mit anderen, denn das führt zu besseren Ergebnissen. |
| **Durchschnittliche Punktzahl** | | |
| „Bereit für die Revolution"-Mindset | | |
| Die Zukunft unserer Branche kann nur von Menschen mit umfangreicher Erfahrung und Expertise gestaltet werden. | 1 2 3 4 | Personen, die unsere Branche nicht kennen, können äußerst wertvolle Ideen für unsere Zukunft entwickeln. |
| Ich bin Branchenexperte und weiß am besten, wie die Zukunft unsere Branche aussieht. | 1 2 3 4 | Ich weiß vieles über die Zukunft unserer Branche nicht. |
| Die Zukunft unserer Branche basiert in erster Linie auf gesteigerter Effizienz. | 1 2 3 4 | Die Zukunft unserer Branche basiert auf radikal neuen Ideen. |
| Meiner Erfahrung nach tragen radikal neue Ideen selten zur Gewinnsteigerung bei. | 1 2 3 4 | Meiner Erfahrung nach beeinflussen radikal neue Ideen die finanzielle Lage unseres Unternehmens schneller als gedacht. |
| **Durchschnittliche Punktzahl** | | |
| Growth Mindset | | |
| Situationen mit komplexen Herausforderungen vermeide ich eher. | 1 2 3 4 | Ich fühle mich in Situationen mit komplexen Herausforderungen wohl. |
| Auch wenn ich in einem Projekt immer wieder Schwierigkeiten und Rückschläge erlebe, mache ich weiter wie bisher. | 1 2 3 4 | Wenn ich in einem Projekt immer wieder Schwierigkeiten und Rückschläge erlebe, sehe ich mich nach alternativen Projekten um. |
| Negatives Feedback und Kritik halte ich für nicht hilfreich. | 1 2 3 4 | Negatives Feedback und Kritik betrachte ich als Gelegenheit, daraus zu lernen. |
| Den Erfolg anderer, insbesondere meiner Mitbewerber, empfinde ich als Bedrohung. | 1 2 3 4 | Den Erfolg anderer, auch meiner Mitbewerber, empfinde ich als äußerst inspirierend. |
| **Durchschnittliche Punktzahl** | | |

**Tab. 1:** Wie offen Sind Sie? – Selbsttest

Das ist zumindest das Ergebnis einer Studie, die wir mit 347 Führungskräften durchgeführt haben, die am Executive Doctor of Business Administration (DBA) bzw. Executive Education-Programm der Warwick Business School teilnahmen. Bewusst ausgeschlossen haben wir Klienten von IMP, weil diese bereits eine große Affinität für Open Strategy besaßen. Teilnehmende, die im oberen Drittel (ein Gesamtwert von 3 oder höher) landeten, waren tendenziell deutlich offener für Open-Strategy-Initiativen. Personen, die dem Topmanagement angehörten und einen Gesamtwert höher als 3 erreichten, neigten dazu, 48 Prozent ihrer strategischen Projekte als Open-Strategy-Initiativen durchzuführen. Im unteren Drittel waren es dagegen nur 37 Prozent. Auf den ersten Blick mag dieser Unterschied unbedeutend erscheinen. Wenn man aber bedenkt, dass das untere Drittel einen Gesamtwert von maximal 2,7 erreicht hat und eine Punktzahl von knapp unter 3 bereits bedeutet, dass der Anteil der im Rahmen von Open Strategy durchgeführten Initiativen um mehr als 10 Prozent sinkt, ist das schon ein ernst zu nehmender Effekt.

Eine Regressionsanalyse, die die Effekte der Anzahl der Open-Strategy-Projekte, Branchenzugehörigkeit und Unternehmensgröße herausrechnet, hat ergeben, dass ein höherer Wert die Gewinne, die Unternehmen mit Open-Strategy-Initiativen erzielen, deutlich steigert. Wenn Sie nun eine niedrigere Punktzahl erzielt haben und wir unsere Erfahrungen als Anhaltspunkt nehmen, könnten Sie und Ihr Führungsteam sich veranlasst sehen, den Open-Strategy-Ansatz abzubrechen, oder damit zu kämpfen haben, die teilweise disruptiven Strategien, die dieser hervorbringt, umzusetzen.

## Wie Sie Ihren Geist öffnen

Was können Sie tun, wenn Sie eine niedrigere Punktzahl erzielt haben als gedacht, sich von Open Strategy aber dennoch Vorteile für Ihr Unternehmen versprechen? Sie können diesen spannenden Ansatz trotzdem verfolgen, müssen aber zunächst bestimmte Voraussetzungen schaffen. Wie wir von Dweck gelernt haben, sind unsere Denkweisen und Fähigkeiten nicht starr. Wenn Sie eine gewisse Neigung zu Flexibilität, Neuem und Teamwork besitzen (das ist der Fall, wenn Sie in bestimmten Kategorien des Selbsttests höhere Punktzahlen erreicht haben), können Sie Ihre mentalen Gewohnheiten durch konkrete

Maßnahmen ändern, um sich für Open Strategy zu öffnen. Das geht nicht über Nacht, mit Engagement und Ausdauer ist es aber möglich.

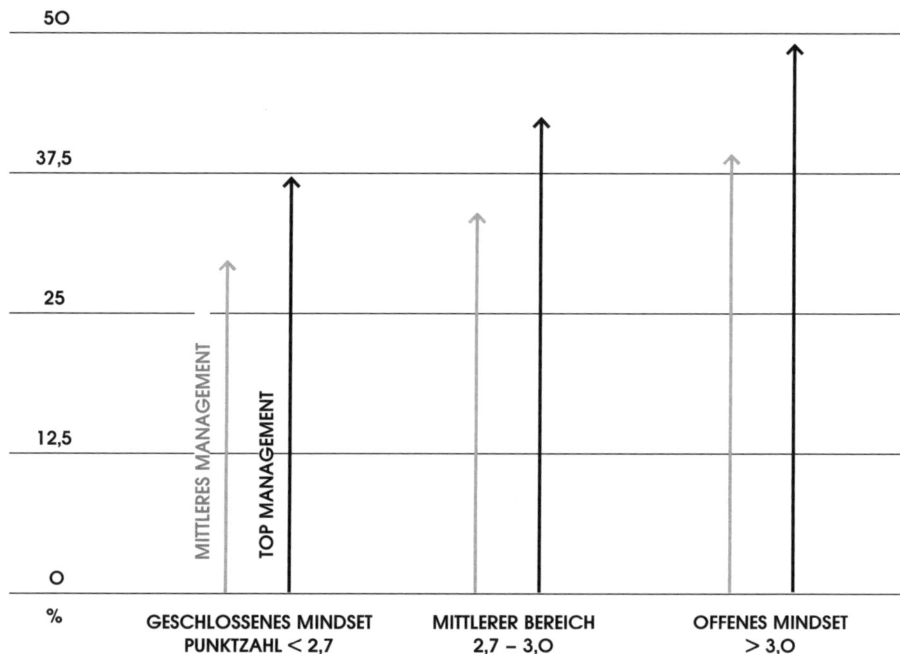


***Abb. 2.1:*** *Anteil der Projekte, die mithilfe von Open Strategy durchgeführt werden*

## *Idee 1: Suchen Sie den Kontakt zu Ihren Frontline-Mitarbeitern*

Als Erstes empfehlen wir Ihnen, den Kontakt zu Ihren Frontline-Mitarbeitern zu suchen. Dadurch erhalten Sie Zugang zu Denkweisen, die Ihnen sonst verborgen blieben, und treffen bessere Entscheidungen. So wie Hermann Kronseder, Gründer der Krones AG, die im Bereich Abfüllsysteme Marktführer ist. Kronseder stand in ständigem Austausch mit den Service-Technikern des Unternehmens, weil er überzeugt war, dass diese aufgrund ihres täglichen Kundenkontakts über einen reichen Wissens- und Erfahrungsschatz verfügten. Ein Großteil dieses Know-hows wäre verlorengegangen, wenn Kronseder nicht persönlich anwesend gewesen wäre, als die Service-Techniker ihre Erkenntnisse an die Konstruktionsingenieure weitergaben. Die besser ausgebildeten Ingenieure neigten dazu, Ideen, die sie nicht gut fanden, zu ignorieren, und den Service-Technikern fehlte die Autorität, dagegenzuhalten und für ihre Ideen zu werben.[26] Indem Kronseder den Frontline-Beschäftigten zuhörte, anstatt sich auf die Berichte des mittleren Managements zu verlassen, erhielt er Zugang zu unverfälschtem, dezentralisiertem Wissen über sein Unternehmen. Auch wenn es mitunter unangenehm war, was er zu hören bekam, ließ er unterschiedliche Ansichten zu und erweiterte so seinen Horizont. Wie Chris Zook und James Allen in ihrem Buch *The Founder's Mentality* schreiben, ist die Nähe zu Mitarbeiterinnen und Mitarbeitern mit Kundenkontakt eines der wichtigsten Merkmale erfolgreicher Unternehmen.[27]

## *2. Idee: Diskutieren Sie mit*

Eine weitere Methode, mit der Sie Ihre Offenheit fördern können, lautet: feiern. Damit sagen wir nicht, dass Sie Ihr Studentenleben wieder aufleben lassen und wilde Partys geben sollen. Ein bisschen zivilisierter darf es ruhig zugehen. Als österreichische Landsleute treffen wir uns abends gern mit interessanten Leuten auf ein paar Gläser Wein und gutes Essen und diskutieren dabei über Politik, Liebe, Religion und die menschliche Existenz. Solche Zusammenkünfte haben eine lange Tradition und sind als intellektuelle Brutstätten bekannt. Zu Beginn des 20. Jahrhunderts beflügelten die österreichischen Salons den Geist von so brillanten Denkern wie dem Mathematiker Kurt Gödel, dem Ökonomen Oskar Morgenstern oder dem Philosophen Karl Popper. Und der aus Österreich stammende Sigmund Freund, Neurologe und Begründer der Psychoanalyse, lud jeden Mittwoch Physiker, Philosophen und Wissenschaftler zu seinen Abend-Salons in die Berggasse 19 in Wien ein und diskutierte mit ihnen das neu entstehende Feld der Psychoanalyse.[28]

Diese Zusammenkünfte waren zwar von Exzentrizitäten, Meinungsverschiedenheiten und Rivalitäten geprägt, doch die Erkenntnisse, die sie hervorbrachten, veränderten die Informatik, die Astrophysik, die Wissenschaftstheorie und die Philosophie nachhaltig.[29] Selbst der Management-Papst Peter Drucker profitierte von Abendgesellschaften im Haus seiner Eltern in Wien, zu denen regelmäßig Staatsvertreter, Juristen, Physiker, Psychologen und Wissenschaftler zusammenkamen.[30] Wen würden Sie einladen, um mit neuen Ideen in Kontakt zu kommen und Ihren Geist anzuregen? Indem Sie an Veranstaltungen wie diesen teilnehmen, bilden Sie die sieben oben beschriebenen Mindsets aus.

### *3. Idee: Arbeiten Sie an Ihrer Kultur*

Um für mehr Offenheit bei Ihnen und Ihrem Führungsteam zu sorgen, können Sie auch Ihre Kultur verbessern – und zwar indem Sie Verhaltensweisen und Praktiken fördern, die die Diversität, Zusammenarbeit und Transparenz im Unternehmen steigern. Für jeden dieser Bereiche gibt es zahlreiche erprobte Methoden: Die Diversität können Sie zum Beispiel fördern, indem Sie Personen in den Vorstand berufen, die Töchter statt Söhne haben. Die Harvard-Dozenten Paul Gompers und Silpa Kovvali haben herausgefunden, dass Partner in Risikokapitalunternehmen, die mehr Töchter als Söhne haben, eher weibliche Investoren einstellen.[31] Um die Zusammenarbeit zu stärken, können Sie in Erfahrung bringen, was einzelne Teams und Bereiche motiviert, und entsprechende Anreize schaffen. Es lohnt sich. Einer gemeinsamen Studie von Rob Cross vom Babson College und dem Institute for Corporate Productivity zufolge belohnen erfolgreiche Unternehmen Teamwork fünfmal häufiger als ihre Mitbewerber.[32]

Und mehr Transparenz schaffen Sie, indem Sie Foren einrichten, in denen die Mitarbeiterinnen und Mitarbeiter ihre Ideen austauschen können, und das, was sie sagen, ernst nehmen. Die Vorteile einer gesteigerten Transparenz im Unternehmen lassen sich nur schwer beziffern, einen Anhaltspunkt liefern aber die Effekte, die ein Mehr an Transparenz nach außen hat: Die Oxford-Professoren Richard Whittington und Basak Yakis-Douglas sowie Kwangwon Ahn von der Peking University haben mehr als neunhundert öffentliche Strategiepräsentationen von US-amerikanischen CEOs analysiert. Sie wollten wissen, ob die Entscheidung, die Investoren über die Pläne des Unternehmens in Kenntnis zu setzen, Auswirkungen auf den Aktienkurs hat.[33] Und tatsächlich: Am Tag der Präsentation stiegen die Kurse um durchschnittlich 2 Prozent. Das entspricht einem zusätzlichen Marktwert von 1,1 Milliarden US-Dollar. Der positive Trend setze sich auch an den Folgetagen fort und erreichte nach vier Tagen 5 Prozent. Am deutlichsten war der Effekt bei CEOs, die ihre Stellung erst vor Kurzem angetreten hatten und Branchen-Neulinge waren. Am Tag ihrer Präsentation stieg der Aktienkurs ihres Unternehmens um 12 Prozent und der Marktwert um 6,6 Milliarden US-Dollar, wenn die Ankündigung innerhalb der ersten hundert Tage ihrer Amtszeit erfolgte. Transparenz allein genügt allerdings nicht, um den Aktienkurse in die Höhe zu treiben. Der Inhalt der Strategiepräsentationen spielt ebenfalls eine Rolle. In 26 Prozent der Fälle verursachten die Präsentationen am Tag nach der Ankündigung einen Kursrückgang von 4,9 Prozent. Die Investoren hatten die vorgestellten Pläne negativ aufgenommen.

### *4. Idee: Bilden Sie sich weiter*

Eine letzte Strategie, mit der Sie sich auf Open Strategy vorbereiten können, ist Weiterbildung. Wenn Bill Gates, Warren Buffett und Oprah Winfrey das können, warum sollten Sie es nicht auch? Bereits Benjamin Franklin sprach sich dafür aus, jeden Tag etwa eine Stunde Zeit in die eigene Horizonterweiterung zu investieren.[34] Als er im Alter von zehn Jahren die Schule verließ, verfügte er zwar über kein besonderes Talent, aber er liebte Bücher. Fünfzig Jahre später starb Franklin als einflussreicher Staatsmann, Erfinder, Autor und Unternehmer. Einige Beobachter führen seinen Erfolg darauf zurück, dass er sich jede Woche Zeit zum Lesen, Nachdenken und Ausprobieren nahm.[35] Kennen Sie die Netflix-Serie *Inside Bill's Brain*? Dann wissen Sie, dass Bill Gates auf alle seine Reisen eine riesige Stofftasche voller Literatur mitnimmt. Im Jahr liest er ungefähr fünfzig Bücher. Und Elon Musk, der es gern extrem mag, soll als kleiner Junge seine Nase jeden Tag zehn Stunden in Sciencefiction-Bücher gesteckt haben (kündigte sich SpaceX da bereits an?).

## Fazit

In diesem Kapitel haben wir Ihnen einige Denkweisen vorgestellt, die Open Strategy begünstigen. Wenn Sie wie Miles Davis gerne experimentieren, ein Growth-Mindset besitzen und häufig „Ja, und" sagen, wenn Sie gerne mit anderen zusammenarbeiten, offen für die unterschiedlichsten Ideen sind, glückliche Zufälle begrüßen und radikale Veränderungen anstoßen, sind Sie bestens dafür aufgestellt, Ihr Unternehmen durch Open Strategy zu transformieren und zu mobilisieren. Viele von uns glauben vielleicht, wir besäßen diese Mindsets und Einstellungen bereits. Seien Sie hier wirklich ehrlich zu sich selbst! Wenn Sie feststellen, dass Sie oder Ihr Führungsteam in ihrem Denken festgelegter sind, als Sie dachten, ist Open Strategy vielleicht nicht der richtige Weg. Oder Sie bereiten sich mithilfe der oben genannten Ideen vor und kultivieren eine größere Offenheit – auf persönlicher wie auf Unternehmensebene. Bevor Open Strategy zum Einsatz kommen kann, sind jedoch weitere Schritte nötig. Sobald Sie mental und emotional so weit sind, gilt es, zentrale Bestandteile des Open-Strategy-Prozesses zu planen – allen voran, wen Sie einbeziehen wollen. Wie wir im nächsten Kapitel sehen werden, müssen Sie sich dazu bewusst machen, was Sie durch die Öffnung des Prozesses eigentlich erreichen möchten.

**Fragen zur Reflexion:**

- Hand aufs Herz: Bereitet Ihnen der Gedanke, Ihren Strategieprozess zu öffnen, Unwohlsein, oder löst er Widerstand in Ihnen aus?
- Sehen Sie sich noch einmal die Kategorien in unserem Selbsttest an, und rufen Sie sich Ihren jeweiligen Punktestand in Erinnerung: Haben Sie manche Ergebnisse überrascht?
- Wie oft sind Sie an Aktivitäten beteiligt, die eine größere Offenheit begünstigen könnten? Wann haben Sie das letzte Mal mit einem Frontline-Mitarbeiter gesprochen, ein philosophisches Gespräch geführt oder ein Buch gelesen?
- Sind Ihre Führungskolleginnen und -kollegen bereit für Open Strategy? Warum (nicht)?

# Kapitel 3
# Den Open-Strategy-Prozess wirksam gestalten

Dutzende Technologie-Hubs in verschiedenen Teilen der Welt haben sich bei ihrer Namensfindung vom Silicon Valley inspirieren lassen: Es gibt die Silicon Savannah in Nairobi, die Silicon Alley in Manhattan, den Silicon Roundabout in London und – unser Favorit – Silicon Saxony, ein Technologiezentrum in der Nähe von Dresden. 2020 zählte dieser Hotspot etwa dreihundert Software- und Hightech-Unternehmen mit insgesamt ca. 40.000 Beschäftigten.

Eines dieser Unternehmen ist Saxonia Systems, das von Viola Klein und Andreas Mönch gegründet wurde. Nach dem Ende des Eisernen Vorhangs war Saxonia Systems knapp zwei Jahrzehnte lang als private Softwareberatungsfirma erfolgreich. In dieser Zeit verkaufte das Unternehmen nicht nur Softwarelösungen, sondern kümmerte sich auch um kurzfristige IT-Probleme seiner Kunden. Laut Sylvie Löffler, Strategy Process Officer des Unternehmens, war Saxonia Systems stets bereit, sich dahin zu entwickeln, wo es Bedarf gab. Wenn ein Kunde ein Problem hatte, war das Unternehme zur Stelle, vor allem wenn die Anfrage von einem der großen Halbleiterunternehmen kam, mit denen Saxonia Systems einen wichtigen Teil seines Umsatzes machte. „Unsere Strategie bestand darin, keine Strategie zu haben", fasst es Löffler zusammen.[1]

Dieses Konzept hatte seine Vorteile, besonders wenn es darum ging, die Kunden zufriedenzustellen. Weil es keine Strategie gab, waren die Frontline-Mitarbeiterinnen und Mitarbeiter sehr frei in der Art und Weise, wie sie die Probleme der Kunden lösten. Das Management redete ihnen nicht rein. Gleichzeitig führte diese Autonomie jedoch zur Herausbildung von Silos. Die verschiedenen Geschäftsbereiche machten „ihr Ding"; Koordination fand nicht statt. In wirtschaftlich guten Zeiten stellte diese fehlende Geschlossenheit kein großes Problem dar. Das änderte sich jedoch während und nach der Finanzkrise 2007/2008. Um Kosten zu sparen, verlagerten die großen Halbleiterhersteller ihr Geschäft von kleineren Auftragnehmern wie Saxonia Systems zu größeren, günstigeren Anbietern. Hinzu kam, dass einer der wichtigsten

Kunden von Saxonia Systems, ein globaler Halbleiterhersteller, pleiteging. Innerhalb weniger Monate schrumpften die Umsätze der Softwareberatung um 40 Prozent. Um sein Überleben zu sichern und sich von seinen Mitbewerbern abzuheben, musste das Unternehmen etwas vollkommen Neues anbieten. Der „Mädchen für alles"-Ansatz funktionierte nicht mehr.

Ein neues, stärkeres Nutzenversprechen zu formulieren war nicht einfach, vor allem aufgrund der bestehenden Silostruktur. Den Verantwortlichen gelang es nicht, sich auf eine gemeinsame Richtung zu einigen und diese umzusetzen. 2010 stand das Unternehmen kurz vor der Insolvenz. So zogen sich die Gründer Klein und Mönch gemeinsam mit ihrem Führungsteam in ein Retreat zurück, um zu überlegen, was sie tun könnten, falls es überhaupt noch etwas zu tun gab. Und das gab es: Sie identifizierten eine Reihe von Maßnahmen, um die Pleite abzuwenden. Dazu gehörten in erster Linie die Gewinnung neuer Kunden sowie die Verlängerung bestehender Verträge. Das reichte aus: Innerhalb weniger Monate erholte sich das Geschäft. Die existenzielle Krise war abgewendet – zumindest für den Moment.

Als die Verantwortlichen das Ergebnis begutachteten, wurde ihnen klar: Ihre Kooperationsbereitschaft hatte das Unternehmen vor dem Untergang bewahrt. Was wäre erst möglich, wenn das gesamte Unternehmen seine „Fürstentümer" aufgeben und an einem Strang ziehen würde? Klein und Mönch wussten: Saxonia Systems würde nur überleben, wenn es eine klare Strategie verfolgte. Und die *richtige* Strategie würde es nur entwickeln, wenn das Management weitere Akteure innerhalb des Unternehmens am Prozess beteiligte.

2010 etablierte das Unternehmen einen neuen Strategieprozess, der aus drei zweitägigen Strategietreffen im Jahr (später „Strategie-Sprints" genannt) bestand, die von viermonatigen Implementierungsphasen flankiert wurden. Einbezogen waren sowohl das obere als auch das operative Management – insgesamt ein Dutzend Personen. Während des ersten zweitägigen Strategietreffens beschäftigten sich die Teilnehmerinnen und Teilnehmer ausschließlich mit der Frage: Wo wollen wir hin, und wie kommen wir da hin? Mit der Zeit halfen die Sprints dem Unternehmen, theoretische Ideen in konkrete Handlungsschritte zu übersetzen. Am Ende formulierte das Team die Strategie, sich auf das einträglichere Projektmanagementgeschäft zu spezialisieren. Anstatt nur als Softwareentwickler aufzutreten, wollte Saxonia Systems künftig den Entwicklungs- und Implementierungsprozess von vorne bis hinten planen und durchführen.

Doch so hilfreich die Sprints waren, sie sorgten auch für eine gewisse Unzufriedenheit im Unternehmen. Das Problem war nicht die neue Strategie an sich, sondern der geschlossene Prozess, in dem sie entwickelt wurde. Jetzt, da Saxonia Systems strategische Überlegungen anstellte, wollten auch die Frontline-Mitarbeiter mitreden. Die Softwareentwicklung war ein iterativer, frei fließender Prozess, in den alle eingebunden waren. Warum sollte es bei der Strategie anders sein? Und wie könnten die Verantwortlichen ohne den Input der Beschäftigten verstehen, auf welche konkreten Probleme diese im Umgang mit den Kunden stießen? Indem es sich eine Strategie gab, hatte sich das Unternehmen zu einem gewissen Grad geöffnet. Doch wie die Verantwortlichen nun feststellten, bei Weitem nicht genug. In der Folge sank die Mitarbeitermotivation.

Unternehmen sollten sich nicht Hals über Kopf in den Open-Strategy-Prozess stürzen. Wenn Sie bestimmte Akteure einbeziehen, andere aber außen vor lassen, kann dies für Unmut sorgen. Und wenn Sie nicht aufpassen, kann die Diversität, von der Sie durch die Öffnung zu profitieren versuchen, Reibung verursachen und die Umsetzung behindern. Daher gilt es, den Open-Strategy-Prozess *sorgfältig* zu planen. Dabei sollten Sie fünf zentrale Punkte berücksichtigen: (1) wie weit Sie sich öffnen, (2) ob Sie interne oder externe Akteure beteiligen, (3) wie viele Personen Sie einbeziehen, (4) ob der Prozess digital oder analog stattfindet und (5) ob Sie die Akteure gezielt auswählen oder die breite Masse einladen und die Leute selbst entscheiden lassen, ob sie teilnehmen möchten oder nicht. Im Folgenden sehen wir uns diese Fragen genauer an und zeigen Ihnen, wie Sie sie im Rahmen einer Analyse beantworten können.

## Frage 1: Wie weit sollten Sie Ihren Strategieprozess öffnen?

Als der deutsche Softdrink-Hersteller Afri-Cola 1999 seine Rezeptur änderte, tat sich eine Gruppe von Personen zusammen, die mit dem neuen Geschmack nicht zufrieden waren, um die Cola auf eigene Faust nach dem Original-Rezept herzustellen und unter dem neuen Namen „Premium Cola“ zu vermarkten. Dem Organisationsmodell der Interessensgruppe folgend konnten sich alle 1.700 Mitglieder an der strategischen Diskussion beteiligen. Diese radikale Offenheit führte jedoch zu Chaos und erschwerte die Entscheidungsfindung. „Ich bin von den vielen E-Mails und dem ganzen Hin und Her leicht genervt (…) Zudem denke ich, man muss nicht alles diskutieren, obwohl ich weiß, dass es euer Credo ist, die Dinge gemeinsam zu besprechen und zu lösen“[2], beschwerte sich ein Teilnehmer. Dieses Chaos war vielleicht der Grund, warum Premium Cola erfolglos blieb.[3]

Bevor Sie mit Open Strategy beginnen, müssen Sie festlegen, wie weit die Öffnung gehen soll. Öffnen Sie den Prozess zu sehr, laufen Sie Gefahr, die Kontrolle zu verlieren. Sie können den Beteiligten zum Beispiel vorformulierte Aufgaben stellen und sie konkrete Fragen zu vorher festgelegten Themen diskutieren lassen. Das machte beispielsweise AXA UK & Ireland in einem offenen Strategieprozesse. Um sicherzustellen, dass nur relevante Themen diskutiert wurden, gab man im Rahmen des Projektes „Beyond 2020“ den Mitarbeitern vorausgewählte Themen vor, die in die allgemeine Roadmap passten, die das Top-Management vorher festgelegt hatte[4]. In anderen Situationen kann es dagegen kontraproduktiv sein, die Teilnehmenden in dieser Weise einzuschränken.

Das Schweizer Unternehmen Gallus, ein Hightech-Produzent von Druckerpressen und zum damaligen Zeitpunkt Teil von Heidelberger Druckmaschinen, war einst Weltmarktführer in der Entwicklung, Fertigung und Vermarktung hochwertiger Druckerpressen, die für große Etikettenhersteller bestimmt waren. Während unserer Arbeit mit Gallus identifizierten wir eine drohende Gefahr für das Unternehmen: Hewlett-Packard war dabei, sich zu einem ernst zu nehmenden Mitbewerber zu entwickeln. HP hatte sich lange auf niedrigpreisige digitale Druckertechnologien für Endabnehmer spezialisiert. Nun nahm das Unternehmen das hochpreisige B2B-Segment ins Visier. Für Gallus stellte der globale Tech-Riese HP hinsichtlich Preis und Qualität eine Bedrohung dar.

Um dieser zu begegnen, brauchte Gallus eine Alternative zu seinen High-End-Druckerpressen, die sich an kleine und mittelständische Unternehmen richtete. Als das Unternehmen seinen Strategieprozess öffnete, machten die Verantwortlichen klar, worum es ging: Die Herausforderung war der neue Mitbewerber HP, der Gallus in seinem Kerngeschäft bedrohte. Die strategischen Überlegungen würden sich auf diesen Bereich erstrecken – aber nicht darüber hinaus. Anders im Fall von Unternehmen wie Cisco oder Ericsson, die im Zuge von Crowdsourcing neue strategische Ideen entwickelt haben und dafür auf jegliche Beschränkungen verzichtet haben, um das Maximum an strategisch relevanten Ideen zu generieren.

Das Strategieteam kann hier zwar Orientierung geben, am Ende muss aber das Topmanagement entscheiden, wie viel Offenheit gewünscht ist – und zwar auf Grundlage der Elemente, um die es geht. Wenn ein Unternehmen zum Beispiel ganz neue Geschäftsbereiche, Strukturen und Fähigkeiten etablieren will, könnte es sinnvoll sein, die strategischen Überlegungen auf diese Bereiche auszudehnen. Als IBM im Rahmen eines Open-Strategy-Prozesses kleinere Initiativen in neuen Geschäftsbereichen zusammenführen wollte, aber nicht wusste, welche das am Ende sein würden, musste die Diskussion so weit geöffnet werden, dass alle diese breit gefächerten Themen berücksichtigt werden konnten.

Es ist wichtig, die Diskussion nicht übermäßig zu begrenzen. Wir haben erlebt, wie viele großartige Ideen ins Straucheln geraten sind, weil die bestehenden Strukturen nicht für sie gemacht waren und die Verantwortlichen nicht bereit waren, diese neu zu denken – aus Sorge, sie könnten an Einfluss verlieren. Gleichzeitig geht es bei Open Strategy nicht darum, Ihr Unternehmen zu einer Demokratie zu machen.[5] Das Management muss nach wie vor die Entscheidungsgewalt haben, die Experimente, die das Unternehmen verfolgt, sorgfältig überwachen, und in der Lage sein, die endgültige Entscheidung über die Strategie und ihre Umsetzung zu treffen.[6]

## Frage 2: Sollten Sie interne oder externe Akteure einbeziehen?

Wie wir in Kapitel 2 gesehen haben, hilft es, Personen innerhalb und außerhalb Ihres Unternehmens und Ihrer Branche einzubeziehen, wenn Sie Chancen jenseits Ihres Kerngeschäfts erschließen wollen. Obwohl Externen vielleicht das Wissen und die Erfahrung hinsichtlich Ihres bestehenden Geschäftsmodells fehlt, können sie dennoch wertvolle Ideen und Einblicke liefern, weil ihr Denken nicht durch Annahmen und Überzeugungen beschränkt ist, die durch sozialen oder politischen Druck innerhalb Ihres Unternehmens entstanden sein könnten.[7] Ihre verschiedenartigen Ideen und unkonventionellen Ansätze, die aus scheinbar nicht verwandten Gebieten übertragen werden, haben zudem den Vorteil, dass sie die gegenseitige Befruchtung fördern, und dadurch neue, sogar radikale Richtungen und Möglichkeiten entstehen. Gleichzeitig kann die Partizipation externer Akteure Kosten verursachen – sowohl finanzieller

Art (etwa in Form von Honoraren) als auch in zeitlicher Hinsicht (Externe kennen die Strukturen, Prozesse und Anreize innerhalb Ihres Unternehmens mitunter nicht oder sind nicht mit der Funktionsweise Ihrer Branche vertraut).

Wichtig dabei: Die externen Inputs müssen nicht zwangsläufig von außerhalb Ihres Unternehmens kommen. Unabhängig davon, wie viele Mitarbeiterinnen und Mitarbeiter Sie beschäftigen, unterscheiden sich diese mit ziemlicher Sicherheit hinsichtlich ihrer Ausbildung und ihres sozioökonomischen Status. Zudem bringen sie unterschiedliche Erfahrungen mit. Nutzen Sie diesen Pool an diversem Wissen. Heraldo Sales-Cavalcante, Director of Strategic Analysis bei Ericsson und Gründer der Online-Community Strategy Perspective, betont immer wieder: „Sie werden auf solch unerwartete Weise Expertise zutage fördern, dass Sie es selbst nicht glauben können!“[8] Akteure außerhalb des Topmanagements können Ihnen Input zu den Strukturen, Praktiken und Prozessen im Unternehmen liefern, der Ihnen hilft, strategische Ideen zu bewerten und zu kommunizieren. Wie wir in Kapitel 4 noch sehen werden, kann die Begrenzung der Teilnehmenden auf die eigenen Mitarbeiter oder andere interne Stakeholder Unternehmen auch vor dem Verlust vertraulicher Informationen schützen.

In vielen Fällen erweist sich aber gerade die Kombination aus internen und externen Akteuren als besonders vorteilhaft. 2012 veranstaltete Gallus eine zweitägige Nightmare Competitor Challenge (mehr dazu in Kapitel 7), die interne und externe Teilnehmer zusammenbringt – im Fall von Gallus Entwickler von Microsoft und Beschäftigte von Start-ups der Druckindustrie und anderen Branchen. Die Challenge hat gezeigt, dass das Unternehmen seinen bisherigen Kurs ändern musste, weil die Konkurrenz es sowohl von unten (Preis) als auch von oben (Funktionalität) bedrohte. Mit dieser Problemstellung konfrontiert entwickelten drei gemischte Gruppen aus internen und externen Teilnehmern zwei ähnliche Ideen zur Entwicklung einer neuen, einfach zu bedienenden digitalen Druckmaschine.

Bislang hatten die Druckanlangen von Gallus zwischen 600.000 und 1,5 Millionen Euro pro Stück gekostet. Die neuen Geräte sollten für nur 100.000 Euro erhältlich sein. Doch die Workshop-Teilnehmerinnen und -Teilnehmer hatten noch eine radikalere Idee: Sie wollten nicht bloß einen klassischen Drucker verkaufen, sondern auch eine digitale Plattform ins Leben rufen, auf der das Unternehmen Druckerdienstleistungen anbieten konnte. Interne und externe

Akteure übersetzten diese Konzepte später in ein mutiges, zweistufiges Geschäftsmodell: Zunächst würde Gallus den kostengünstigeren Drucker auf den Markt bringen und es damit den unterschiedlichsten Unternehmen erlauben, Etiketten einfach elektronisch auszudrucken. In einem zweiten Schritt würde Gallus eine digitale Plattform rund um diese Einstiegsdrucker aufbauen und darüber Druckertreiber sowie Zusatzfunktionen anbieten. So sollten die Nutzer über die Plattform zum Beispiel grafische Layouts generieren und teilen können.

Im Juni 2018 brachte Gallus den Smartfire auf den Markt, ein Einstiegsmodell für den digitalen Schmalbahn- und Etikettendruck. Der Start der digitalen Plattform war für 2020 geplant, wurde aufgrund der Pandemie jedoch verschoben. Die Verantwortlichen waren zwar überzeugt, dass sie den Smartfire auch ohne die Öffnung des Strategieprozesses und den Einbezug interner und externer Akteure entwickelt hätten; sie mussten aber zugeben, dass es ihnen erstens nicht so schnell gelungen wäre und sie zweitens nicht auf die Plattformlösung gekommen wären. Durch die Partizipation externer Akteure war es dem Unternehmen möglich, über den Analogdruck hinaus zu denken, und durch den Einbezug der Belegschaft erfolgte die Umsetzung schnell und reibungslos. „Dank des offenen Konzepts konnten wir externe Expertise strukturiert einbeziehen und gleichzeitig die Beschäftigten mit ins Boot holen. Dadurch sind wir wesentlich schneller in die Umsetzung gekommen"[9], erinnert sich der damalige CEO des Unternehmens, Klaus Bachstein.

## Frage 3: Sollten Sie eine kleine Gruppe von Personen oder die breite Masse beteiligen?

Wenn Sie Ihren Strategieprozess öffnen, können Sie entweder nur einige wenige Akteure einbeziehen oder eine größere, undefinierte Gruppe. Nehmen viele Personen teil – interne wie externe –, profitieren Sie einerseits wahrscheinlich von einer größeren Diversität. Andererseits müssen Sie dann mehr Informationen bereitstellen und erhöhen damit das Risiko, dass einige davon nach außen dringen (mehr dazu in Kapitel 4).[10] Durch den Einbezug einer großen Gruppe kann die Strategieentwicklung zudem komplexer und langsamer werden, da die Verantwortlichen Hunderte, wenn nicht Tausende Vorschläge berücksichtigen und verstehen müssen. Größeren Gruppen fällt es eventuell auch schwerer, zu einer Einigung zu gelangen und Lösungen zu identifizieren – und sie lassen sich mitunter schwieriger kontrollieren, ein Thema, mit dem wir uns in Kapitel 5 genauer beschäftigten.

Viele Personen zu beteiligen ist in der Regel sinnvoll, wenn Sie zu Beginn erste strategische Ideen entwickeln und später die fertige Strategie umsetzen.[11] Wenn Sie Ihren Strategieprozess für alle öffnen, gewinnen Sie wahrscheinlich Teilnehmerinnen und Teilnehmer aus Fachgebieten, die Sie gar nicht auf dem Schirm hatten, sowie Personen, die Sie aufgrund geografischer Entfernungen oder anderer Faktoren nicht ausgewählt hätten. Da die Personen selbst entscheiden, ob sie mitmachen oder nicht (mehr dazu gleich), sind sie mitunter motivierter, als wenn Sie sie eingeladen hätten. Sie beteiligen sich, weil sie sich für das Thema interessieren oder wertvolle Geschäftskontakte knüpfen wollen.

Sobald Sie strategische Ideen gesammelt haben und es an die Formulierung und Feinjustierung der Strategie geht, empfiehlt es sich, den Kreis der Beteiligten zu verkleinern. Hier weiterhin auf kollektive Intelligenz zu setzen, würde den Prozess unnötig verkomplizieren. Fragen Sie sich dabei: Sind die strategischen Fragen, die Sie beantworten möchten, eng umrissen und klar oder eher breit gefasst und vage? Wer könnte hilfreiches Wissen beisteuern? Und wo finden Sie die Personen, die über dieses Wissen verfügen?

Wenn Sie eine Strategie auf Grundlage bereits generierter Ideen formulieren, ergeben sich diese Fragen mehr oder weniger von selbst. In diesem Fall sind Sie sich zukünftiger Trends und alternativer strategischer Richtungen grundlegend bewusst und brauchen nur noch den Input anderer, um Ihre Analyse zu vertiefen und konkrete Geschäftsmodelle zu formulieren. Das Wissen, das Sie bereits besitzen, hilft Ihnen, die wenigen internen oder externen Akteure zu identifizieren, die Sie brauchen – vor allem wenn Sie bereits über Erfahrungen mit Open Strategy verfügen. Wenn Open Strategy dagegen noch neu für Sie ist und der zukünftige Kurs noch unsicher, kann es sinnvoll sein, ein gewisses Maß an Kontrolle abzugeben und den Teilnehmerkreis über die klassische Kerngruppe hinaus zu erweitern.[12] Dadurch werden Sie unweigerlich auf wertvolle Expertise, Informationen oder Lösungen stoßen.

## Frage 4: Sollten Sie ein digitales oder ein analoges Format wählen?

Für den Open-Strategy-Prozess stehen Unternehmen sowohl analoge Formate wie Workshops, World Cafés oder physische Meetings zur Verfügung als auch digitale wie Crowdsourcing-Wettbewerbe oder Crowdsourcing Communities, Prognosemärkte, Jams und soziale Netzwerke. Bei analogen Formaten wählen wir die internen und/oder externen Teilnehmerinnen und Teilnehmer in der Regel sorgfältig aus und bringen sie für einige Tage zusammen, damit sie intensiv an der Strategie arbeiten können. Bei digitalen Formaten ist es dagegen nicht nötig, einzelne Akteure persönlich einzuladen.[13] Es genügt, wenn Sie eine allgemeine Einladung an eine mehr oder weniger definierte Gruppe aussprechen und abwarten, wer sich meldet.

Mit digitalen Formaten können Sie unabhängig von Ort und Zeit eine große Gruppe von Personen zusammenbringen, damit diese ihre Einblicke und ihr Wissen teilen. Zudem fördern Sie so das Verständnis und sichern sich die Unterstützung der Mitglieder.[14] Anders als analoge Methoden erleichtern digitale Formate den Austausch von Ideen über hierarchische und funktionale Grenzen hinweg. Und im Gegensatz zu analogen Prozessen, bei denen die Interaktionen aufeinander folgen und jede Person einzeln spricht oder Input beisteuert, finden bei digitalen Formaten mehrere Diskussionen gleichzeitig statt, was zu einer größeren Interaktion und Dynamik führen kann. Ein weiterer Vorteil: Durch digitale Tools lassen sich Beiträge speichern und aggregieren, sodass die Teilnehmerinnen und Teilnehmer sie sich jederzeit erneut ansehen können.[15]

So mächtig die digitalen Formate sind, um die Einzelheiten der Strategie zu besprechen, bedarf es in der Regel doch des persönlichen Austausches. Texte allein können nicht alle Nuancen transportieren, und die nonverbale Ebene der persönlichen Kommunikation spielt ebenfalls eine Rolle. Viele Unternehmen haben gute Erfahrungen mit einer Kombination aus analogen und digitalen Formaten gemacht, ähnlich wie Barclays, wie wir zu Beginn des Buches gesehen haben. IMP hat außerdem hybride Formate für seine Workshops entwickelt, um der begrenzten Teilnehmerzahl während der Pandemie Rechnung zu tragen. Das hat überraschend gut funktioniert, weil die Unternehmen schnell Protokolle und Tools entwickelt haben, die die Zusammenarbeit zwischen den physisch anwesenden Personen und den remote zugeschalteten erleichtert haben.

## Frage 5: Sollten Sie die Teilnehmer sorgfältig auswählen oder eine allgemeine Einladung aussprechen?

Auf den ersten Blick scheint es sinnvoll, die Teilnehmerinnen und Teilnehmer bei kleineren Gruppen sorgfältig auszuwählen und persönlich einzuladen und sich bei der Ansprache von größeren, undefinierten Gruppen über digitale Tools darauf zu verlassen, dass die Personen selbst entscheiden, ob sie mitmachen oder nicht.[16] So einfach ist es jedoch nicht. Wenn Sie mit einer großen Gruppe arbeiten, müssen Sie sich nicht *ausschließlich* auf die Selbstauswahl verlassen. Sie können auch einige Personen gezielt einladen, und diese bringen dann vielleicht weitere Personen mit. Per Mund-zu-Mund-Propaganda spricht sich Ihr Vorhaben herum, und so kommen immer mehr Menschen zusammen. Fast wie bei einer kenianischen Hochzeit, wie Christian, einer aus unsere Runde, sagen würde: Zu seiner Hochzeit kamen am Ende schätzungsweise sechshundert Gäste, obwohl nur ein Bruchteil von ihnen eingeladen war. Wenn Sie Open Strategy das erste Mal anwenden, kann es dagegen sinnvoll sein, zunächst mit einer enger umrissenen Gruppe zu arbeiten, um sich mit dem Prozess vertraut zu machen, bevor Sie sich auf größere Gruppen und die damit verbundenen Herausforderungen einlassen.

2013 nutze der britisch-niederländische Konsumgüterproduzent Unilever die soziale Kollaborationsplattform Chatter, um sein jährliches Managementtreffen, bei dem Hunderte von Führungskräften zusammenkommen, zu öffnen.[17] Bislang hatte die Veranstaltung hinter verschlossenen Türen stattgefunden, und die Ergebnisse wurden im Anschluss an die einzelnen Abteilungen und Regionen kommuniziert. Um das Verständnis und die Unterstützung für die Strategie bei der Belegschaft zu erhöhen, entschied Unilever, Foren einzurichten, in denen im Anschluss an das Treffen strategische Fragen diskutiert werden konnten. Über Chatter wurden 16.000 Linienmanagerinnen und -manager zur digitalen Teilnahme an der Konferenz eingeladen. „Anfänglich wollten wir alle Mitarbeiterinnen und Mitarbeiter beteiligen“, erklärt Sarah Etherton, Senior Internal Digital Channel Manager bei Unilever, die für alle Maßnahmen im Rahmen der Konferenz zuständig war. „Dann haben wir uns aber für eine kleinere Gruppe entschieden. Es war für uns das erste (…) Projekt dieser Art, und wir wollten sehen, wie es mit einer kleineren Gruppe von 16.000 Teilnehmern funktioniert, anstatt den Event gleich für alle 95.000 Unilever-Beschäftigten zu öffnen.“[18]

Der Testlauf war erfolgreich. Wie Neil Atkinson, Head of Global Digital Engagement bei Unilever, später feststellte, erhöhte das Kollaborationstool die Moral enorm. „Wir mussten wahnsinnig viele Ressourcen investieren, um Inhalte zu entwickeln und während des Events zu kuratieren", erklärt er, „aber dadurch haben wir eine große Offenheit und Transparenz geschaffen, wodurch sich die Beschäftigten einbezogen fühlten. Zudem haben wir ihnen Tools zur Verfügung gestellt, mit denen sie die Inhalte kommentieren und in ihren sozialen Netzwerken teilen konnten."[19] Von den 16.000 eingeladenen Führungskräften hatten lediglich 3.680 Chatter zuvor bereits verwendet. Nach der Veranstaltung stieg die Zahl der aktiven Nutzer auf mehrere Tausend. [20] Was aber noch wichtiger war: Durch die kluge Entscheidung, die Teilnehmerzahl zu begrenzen, konnte Unilever den Ansatz testen und wertvolle Erkenntnisse über mögliche Fehler und Stolpersteine gewinnen, die dem Unternehmen später bei der Durchführung in größerem Umfang helfen würden.

Wenn Sie nicht bereit sind, Kontrolle abzugeben, wählen Sie die Akteure sorgfältig aus. Sich auf eine kleine Gruppe von Teilnehmern zu begrenzen, bedeutet aber nicht automatisch, dass Sie auf die kognitive Diversität, die größere Gruppen mit sich bringen, verzichten müssen. Bereits bei der Zusammenstellung der Gruppe können Sie darauf achten, dass die Personen über unterschiedliche Erfahrungen und Ansichten verfügen. So vermeiden Sie kognitive Verzerrungen und umgehen die Gefahr, dass bestimmte Perspektiven oder Ansätze die Diskussion dominieren. Wenn Führungskräfte der oberen und mittleren Ebene sowie Beschäftigte gebeten werden, strategische Ideen und Projekte aus verschiedenen Bereichen des Unternehmens zu bewerten, tendieren sie dazu, die Ideen zu bevorzugen, die aus ihrem Land, von ihrem Standort oder aus ihrem Teilbereich kommen.[21] Solche Verzerrungen innerhalb einer Gruppe (In-Group Bias) sind noch ausgeprägter, wenn die Ideen von außerhalb des Unternehmens kommen. Eine ausbalancierte und kontrollierte Zusammensetzung der Teilnehmer sorgt dafür, dass dominante Gruppen neue, radikale Perspektiven oder von einer Minderheit vorgetragene Ansichten nicht übergehen können.

Über die Jahre hat IMP einen Such- und Auswahlprozess entwickelt, der es Unternehmen erlaubt, ausgeglichene Workshop-Gruppen mit etwa dreißig Teilnehmerinnen und Teilnehmern zusammenzustellen. Diese Akteure kommen aus unterschiedlichen Fachgebieten, besitzen aber ausreichend gemeinsames Wissen, um effektiv zusammenzuarbeiten. Bei der Zusammenstellung dieser Gruppen greift IMP auf ein „Network of Excellence" zurück, dem mehr als 1.500 externe Expertinnen und Experten aus 25 verschiedenen Ländern angehören, die praktisch alle Branchen, Fachgebiete, und Technologien abdecken. Da IMP bereits seit vielen Jahren mit diesen Personen zusammenarbeitet, wissen wir, welchen Input jede einzelne beisteuern kann.

Laut Linda Stifter, die gemeinsam mit ihrem Team Unternehmen dabei unterstützt, externe Akteure für Workshops zu identifizieren und zu gewinnen, tun sich Unternehmen, die bislang wenig Erfahrung mit Open Strategy haben, häufig schwer, die richtigen Personen auszuwählen. „Unternehmen sind manchmal zu sehr darauf bedacht, bekannte Expertinnen und Experten aus branchenführenden Unternehmen oder renommierten Forschungsinstituten zu gewinnen. Wir haben sie Schritt für Schritt dahingebracht zu verstehen, dass es nichts hilft, wenn sie Personen auswählen, die für die Aufgabe ungeeignet sind (…) Ob sie einen wertvollen Beitrag leisten können, hängt viel mehr von dem Wissen ab, das sie beisteuern. Und von ihrer Offenheit sowie ihrer Bereitschaft, sich zu beteiligen und mit Engagement bei der Sache zu sein."

## Wie Sie die fünf Fragen beantworten

Wir haben Ihnen nun einige wichtige Faktoren vorgestellt, die Sie bei der Entwicklung Ihres Open-Strategy-Prozesses berücksichtigen sollten. Um die besten Ergebnisse zu erzielen, sollten Sie sich jedoch noch einmal vor Augen führen, welche Ziele Sie mit Open Strategy verfolgen. Was wollen Sie am Ende erreichen? Diese Frage haben wir Führungskräften aus den Vereinigten Staaten und Europa gestellt. Ihre Antworten finden Sie in Abbildung 3.1.

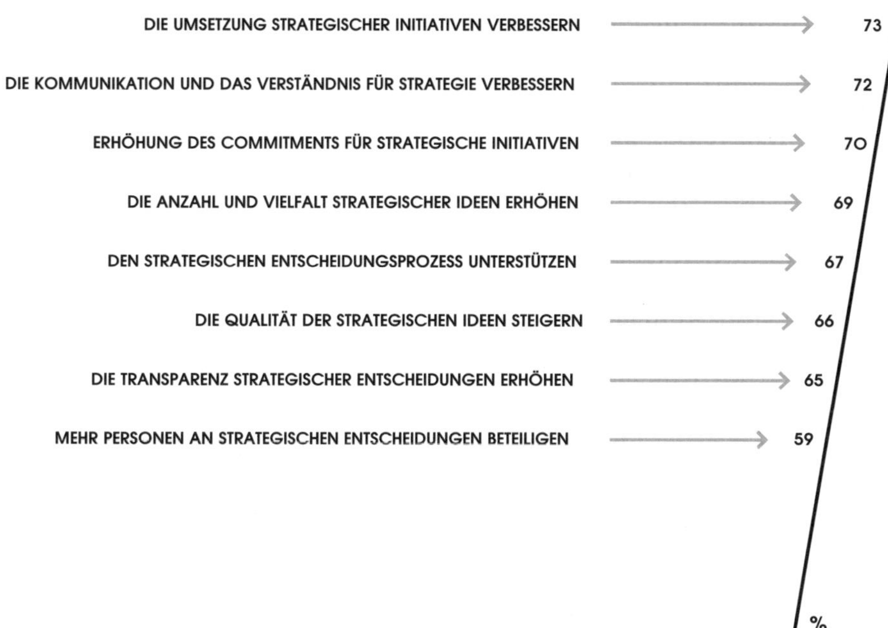


***Abb. 3.1:*** *Gründe für die Öffnung des Strategieprozesses*

Die Mehrheit der Befragten benötigte Unterstützung bei der Umsetzung und Kommunikation der Strategie. Im Vergleich zur Entwicklung neuer Strategien mögen diese beiden Aspekte eher unsexy klingen, sie sind jedoch umso wichtiger, da Strategien eher in der Umsetzung scheitern oder wenn sie schlecht kommuniziert werden. Im Rahmen eines anderen Buches hat unser Mitautor Christian untersucht, warum einige Unternehmen auf eine mehr als hundertjährige Erfolgsgeschichte zurückblicken können, während viele andere pleitegegangen sind oder nur mittelmäßige Ergebnisse erzielt haben. Dabei hat er herausgefunden, dass die Fähigkeit, bestehendes Wissen umzusetzen und gewinnbringend zu nutzen, entscheidend zur Langlebigkeit von Unternehmen beiträgt. Es waren sogar mittelmäßige Unternehmen in der Lage, neue, interessante Ideen zu entwickeln.[22]

Open Strategy kann Unternehmen in drei Phasen des Strategieprozesses unterstützen: bei der *Ideengenerierung*, bei der *Ideenanalyse und Strategieformulierung* und bei der *Strategieumsetzung*. Während der Ideengenerierung beurteilen Unternehmen, wie wahrscheinlich es ist, dass ihr bestehendes Geschäftsmodell disruptiert wird, und identifizieren vielversprechende zukünftige Chancen. Die Phase der Ideenanalyse und Strategieformulierung erfordert dagegen ein kleinschrittigeres Vorgehen: Hier legen Unternehmen fest, wie sie ihre Ideen in tragfähige Geschäftsmodelle überführen. In der Umsetzungsphase geht es dann einerseits darum, Budgets festzulegen und Ressourcen zu verteilen, und anderseits darum zu überlegen, wie die Frontline-Mitarbeiter die Strategie konkret umsetzen sollen.

Möchten Sie neue Ideen entwickeln, zukünftige branchenrelevante Trends identifizieren oder Ihre Ideen in Geschäftsmodelle überführen? Das volle Potenzial von Open Strategy schöpfen Sie nur aus, wenn Sie das Konzept in allen drei Phasen anwenden. Sie können jedoch schrittweise beginnen, indem Sie Ihren Strategieprozess zum Beispiel zunächst nur für die Ideengenerierung öffnen. Sobald Sie wissen, auf welche Phase(n) Sie sich konzentrieren wollen, wird es Ihnen leichter fallen, die grundlegenden Parameter Ihres Open-Strategy-Prozesses zu skizzieren. Die Zusammensetzung der Teilnehmer und die Auswahl der Open-Strategy-Tools sind abhängig von der jeweiligen Phase, wie Abbildung 3.2 zeigt.

Wenn Sie Open Strategy für die Ideengenerierung nutzen wollen, sollten Sie überlegen, wie radikal die neuen Ideen sein sollen. Möchten Sie das Kerngeschäft optimieren, in angrenzende Bereiche vorstoßen oder völlig neue Chancen identifizieren? Im letzten Fall wollen Sie vielleicht, dass die Beteiligten ihrer Kreativität freien Lauf lassen, und öffnen die Diskussion deshalb so weit wie möglich. Hier Frontline-Mitarbeiter einzubeziehen kann zwar helfen. Wenn diese aber bereits viele Jahre im Unternehmen tätig sind, waren sie der in Ihrer Branche vorherrschenden Logik bereits für eine gewisse Zeit ausgesetzt. In sehr hierarchischen Unternehmen denken junge Mitarbeiterinnen und Mitarbeiter mitunter eher in den gleichen Zusammenhängen als das Topmanagement. Von externen Akteuren sind hier eher radikale Ideen zu erwarten. Sie müssen dann aber viele externe Akteure zusammentrommeln. Unserer Erfahrung nach brauchen Unternehmen, die bahnbrechende Ideen entwickeln wollen, 50 Prozent externe Teilnehmerinnen und Teilnehmer. Sind es weniger, werden sie marginalisiert, und die internen Mitarbeiter bestimmen die Diskussion.

| | IDEEN-GENERIERUNG | STRATEGIE-FORMULIERUNG | STRATEGIE-UMSETZUNG |
|---|---|---|---|
| ENGE VS. WEITGEFASSTE PROBLEMDEFINITION | VAGE, ES SEI DENN, DAS PROBLEM IST OFFENKUNDIG | EHER ENGGEFASST, DA DIE STRUKTUREN UND FÄHIGKEITEN ÜBER DIE UMSETZBARKEIT ENTSCHEIDEN | ENGGEFASST HINSICHTLICH DES STRATEGISCHEN KURSES, WEITER GEFASST HINSICHTLICH DER KONKRETEN UMSETZUNG |
| EXTERNE VS INTERNE TEILNEHMER | VOR ALLEM EXTERNE, UM IDEENVIELFALT ZU ERREICHEN | EXTERNE UND INTERNE, UM EINEN UMSETZBAREN ANSATZ ZU ENTWICKELN | INTERNE UND ANDERE STAKEHOLDER, UM ALLE MIT INS BOOT ZU HOLEN |
| DIGITAL VS ANALOG | BEIDES MÖGLICH; ES STEHEN VERSCHIEDENE TOOLS ZUR VERFÜGUNG | ANALOG, UM TIEFERGEHENDE DISKUSSIONEN ANZUREGEN | DIGITAL, UM DIE BREITE MASSE ZU ERREICHEN |
| KONTROLLIERTE AUSWAHL VS. SELBSTAUSWAHL | SELBSTAUSWAHL BEI DIGITALEM FORMAT, KONTROLLIERTERE AUSWAHL BEI ANALOGEM FORMAT | AUSGEWÄHLTE EXPERTEN UND MITARBEITER | KONTROLLIERT – MITARBEITER UND STAKEHOLDER |
| KLEINE VS. GROSSE GRUPPEN | BEIDE | KLEINE GRUPPEN | GROSSE GRUPPEN |

***Abb. 3.2:*** *Kombination von Open-Strategy-Tools und Teilnehmern*

In der Phase der Ideengenerierung sollten Sie digitale Tools nutzen. Über Crowdsourcing-Plattformen oder im Rahmen von Jams können Sie Ideenwettbewerbe veranstalten und Vorschläge für strategische Ideen einholen. Online-Communitys ermöglichen eine detaillierte Auseinandersetzung mit zukünftigen Trends oder strategischen Richtungen. Über diese Tools können Sie Open Calls veranstalten und Interessierte selbst entscheiden lassen, ob sie teilnehmen möchten, was gerade in dieser Phase sehr wertvoll sein kann. Über Open Calls finden Sie womöglich Personen mit Fachgebieten, die Sie gar nicht auf dem Schirm hatten, oder Personen, die Sie bislang nicht kannten, weil sie am anderen Ende der Welt leben. Doch auch analoge Tools können in dieser Phase hilfreich sein. IMP hat verschiedene Workshop-Tools entwickelt, die Unternehmen helfen, Trends zu identifizieren (Kapitel 6) und ihre Reaktion auf einen „Nightmare Competitor“ zu planen (Kapitel 7).

Während der Phase der Ideenanalyse und Strategieformulierung sollten Sie die Teilnehmerinnen und Teilnehmer stärker an die Hand nehmen, damit diese die vorhandenen Strukturen, Ressourcen und Marktbedingungen berücksichtigen. Da in dieser Phase genaue Kenntnis der Funktionsweise Ihres Unternehmens nötig ist, empfehlen wir hier, auf den analogen, persönlichen Austausch zwischen internen Akteuren und sorgfältig ausgewählten externen Personen zu setzen. Das Schweizer Unternehmen Schärer Schweiter Mettle AG (SSM), das auf eine dreihundertjährige Tradition als Textilmaschinenhersteller zurückblickt, veranstaltete einen viertägigen Workshop, bei dem die einzelnen Teams gegeneinander antraten, um eine Strategie auszuarbeiten, die den zukünftigen Erfolg des Unternehmens angesichts eines rückläufigen Premium-Textilmaschinenmarktes sichern sollte. Um einen machbaren Plan zu entwickeln, arbeiteten die Teilnehmerinnen und Teilnehmer nicht an großen, allgemeinen Ideen, sondern konzentrierten sich auf konkrete Nutzenversprechen und Marketingpläne. In dieser Phase können Externe frühzeitig als Realitätscheck dienen, wie das folgende Beispiel zeigt: Ein großes Industrieunternehmen hatte sich die exklusiven Rechte an der Vermarktung von Patenten für eine bahnbrechende Technologie gesichert. Die Verantwortlichen waren extrem begeistert von dem Potenzial der neuen Technologie, ließen sich durch den Input externer Akteure im Rahmen eines Open-Strategy-Prozesses jedoch davon überzeugen, dass der Markt noch nicht reif für die Technologie war. Also wurde dieses wichtige strategische Vorhaben auf Eis gelegt.

Um Ängste hinsichtlich der Partizipation Externer abzubauen (mehr dazu in Kapitel 4), können Sie analoge Formate nutzen und das Risiko neu umreißen, indem Sie das Vorhaben so behandeln, als würden Sie eine Beratungsfirma engagieren. Anstatt sich darüber zu sorgen, Geschäftsgeheimnisse preiszugeben, können Sie sich auf folgende Frage konzentrieren: Wie viel Geld sind wir bereit auszugeben? Einige Akteure erwarten wahrscheinlich eine finanzielle Entschädigung, während andere aus Interesse an der Sache teilnehmen. Wenn Sie vertrauliche Informationen offenlegen müssen, damit eine echte Diskussion zustande kommt, sollten Sie die Teilnehmerinnen und Teilnehmer eine Geheimhaltungsvereinbarung unterzeichnen lassen.

Die finale Phase der Umsetzung ist ein Zahlenspiel. Für Frontline-Mitarbeiter ist Strategie häufig etwas Abstraktes, das sie von ihrer *eigentlichen* Arbeit abhält. Die beste Möglichkeit, der Strategie ihre geheimnisvolle Aura zu nehmen, besteht darin, die Beschäftigten in die Strategieentwicklung einzubeziehen und dabei konkret über die Strategie zu sprechen. Große Zusammenkünfte im Stil von großformatigen Workshops und andere physische Formate können hier sinnvoll sein. Am meisten bewährt haben sich jedoch digitale Technologien. Wie wir in der Einführung gesehen haben, hat Barclays 30.000 Mitarbeiterinnen und Mitarbeiter zu einem Strategy Jam eingeladen, um sicherzustellen, dass alle die Strategie in konkrete Handlungen umsetzen können. Bei der Übersetzung strategischer Vorhaben in konkrete Schritte können auch externe Akteure behilflich sein. Während einer seiner Strategy Jams arbeitete IBM beispielsweise mit Klienten und Geschäftspartnern aus 64 verschiedenen Unternehmen und schuf dadurch verschiedene Geschäftsbereiche, die zusammen 750 Millionen US-Dollar an Umsatz generierten. Nicht schlecht, oder? Mehr dazu in Kapitel 10.

Kommen wir an dieser Stelle noch einmal auf die Softwareberatungsfirma Saxonia Systems zu sprechen. Um dem Wunsch der Beschäftigten nach mehr Partizipation bei der Strategieentwicklung nachzukommen und eine reibungslosere Umsetzung zu ermöglichen, entschied das Management 2014, seinen Strategieprozess für die Mitarbeiterinnen und Mitarbeiter zu öffnen. Die viermonatigen Strategie-Sprints fanden nach wie vor statt und wurden ergänzt um einen unternehmensweiten, netzwerkbasierten Strategieprozess, der auf Lean Management und agilen Methoden basierte. Moderatoren richteten großformatige, Touch-basierte interaktive Task Boards an allen vier Standorten des Unternehmens ein, die alle laufenden strategischen Initiativen und die dazugehörigen Action Items enthielten. Die Führungskräfte ermutigten ihre Teams, an zweiwöchentlichen „Standup"-Meetings teilzunehmen, in denen an diesen Boards gearbeitet wurde. „Wir wollten alle Beschäftigten in die strategischen Initiativen einbeziehen", erklärt Sylvie Löffler. „Alle, die Interesse und Lust hatten, konnten mitmachen."[23] Rechnet man die freien Mitarbeiter mit ein, beteiligten sich fast 20 Prozent der gesamten Belegschaft an diesen Sessions. Bei Google wären das umgerechnet mehr als 10.000 Beschäftigte, bei IBM 50.000. Mittlerweile hat der Großteil der Mitarbeiterinnen und Mitarbeiter von Saxonia Systems an der Strategieentwicklung mitgewirkt. Und das freiwillig und auf flexible Art und Weise in kurzen, informellen und spannenden Meetings.

Die Ergebnisse übertrafen alle Erwartungen. Saxonia Systems ist es gelungen, sich neu zu positionieren und von einer kleinen Beratungsfirma, die Teilaufträge übernimmt, zu einem Anbieter von hochwertigem, End-to-End-Projektmanagement zu entwickeln. Diese Transformation war nur möglich, weil alle einbezogen wurden und wussten, was im Unternehmen geschah. „Die Standups haben eine echte Dynamik entwickelt", so Löffler. „Alle wissen, woran wir arbeiten, und mit welchen Initiativen wir unsere Ziele erreichen wollen." Seit seiner Nahtoderfahrung infolge der Großen Rezession haben sich die Umsätze des Unternehmens fast verdreifacht – 2019 von 12,9 Millionen Euro auf 35,2 Millionen Euro – und Saxonia Systems hat mehr als 100 weitere Vollzeitbeschäftigte eingestellt. Diese außergewöhnliche Performance hat 2020 zur erfolgreichen Übernahme von Saxonia Systems durch einen seiner Kunden, Carl Zeiss, geführt, dessen Topmanagement sich von der Dynamik und dem Strategiekonzept des Unternehmens beeindruckt zeigte.

Saxonia Systems war mit Open Strategy so erfolgreich, weil es wusste, welche internen Stakeholder es einbeziehen musste und – noch wichtiger –, was es erreichen wollte. Das erste Ziel bestand darin, die weltweite Rezession zu überstehen. Anschließend identifizierte das Unternehmen verschiedene Wachstumschancen und entwickelte neue Geschäftsmodelle. Grundsätzlich kann man sagen: Obwohl Transparenz und Partizipation entscheidende Dimensionen von Open Strategy sind, obliegt die finale Entscheidung weiterhin dem Management – so, wie es sein sollte.

## Fazit

Damit Open Strategy funktioniert, sollten Sie sich nicht einfach ins Abenteuer stürzen und dann schauen, was passiert. Sie müssen nicht nur herausfinden, ob Sie und Ihr Führungsteam bereit für die Öffnung sind, sondern den Prozess auch so gestalten, dass er Ihren Bedürfnissen entspricht. Was sind Ihre großen Ziele? Wenn Sie diese kennen, fällt es Ihnen leichter zu entscheiden, welche und wie viele Personen Sie beteiligen, ob Sie ein analoges oder ein digitales Format wählen und ob Sie den Prozess für die breite Masse öffnen oder nur ausgewählte Akteure einladen wollen. Doch damit endet die Vorbereitungsarbeit for Open Strategy nicht. Wie wir im nächsten Kapitel sehen werden, müssen Unternehmen auch genau überlegen, wie viel Offenheit sie zulassen bzw. Kontrolle sie behalten wollen – gerade wenn sensible Informationen im Spiel sind. Jetzt könnte man denken, Saxonia Systems sei wie gemacht für Open Strategy, schließlich ist das Unternehmen in einer Branche tätig, die Open-Source-Software hervorgebracht hat und damit extrem offen ist. Andererseits könnten Sie zu dem Schluss kommen, dass Ihre Geheimhaltungsanforderungen so hoch sind, dass Open Strategy von vornherein ausgeschlossen ist. Doch nicht so schnell. Wir sind der Meinung, dass selbst die verschwiegendsten Unternehmen Open Strategy nutzen können, um sich innerhalb ihrer Branche zu neuen Höhen aufzuschwingen.

**Fragen zur Reflexion:**

- Welche Phasen Ihres Strategieprozesses würden am meisten von einer größeren Offenheit profitieren? Welche sollten dagegen eher in geschlossenem Rahmen stattfinden?
- Falls Sie bereits in anderen Bereichen mit Offenheit experimentiert haben (zum Beispiel bei der Ideengenerierung): Welche Erkenntnisse daraus lassen sich auf den Open-Strategy-Prozess übertragen?
- Ist Ihr Strategieteam so aufgestellt, dass es einen wirksamen Open-Strategy-Prozess entwickeln und managen kann, oder brauchen Sie externe Unterstützung?
- Haben Sie Kontakt zu externen Expertinnen und Experten in den Bereichen Technologie, Markt und Geschäftsmodelle, die Ihre strategischen Überlegungen befruchten können?

# Kapitel 4
# Open Strategy an Ihre Geheimhaltungsanforderungen anpassen

Wenn Sie mehr oder weniger regelmäßig in den sozialen Netzwerken unterwegs sind, haben Sie eventuell schon einmal einige der Millionen Bison-Fotos gesehen, die Touristen jedes Jahr im Yellowstone-Nationalpark aufnehmen. Diese sind vielleicht nicht so süß wie Katzenfotos, aber sie sind da. Stellen Sie sich vor, Wissenschaftler würden all diese Amateurfotos nutzen, um die Wanderbewegungen und den Gesundheitszustand der Bison-Population im Yellowstone-Nationalpark zu untersuchen. Algorithmen könnten die Fotos auswerten und wertvolle Informationen über einzelne Tiere und ganze Herden sammeln. Menschen müssten dann nicht Tausende von Stunden investieren, um die Bisons vor Ort zu beobachten, sondern die Wissenschaftler würden das die Crowd erledigen lassen, ohne dass diese etwas davon mitbekommen würde.

2014 wurde ein Versuch in diese Richtung unternommen. Auf topcoder.com, einer Crowdsourcing-Plattform für digitale Projekte, poppte plötzlich ein Wettbewerb auf, der Interessierte dazu einlud, Ideen zu entwickeln, wie man aus Bison-Fotos aussagekräftige Daten generieren könnte. „Entwickeln Sie ein Web-Dashboard“, hieß es in der Ausschreibung, „das sich nach Tag, Jahreszeit, Größe der Herde etc. filtern lässt und auf einer Karte anzeigt, wo die einzelnen Beobachtungen gemacht wurden und was sie beinhalten. Mit einem solchen Tool könnten Wissenschaftlerinnen und Wissenschaftler sowohl eine Herde als auch einzelne Tiere ausfindig machen und deren Bewegungen, Gesundheitszustand und Status einsehen.“[1] Würde man diese Informationen um Metadaten wie Uhrzeit und GPS anreichern, hieß es weiter, würde dies den Wissenschaftlerinnen und Wissenschaftlern enorm helfen. Die Ausschreibung rief die Teilnehmerinnen und Teilnehmer dazu auf, „Methoden, Open-Source-Tools und -Algorithmen sowie Prozesse zu identifizieren, mit denen diese strukturierten und unstrukturierten Daten zusammengeführt und auf einer Karte dargestellt werden könnten (mit Angabe von Datum, Uhrzeit und weiteren verfügbaren Daten)".

Die Organisation, die den Wettbewerb ausgeschrieben hatte, würde die eingereichten Vorschläge auswerten und dem Sieger 20.000 US-Dollar zahlen sowie den Zweit- und Drittplatzierten jeweils 1.000 US-Dollar. Die anderen sollten als Aufwandsentschädigung Amazon-Gutscheine im Wert von 25 US-Dollar erhalten.

Gerne würden wir Ihnen berichten, dass dieser Wettbewerb ein Erfolg war, dass die Karte entwickelt und der Wissenschaftshorizont dadurch deutlich erweitert wurde. Dass der National Park Service all dieses wunderbare Wissen genutzt hat, um den Gesundheitszustand der Tiere zu verbessern und die Größe der Bison-Population zu erhöhen. Es wäre jedoch gelogen. Der Wettbewerb, der auch tatsächlich stattfand, hatte rein gar nichts mit Bisons, dem National Park Service oder Tierzucht zu tun. Es war ein Täuschungsmanöver der US Intelligence Community (IC) mit dem Ziel, mithilfe kollektiver Intelligenz ein ganz anderes Problem zu lösen, nämlich russische Truppenbewegungen auf der umkämpften Krim sowie die täglichen Grenzüberschreitungen feindlicher Fahrzeuge zu verfolgen.

Hätte die IC diese Challenge so an die Programmierer kommuniziert, hätte sie unnötige Aufmerksamkeit erzeugt. Russische Spione hätten den Wettbewerb zum Beispiel sabotieren können, indem sie reihenweise Vorschläge mit scheinbar ausgeklügelten, aber am Ende nutzlosen Algorithmen eingereicht hätten. Oder sie hätten versuchen können, den Sieger-Algorithmus zu hinterlegen, um dann mithilfe ihres Insider-Wissens die russischen Bodenbewegungen so anzupassen, dass diese nicht entdeckt würden. Indem die IC den Wettbewerb jedoch als „Naturschutzübung" tarnte, erhielt sie das Wissen, das sie brauchte, ohne das eigentliche Ziel preiszugeben. „Die IC konnte so für jede Unterkategorie des Wettbewerbs einige tolle Ideen generieren und das Ganze schnell durchführen (< 10 Tage) und zu einem wesentlich günstigeren Preis als mit freiberuflichen Programmierern, die Tage, Wochen oder Monate an dem Problem gearbeitet hätten", erklärt Peter Van Voris, der an dem Projekt beteiligt war. „In erster Linie ging es aber darum, das Wissen der ganzen Welt anzuzapfen, um das Problem unter dem Radar zu lösen."[2]

Mit diesem Beispiel möchten wir keine Paranoia schüren, und Sie sollen auch nicht denken, dass jeder digitale Crowdsourcing-Wettbewerb eine Spionageübung ist. Wir möchten vielmehr zeigen, dass jedes Unternehmen offene Methoden nutzen kann, um von der kollektiven Intelligenz zu profitieren, und gleichzeitig gewisse oder auch alle sensiblen Informationen zurückhalten kann. Die IC, eine der verschwiegendsten Organisationen der Welt, hat sich offener Methoden bedient, um Zugang zu Computerprogrammiererinnen und -programmierern zu erhalten (mit gewissem Erfolg, wie man uns erzählte).[3] Unternehmen überall auf der Welt können solche Methoden nutzen, um ihren Strategieprozess zu erweitern – auch das Ihre. Sie haben Sorge, Unternehmensgeheimnisse preiszugeben, wenn Sie die Türen zur Vorstandsetage öffnen und Personen außerhalb des Topmanagements in Ihre strategischen Überlegungen einbeziehen? Das müssen Sie nicht. Denn Sie können die konzeptionellen Elemente Ihres Open-Strategy-Prozesses, die Sie im vorherigen Kapitel definiert haben, feinjustieren und an Ihre Geheimhaltungsanforderungen anpassen. Selbst Organisationen, die mit hochsensiblen Daten arbeiten, können von mehr Offenheit profitieren, wenn sie ihren Open-Strategy-Prozess sorgfältig gestalten.

## Einen vernünftigen Umgang mit Geheimhaltung entwickeln

Wir sagen nicht, dass Sie leichtsinnig mit Ihren Geschäftsgeheimnissen und anderen wettbewerbsrelevanten Informationen umgehen sollten, denn wir wissen, wie wichtig es ist, die Kontrolle über diese Informationen zu behalten, vor allem wenn es um Strategie geht. In dem aus dem alten China stammenden Handbuch *Die Kunst des Krieges* rät der Militärstratege Sun Tzu Generälen, ihre Pläne für sich zu behalten, wenn sie ihre Gegner besiegen wollen: „Wenn wir die Planung des Feindes aufdecken und selbst unsichtbar bleiben, können wir unsere Streitkräfte konzentriert halten, während der Feind die seinen teilen muss."[4]

Unternehmen nehmen sich diesen Rat seit Langem zu Herzen und betrachten Geheimhaltung als entscheidende Voraussetzung dafür, sich einen Wettbewerbsvorteil zu verschaffen und diesen aufrechtzuerhalten. In den 1950ern und 1960ern fochten Süßwarenhersteller offene Schlachten gegeneinander aus in dem Versuch, an die Geschäftsgeheimnisse des anderen zu gelangen. Um sich zu schützen, wachten diese Unternehmen zugleich streng über den Informationsfluss. Nestlé führte zum Beispiel Hintergrund-Checks seiner Beschäftigten durch. Viele Unternehmen setzten zudem Detektive ein, um die Belegschaft zu überwachen.[5] Und Mars, geführt von dem Patriarchen Forrest Mars Sr., etablierte eine legendäre Kultur der Geheimhaltung: Die Mitarbeiterinnen und Mitarbeiter durften nicht an Branchenveranstaltungen teilnehmen, Auftragnehmer wurden mit verbundenen Augen durch die Fabriken geführt, und nachdem Forrest Sr. einen überwiegend positiven Artikel gelesen hatte, der auf einem Interview basierte, das er 1966 gegeben hatte, beschloss er, nie wieder mit der Presse zu reden.[6]

Diese Maßnahmen mögen extrem erscheinen, doch auch heutzutage findet man in Unternehmen Vergleichbares: Angestellte und Freiberufler sollen Geheimhaltungsvereinbarungen unterschreiben. Verletzen sie diese, werden sie gerichtlich belangt. Unternehmen überwachen die Aktivität ihrer Beschäftigten in den sozialen Netzwerken und erneuern ihren Passwortschutz laufend. Sie stellen eine ganze Armee von Cybersicherheitsexperten ein, um sich vor Hackerangriffen und dem Verlust wertvoller Informationen zu schützen. Und sie halten natürlich ihren Strategieprozess und ihre Pläne unter Verschluss – und mit ihnen die Überlegungen, Marktdaten und Produktinformationen, die diesen zugrunde liegen.

Einige Akteure der Businesswelt haben mittlerweile die Vorteile einer größeren Öffnung erkannt – sowohl was die Strategieentwicklung betrifft als auch darüber hinaus. Zahlreiche Tech-Unternehmen setzen zum Beispiel auf Transparenz und sind davon überzeugt, dass die Vorteile, sich für Ideen jenseits ihrer Mauern zu öffnen, größer sind als die potenzielle Gefahr, dass andere ihre Geschäftsgeheimnisse entwenden und zu Geld machen. Wie PayPal-Mitbegründer Peter Thiel einmal sagte, besteht „das größte Risiko beim Gründen (…) darin, etwas bereits Vorhandenes neu zu erfinden oder das Neue nicht bis ins letzte Detail zu durchdenken. Dieses Risiko kann man nur durch Offenheit in der Entwicklungsphase bekämpfen. Wer aus seinem Projekt ein Geheimnis macht, hat verloren."[7]

In seinem Buch *Silicon Valley: Was aus dem mächtigsten Tal der Welt auf uns zukommt* beschreibt Christoph Keese, Topmanager der deutschen Medienbranche, die beeindruckende Offenheit, die im Silicon Valley herrscht. Dort tauschen sich die Tech-Manager regelmäßig über die neuesten Deals sowie Finanzergebnisse, Projekte und Zukunftspläne aus.[8] „Deutsche halten solche Fragen für eine Zumutung", schreibt Keese, „weil sie befürchten, bestohlen zu werden (...) Kalifornien [lebt] in der permanenten Angst, vom intellektuellen Austausch abgeschnitten zu sein und nicht jeden Impuls anzunehmen, der sich anbietet. Nichts heizt diese Angst so sehr an wie die Vorstellung, während der Produktentwicklung einen Denkfehler zu begehen, und diesen Lapsus erst nach dem Marktstart zu bemerken."[9]

Unternehmen verschiedenster Branchen versuchen, ihre Reputation durch mehr Transparenz zu verbessern. Im digitalen Zeitalter, in dem Informationen überall verfügbar sind, wollen die Stakeholder mehr über die Unternehmen wissen, mit denen sie Geschäfte machen, und sie verwenden diese Informationen, um zu überprüfen, ob die Unternehmen Umwelt- und ethische Standards einhalten. Die Unternehmen wiederum erkennen, dass eine transparente Kommunikation das Vertrauen stärken und sie als fair, loyal und engagiert erscheinen lassen kann. Anstatt Wissen zu bunkern, können Sie sich durch eine proaktive Kommunikation und die früher als undenkbar geltende Offenlegung von Informationen Wettbewerbsvorteile verschaffen.[10]

Unternehmen setzen zunehmend auch auf Transparenz, um ihre Entscheidungsfindung zu verbessern und Innovationen zu fördern. So hat Glaxo-Smith-Kline die hochsensible Welt der Arzneimittelentwicklung geöffnet, indem es Daten seiner klinischen Studien online stellte, um sich Unterstützung bei der Erforschung neuer Medikamente zu holen. Zappos, ein Tochterunternehmen von Amazon, hat seine Vertriebsdaten mit allen seinen Zulieferern geteilt, um die Zusammenarbeit zu verbessern, und damit für ein nie dagewesenes Maß an Transparenz in seiner Wertschöpfungskette gesorgt.[11] Und die NASA stellte von seinem Kepler-Weltraumteleskop aufgenommene Bilder ins Netz, sodass sich jeder, der wollte, einloggen und Echtdaten prüfen konnte, um neue Transit-Planeten zu finden. Das hat sich gelohnt: Mithilfe der Daten machten zwei NASA-Praktikanten und eine Gruppe von interessierten Bürgern eine seltene Supererde ausfindig – das ist ein Planet, der doppelt so groß ist wie die Erde und Umweltbedingungen aufweist, in denen Leben potenziell möglich ist.[12]

Bridgewater Associates, der größte Hedgefonds der Vereinigten Staaten, ist berühmt für seine Kultur der radikalen Transparenz. Als der Gründer des Unternehmens, Ray Dalio, erkannte, dass er aufgrund seiner eigenen intellektuellen Beschränktheit immer wieder schlechte Entscheidungen traf, machte er sich daran, eine Ideen-Meritokratie zu schaffen, in der jeder gleichberechtigt Ideen äußern konnte und der Entscheidungsprozess für alle transparent war. Dalio schreibt dazu in seinem Buch *Die Prinzipen des Erfolgs*, er habe die Theorie entwickelt, „dass radikale Transparenz das Risiko verringern würde, dass wir irgendetwas Falsches tun und nicht angemessen mit unseren Fehlern umgehen – dass die Aufzeichnungen uns also in Wirklichkeit schützen würden. Wenn wir richtig vorgingen, würde unsere Transparenz dafür sorgen, dass wir bekommen, was wir verdienen – was langfristig gesehen ebenfalls gut für uns wäre.“[13]

Bei Bridgewater hat radikale Transparenz nicht zur kompletten Öffnung des Informationsflusses geführt. Bestimmte Informationen werden nach wie vor streng unter Verschluss gehalten. Sollten diese doch einmal nach außen dringen, setzt das Unternehmen seinen Open-Strategy-Prozess aus, bis das Datenleck gefunden wurde. Und dennoch bedeutet radikale Transparenz, sich deutlich weiter zu öffnen, als Unternehmen es in der Vergangenheit getan haben. Als Bridgewater im Zuge der Neustrukturierung seines Backoffices überlegte, dieses in einem Spin-off auszulagern, riefen die Verantwortlichen eine Versammlung mit dem gesamten Backoffice-Team ein und informierten die Mitarbeiterinnen und Mitarbeiter über diese Überlegungen. Als sich Bridgewater dann tatsächlich für die Auslagerung des Backoffices entschied, hatte es die Mitarbeiterinnen und Mitarbeiter auf seiner Seite, da diese von Anfang an einbezogen worden waren.[14]

Das Beispiel zeigt: Ein gewisser Grad an Geheimhaltung ist für viele Unternehmen auch im Zeitalter der Offenheit essentiell. Gelangten bestimmte wettbewerbsrelevante Informationen in die falschen Hände, würde dies die Marktposition eines Unternehmens tatsächlich gefährden. Start-ups laufen zum Beispiel häufig Gefahr, dass ihre Innovationen von den großen Playern gestohlen und kopiert werden, wenn sie sich nach Kooperationen mit diesen umschauen. In einem solchen Fall mag es zwar sinnvoll sein, Informationen über grundlegende Aktivitäten zu teilen; Einzelheiten sollten die Start-ups jedoch zurückhalten und darüber hinaus so schnell wie möglich ein Patent für ihre Innovation anmelden.

In bestimmten Branchen ist Geheimhaltung wichtiger als in anderen, und manche sind sogar per Gesetz zur Verschwiegenheit verpflichtet. Gerade in Schwellenmärkten, in denen sich Schutzrechte nur schwer durchsetzen lassen, müssen Unternehmen ihr geistiges Eigentum besonders vor Diebstahl schützen. Ebenso verlangen bestimmte strategische Vorhaben ein besonderes Maß an Geheimhaltung: Fusionen und Übernahmen können manchmal über Leben oder Tod von Unternehmen entscheiden und sind deshalb extrem sensibel – nicht nur was die Unternehmen selbst betrifft, sondern auch darüber hinaus.[15] Wenn der geplante Zusammenschluss öffentlich wird, bevor die Belegschaft über das Vorhaben informiert wurde, kann das schwerwiegende Folgen für alle Beteiligten haben.[16] Zu guter Letzt können Unternehmen Verschwiegenheit im Rahmen der Markteinführung auch strategisch nutzen. Das klassische Beispiel hierfür ist Apple. Dort findet die Produktentwicklung im Verborgenen statt, und selbst viele Mitarbeiter wissen nicht, welche neuen Produkte das Unternehmen geplant hat.[17] Mit dieser Geheimniskrämerei schürt Apple die Vorfreude seiner Kunden auf die neuen Produkte und sichert sich obendrein ein großes Medieninteresse.

Wir sehen also: Geheimhaltung ist wichtig. Informationen komplett unter Verschluss zu halten führt jedoch zu keinen guten Ergebnissen. Studien haben gezeigt, dass Unternehmensverantwortliche, die mehr Details über Fusionen und Übernahmen offenlegen, als sie gesetzlich müssten, eher das Vertrauen von Investoren gewinnen und bessere Reaktionen auf den Aktienmärkten hervorrufen.[18] Mit der zunehmenden Verbreitung digitaler Technologien wird es zudem immer schwieriger und kostspieliger, strikte Geheimhaltung zu erreichen und aufrechtzuerhalten.

Generell sind Unternehmen gut beraten, beim Schutz ihrer Informationen einen moderaten Ansatz zu wählen und dabei die Risiken und Kosten der Offenlegung von Informationen und dem Bewahren von Geheimnissen gegeneinander abzuwägen. Sie sollten Systeme entwickeln, mit denen sie das richtige Maß an Informationen (das eventuell höher ist, als sie es bislang gewohnt waren) weitergeben können und gleichzeitig einen gewissen Grad der Verschwiegenheit aufrechterhalten. Das ist genau das, was führende Unternehmen im Hinblick auf die Öffnung ihres Strategieprozesses getan haben. Sie haben sich nicht komplett geöffnet, sondern ihre strategischen Überlegungen im Rahmen von Open Strategy sorgfältig strukturiert, um einerseits das Wissen einer größeren Community anzapfen zu können und andererseits erfolgskritische Informationen unter Verschluss zu halten. Selbst die traditionell verschwiegendsten Unternehmen haben ihren Open-Strategy-Prozess angepasst, um von der Öffnung profitieren, und damit Erfolge erzielt.

## Die richtige Balance zwischen Geheimhaltung und Öffnung finden – Beispiel US Navy

Als somalische Piraten 2011 den internationalen Schiffsverkehr lahmzulegen drohten, lud die US Navy die Öffentlichkeit im Mai desselben Jahres ein, Ideen zu entwickeln, wie sie gegen die Angreifer vorgehen könnte. Dazu nutze sie die Spiele-Plattform MMOWGLI – kurz für: Massive Multiplayer Online Wargame Leveraging the Internet.[19] Das Spiel öffnete mit einem kurzen Szenario: „Drei Piratenschiffe halten die Welt als Geisel. Die chinesisch-amerikanischen Beziehungen sind bis aufs Äußerste angespannt, und beide Länder betreiben Marineschiffe in dem Gebiet. Die Arbeiter auf den Bohrinseln sind von humanitärer Hilfe abgeschnitten. Die Welt beschuldigt die USA, die Ressourcen Afrikas zu plündern." In einem nächsten Schritt baten die Organisatoren die Teilnehmerinnen und Teilnehmer, die folgenden beiden Fragen in kurzen, Twitter-ähnlichen Texten zu beantworten. „Welche neuen Ressourcen könnten das Blatt in der Situation mit den somalischen Piraten wenden? Durch welche neuen Risiken könnte sich die Lage verändern?" In der folgenden Woche konnten die Spieler ihre Ideen gegenseitig bewerten, sie erweitern oder anzweifeln und selbst Fragen stellen. Für ihre eigenen Ideen erhielten sie Punkte, je nachdem wie beliebt die Idee bei den anderen Teilnehmern war. Die besten Spieler kamen eine Runde weiter.[20] Etwa 16.000 interessierte Bürger und Militärangehörige meldeten sich an. Am Ende nahmen 800 am Spiel teil und entwickelten insgesamt 4.000 Ideen.[21] Während des gesamten Prozesses gab die Navy keine Einzelheiten zu dieser streng geheimen Operation preis.

Diesem Event folgten einige weitere ähnliche Wettbewerbe, für die die Navy erneut die MMOWGLI-Plattform nutze, um konkrete Herausforderungen und Probleme anzugehen. Dabei gingen die Verantwortlichen ein kalkulierbares Risiko ein: Mit den Fragen legten sie zwar offen, für welche Themengebiete sich die US-Marine interessierte. Gleichzeitig durfte aufmerksamen Beobachtern des Weltgeschehens sowieso klar gewesen sein, was die Navy beschäftigte (über das Problem mit den somalischen Piraten wurde zum Beispiel ausführlich in den Medien berichtet, und das Thema wurde 2013 sogar in dem Action-Thriller *Captain Philips* mit Tom Hanks in der Hauptrolle verfilmt).

Beflügelt von diesem Erfolg dehnte die Navy ihren Open-Strategy-Prozess weiter aus: 2010 hatte die Naval Air Warfare Center Aircraft Division (NAW-

CAD) damit begonnen, neue Luftfahrtstrategien zu entwickeln,[22] und dabei zunächst einen herkömmlichen Ansatz verfolgt und ein Team aus 32 hochrangigen Militärs zusammengestellt. 2014 folgte eine zweite Phase, in der die NAWCAD die MMOWGLI-Plattform nutzte und den Kreis der Beteiligten auf externe Akteure ausweitete. Das Thema war sensibler als in den bisherigen Spielen: Die Teilnehmerinnen und Teilnehmer sollten allgemeine Luftfahrtstrategien und die künftigen Programme der Navy diskutieren. Dennoch war es nicht nötig, vertrauliche Informationen offenzulegen, da es der Navy lediglich darum ging, neue Ideen zu generieren und nicht darum, ihre aktuellen oder zukünftigen Aktionen bewerten zu lassen. Auch machte man sich wenig Sorgen, dass entscheidende Geheimnisse ans Licht kommen könnten. Die US Navy hatte bereits eine Kultur der Geheimhaltung etabliert und war sich ziemlich sicher, dass Teilnehmer aus den eigenen Reihen sensible Informationen für sich behalten würden. Dazu erzählte uns Dr. Dale Moore, Director of Strategy im Büro des Deputy Assistant Secretary of the Navy for Research, Development, Test and Evaluation: „Das war uns sehr bewusst. So wie es uns immer bewusst ist. So arbeiten wir jeden Tag. Wir wissen, was wir sagen können und was nicht, und wo die roten Linien verlaufen (…) Wir haben sichergestellt, dass die Leute wussten, dass das ein offenes Forum ist und sie deshalb keine sensiblen Informationen preisgeben dürfen. Das war eine der Voraussetzungen für die Teilnahme."[23] Darüber hinaus mussten alle Teilnehmerinnen und Teilnehmer ihre E-Mail-Adresse hinterlegen, damit die Navy ihre Identität überprüfen und ausschließen konnte, dass sich schwarze Schafe unter ihnen befanden.

Die Navy stellte nicht nur sicher, dass es keine Datenlecks gab, sondern sorgte auch dafür, dass alle Ideen, die während des Wettbewerbs geäußert wurden, in ihrem Besitz verblieben. Dazu bezog Moore die Anwälte der US Navy ein. „In einer großen technischen Organisation sind die Juristen häufig die letzten, die man um ihre Meinung bittet (…) Wir haben sie jedoch frühzeitig einbezogen und versucht, am Prozess zu beteiligen." Die Juristen hatten Zweifel, doch die für die NAWCAD verantwortlichen Admiräle beschlossen weiterzumachen. „Für uns wird es immer schwieriger, die Fähigkeiten, die wir brauchen, um die an uns gestellten Anforderungen zu erfüllen, kostengünstig bereitzustellen. Deshalb wollten wir unsere eigenen Annahmen hinterfragen, über den Tellerrand schauen und so viele gute Ideen wie möglich zusammenzutragen", so Moore.

Der Wettbewerb war ein großer Erfolg: 600 ganz unterschiedliche Personen meldeten sich an und entwickelten mehr als 5.000 Ideen. 127 von ihnen wurden von den Veranstaltern als „äußerst interessant“ eingestuft. Von diesen wurden wiederum 36 in Maßnahmenpläne überführt.[24]

Moore zufolge erhielt die US Navy so Zugang zu einem wesentlich größeren Pool an Ideen, als wenn sie sich herkömmlicher Methoden bedient hätte. Ein im Spiel geäußerter Vorschlag war zum Beispiel, dass die Navy eine Unterwasserbasis in der Arktis errichten sollte. „Darauf wären wir nie im Leben gekommen“, antwortet Moore auf die Frage, was passiert wäre, wenn die Navy ihren Strategieprozess nicht geöffnet hätte. „Wir hatten zum Beispiel überlegt, Kommunikationsknotenpunkte sehr weit oben in der Atmosphäre zu errichten, wie ein Netzwerk unbemannter Fahrzeuge, die als Teil eines Informationsnetzes ausschwärmen würden. Verstehen Sie? Diese anderen Ideen waren für uns vollkommen weit weg. Aber als wir dann mit ihnen konfrontiert wurden, dachten wir: ‚Mensch, das ist ja genial.‘“[25]

Während wir das schreiben, arbeitet die Navy gerade an einer Forschungsstrategie für die nächsten dreißig Jahre, die ihre milliardenschweren Investitionen in neue Waffensysteme leiten soll. Einzelheiten dazu sind nicht bekannt, doch Moore deutete an, dass Ideen aus dem MMOWGLI-Spiel von 2014 in die Entscheidung einfließen würden. Laut Admiral Mark Darrah, der die NAWCAD damals leitete, hat das Spiel den Verantwortlichen geholfen, ihr Gruppendenken zu überwinden und ein Skunkworks-Team zu bilden, das in alle Richtungen denken darf, um Ideen für disruptive Technologien zu entwickeln. Dieses Team setzt derzeit „im Rahmen des Fünf-Jahres-Verteidigungsplans Projekte im Wert von fast einer Milliarde Dollar“ um, so der Admiral.[26]

Wie das Beispiel der US Navy zeigt, können Unternehmen und andere Organisationen ein erhebliches Maß an Kontrolle über ihren Open-Strategy-Prozess behalten, um sicherzustellen, dass keine Geheimnisse nach außen dringen. Die US-Marine hat sich dabei auf vier entscheidende Faktoren gestützt: Erstens haben die Strategieverantwortlichen Open Strategy in einem begrenzten, mit wenigen Risiken behafteten Rahmen getestet, um herauszufinden, wie das Konzept funktioniert und ein robustes, wasserdichtes System zu etablieren. Zweitens konnten sie auf eine Kultur der Verschwiegenheit zurückgreifen, die jede Organisation im Zeitalter von Social Media braucht. Drittens ließen sie sich rechtlich beraten, ohne dabei den Juristen das Feld zu überlassen. Und viertens haben sie sich auf die Ideengenerierung konzentriert – eine Phase im Strategieprozess, in der es nicht erforderlich ist, viele Informationen zur Verfügung zu stellen. Später veröffentlichte die Navy ein Dokument, das die während des Spiels entstandenen Ideen zusammenfasste, ohne dabei Einzelheiten über geplante Maßnahmen und Ähnliches preiszugeben.

## Eine Schutzstrategie entwickeln

Wenn Ihnen der Verlust sensibler Informationen Sorge bereitet, können Sie Ihren Open-Strategy-Prozess feinjustieren und ihm eine vernünftige Schutzstrategie zur Seite stellen. Mehr Öffnung bedeutet paradoxerweise, sich *mehr* Gedanken über die Datensicherheit zu machen, nicht weniger. Wenn Sie den Informationsfluss zu sehr begrenzen, besteht die Gefahr, dass Sie externe Akteure vergraulen und diese dann nicht bereit sind, an der Strategieentwicklung mitzuwirken, was wiederum die Vorteile von Open Strategy schmälert. Wenn Sie dagegen zu wenig tun, könnten unternehmenseigenes Wissen und interne Strategien nach außen dringen, einschließlich derer, die Sie im Rahmen von Open Strategy generiert haben. Um eine vernünftige Schutzstrategie zu entwickeln, müssen Sie wissen, welche und wie viele Personen Sie in den Strategieprozess einbeziehen (interne oder externe Akteure) und welche Informationen Sie offenlegen wollen.

Bei der Frage, wen Sie einbeziehen sollten, spielt die Phase des Strategieprozesses, in der Sie Open Strategy anwenden, eine Rolle (siehe Abbildung 4.1). Sie entscheidet darüber, ob der Einbezug interner bzw. externer Teilnehmer sowie die Offenlegung von unternehmensspezifischem, sensiblem Wissen Ihnen Vorteile bringt. Grundsätzlich profitieren Unternehmen in den ersten Phasen des Strategieprozesses am meisten von der Partizipation Externer. Diese können Unternehmen dabei helfen, frische, innovative Ideen zu entwickeln, fixe Mindsets zu überwinden, Glaubenssätze zu hinterfragen, und für eine gegenseitige Befruchtung verschiedener Wissensgebiete sorgen. Das Gute daran: Während der Ideengenerierung benötigen externe Akteure wenig unternehmensspezifisches Wissen, um ihrer Kreativität freien Lauf zu lassen. Deshalb ist es in dieser Phase am einfachsten, Datensicherheit zu gewähren. Gleichzeitig müssen sich Ihre Mitarbeiterinnen und Mitarbeiter darüber im Klaren sein, was sie offenlegen dürfen und was nicht (siehe das Beispiel der US Navy).

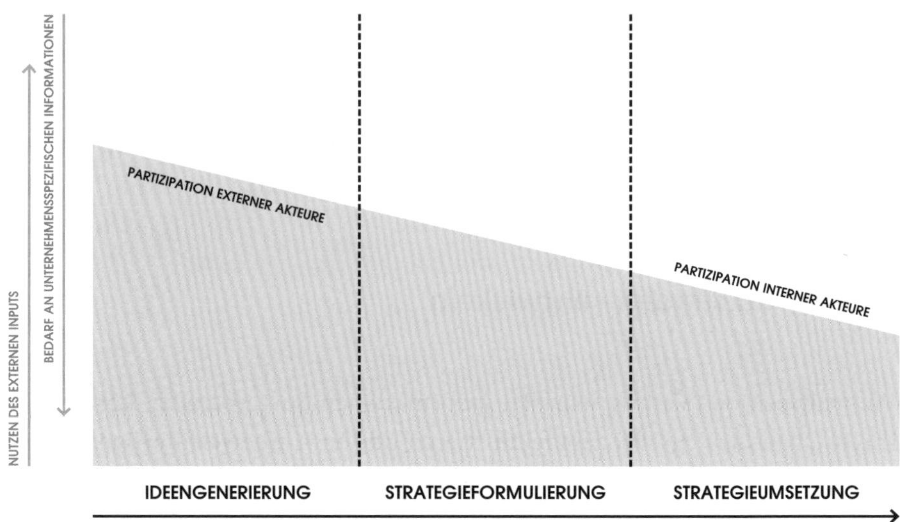


***Abb. 4.1:*** *Das Verhältnis von Transparenz und externer Partizipation*

In der zweiten Phase (Strategieformulierung) funktioniert Open Strategy dagegen nur, wenn Sie ausreichend Informationen zur Verfügung stellen. Deshalb werden die meisten Unternehmen hier hauptsächlich interne Akteure beteiligen oder eine ausgewählte Gruppe externer Personen, die gegebenenfalls eine Geheimhaltungsvereinbarung unterschreiben müssen und eher als Berater fungieren.

Auch in der dritten Phase, der Implementierung, ist eine gewisse Informationsherausgabe notwendig, um sicherzustellen, dass die Strategie verstanden wird und diejenigen, die sie umsetzen müssen, sie auch mittragen.[27] Das macht die Geheimhaltung schwierig. Doch glücklicherweise überwiegen in dieser Phase die Vorteile von Open Strategy die Nachteile deutlich. Mitbewerber könnten zwar Wind von Ihren Plänen bekommen, da Sie Ihre Strategie in dieser Phase jedoch bereits feinjustieren und gemeinsam mit Ihren Kunden daran arbeiten, sie umzusetzen, sind die Kosten der Offenlegung relativ gering. Des Weiteren sollte sich der Teilnehmerkreis in dieser Phase auf Ihre Beschäftigten und Geschäftspartner beschränken, da diese es sein werden, die die Strategie später umsetzen. Wenn Sie zu dem Schluss kommen, dass es Ihren Mitbewerbern schwerfallen dürfte, Ihre Strategie nachzuahmen, oder Sie einen großen zeitlichen Vorsprung haben, können Sie überlegen, auch Externe einzubeziehen. Das Nachaußendringen Ihrer Pläne würde in diesem Fall keinen Schaden anrichten. Sinnvoll ist dies jedoch nur, wenn die externen Akteure auch wirklich neue Ideen zur Umsetzung der Strategie beisteuern können, zum Beispiel weil sie bereits Erfahrungen in anderen Unternehmen oder Branchen gemacht haben.

Um besser zu verstehen, wie Sie Ihren Open-Strategy-Prozess anpassen sollten, um den Geheimhaltungsanforderungen Ihres Unternehmens Rechnung zu tragen, sehen wir uns einmal ein Beispiel der NASA an. 2005 war die US-amerikanische Weltraumorganisation aufgrund von Budgetkürzungen in ihrem Programm zur Humanforschung und Technologieentwicklung gezwungen, neue Wege in der Innovation zu gehen.[28] Jeff Davis, Leiter Human Health and Performance bei der NASA, hatte im Rahmen eines Lehrgangs an der Harvard Business School von der Crowdsourcing-Plattform Innocentive erfahren. Er fragte sich, ob dieser Ansatz der NASA helfen könnte, einige ihrer kniffligsten Forschungsprobleme zu lösen. Also setzte er sich dafür ein, dass die Weltraumorganisation mehrere Initiativen startete, um von der Weisheit der Vielen zu profitieren – intern wie extern. Eine dieser Initiativen ist das Tournament Lab der NASA, eine Plattform zur Durchführung von Crowdsourcing-Wettbewerben. Bis heute wurden darüber fast 400 Challenges durchgeführt, darunter interne und externe Projekte für die NASA sowie zahlreiche Projekte für andere US-amerikanische Regierungsbehörden. Knapp 25.000 Teilnehmerinnen und Teilnehmer haben ihre Ideen eingereicht, und die NASA hat Preise im Gesamtwert von etwa 6,5 Millionen US-Dollar verliehen. Zu den interessantesten Wettbewerben gehörten zum einen die „Space Poop Challenge“, in der die Teilnehmer Vorschläge einreichen sollten, wie auf langen Weltraummissionen mit menschlichen Abfällen verfahren werden kann, und zum anderen ein Wettbewerb zur Vorhersage von Sonneneruptionen (die eine große Gefahr für Mensch und Technik im Weltall darstellen). 94 Prozent der in diesen Wettbewerben generierten Lösungen wurden umgesetzt, wodurch die NASA F&E-Kosten in Höhe von ca. 32 Millionen US-Dollar einsparte.[29]

Eine weitere Initiative ist NASA@WORK. Sie nutzt die kollektive Intelligenz der NASA-Community und ermöglicht es den Beschäftigten, auf ungewöhnliche Weise zusammenzuarbeiten.[30] Eine Mitarbeiterin oder ein Mitarbeiter postet eine Challenge, und die Community kann sich an der Lösung beteiligen. Laut Ryon Stewart, einem der Challenge-Koordinatoren am Center of Excellence for Collaborative Innovation, hat NASA@WORK zu erheblichen Kosteneinsparungen geführt: „Es kam häufig vor, dass Personen mit einem Problem zu uns kamen und bereit waren, dafür Millionen von Dollar und viele Jahre Entwicklungsarbeit zu investieren. Als sie das Problem dann auf NASA@WORK veröffentlichten, stellte sich heraus, dass jemand im selben oder in einem anderen NASA-Zentrum dieses bereits gelöst hatte, zumindest teilweise."[31]

Viele dieser Challenges stellten kein Sicherheitsrisiko dar, trotzdem hat die NASA Strategien für diejenigen entwickelt, die es taten. Die Veranstalter wiegen sorgfältig ab, welche Informationen sie gefahrlos an die Teilnehmerinnen und Teilnehmern weitergeben können. „Grundsätzlich kann man sagen: Je mehr geistiges Eigentum wir bereit sind zu teilen, desto bessere Lösungen bekommen wir – gerade bei komplexen Problemen", so Stewart. Es gäbe jedoch auch Gefahren. „Wenn die Teilnehmer etwas ganz Neues entwickeln, kann es passieren, dass sie auf halber Strecke aussteigen und sagen, ‚Ich will diesen Preis nicht. Ich gründe lieber mein eigenes Unternehmen'. Wir müssen deshalb genau überlegen, wie viel Wissen wir herausgeben."[32] Doch was geschieht, wenn die Daten zu sensibel sind, um sie weiterzugeben? Manchmal kann die NASA die Daten in verschleierter Form zur Verfügung stellen. „Bei einem Data-Science-Problem können Sie die Kennzeichnung bestimmter Daten ändern oder nur Teile des Datensets bereitstellen, um die Aussagekraft zu reduzieren. Wenn wir zum Beispiel einen Wettbewerb zur Astronautengesundheit veranstalten, können wir keine Gesundheitsdaten weitergeben. Wir veröffentlichen dann nur Zahlenkolonnen oder skalieren die Daten anders. Es gibt viele Möglichkeiten, die Daten so zu verschleiern, dass man nicht mehr erkennt, was sie ursprünglich darstellen."[33]

Wenn das Projekt an sich sensibel ist, können Unternehmen das Problem verschleiern oder in einen neuen Kontext stellen, wie es die US Intelligence Community bei ihrem Crowdsourcing-Wettbewerb zur Situation auf der Krim getan hat. Ähnlich harmlos sei es laut Stewart, Leute dazu zu bringen, beim Aufspüren von Bisons im Yellowstone-Nationalpark mitzuhelfen. „Die Anbieter wissen, wie sie solche Probleme in einen neuen Kontext stellen oder neu strukturieren, sodass wir uns keine Sorgen darüber machen müssen, dass zu viel geistiges Eigentum oder sensible Daten nach außen dringen."[34]

Bei der Frage, wen Sie in Ihre strategischen Überlegungen einbeziehen und welche Informationen Sie offenlegen, kann ein einfacher Entscheidungsbaum helfen. Er sagt Ihnen, wie Sie Ihren Open-Strategy-Prozess gestalten sollten (siehe Abb. 4.2).

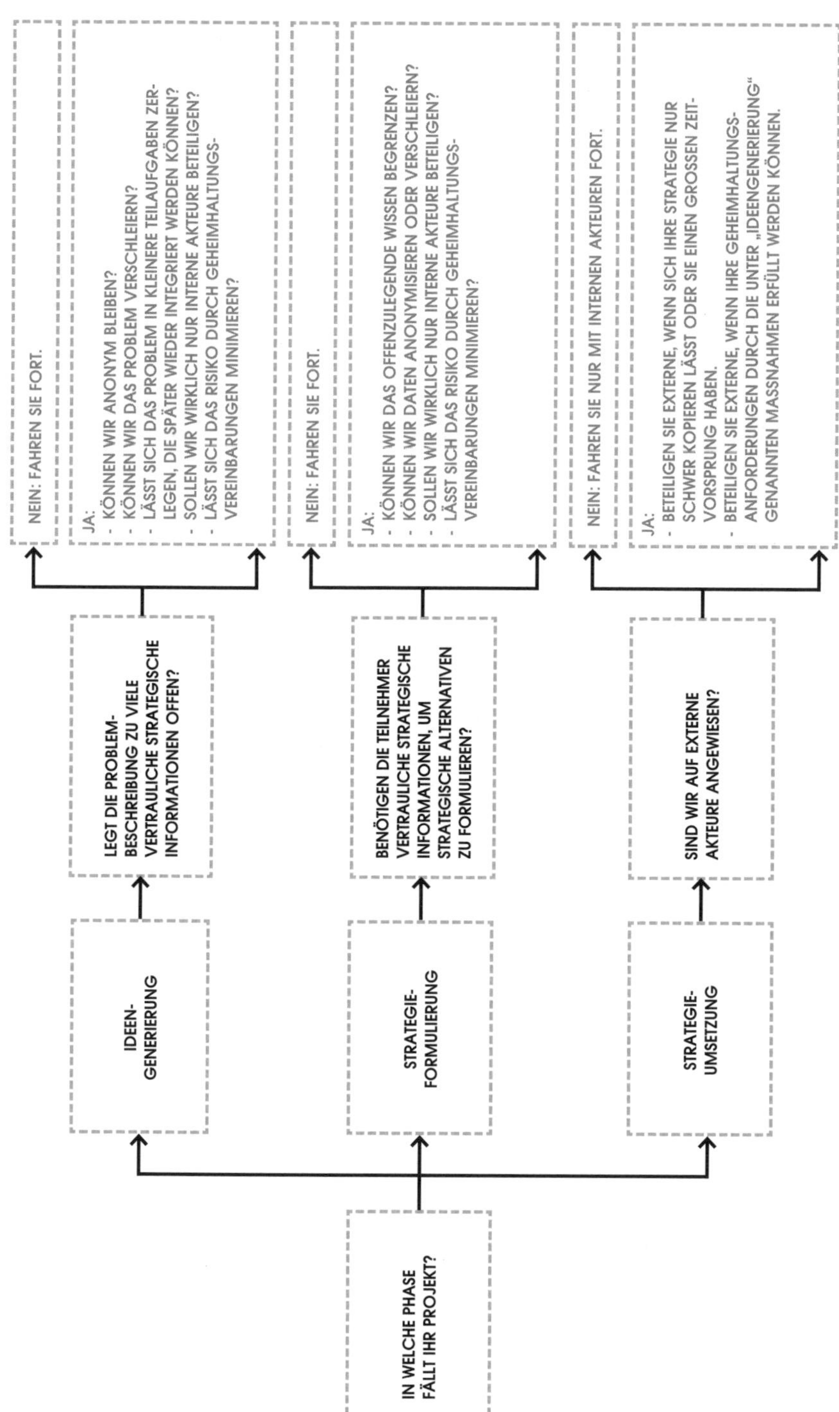


***Abb. 4.2:** Entscheidungsbaum – der Umgang mit Geheimhaltung bei Open Strategy*

Als Erstes sollten Sie verorten, in welche Phase Ihr Vorhaben fällt: Ideengenerierung, Strategieformulierung oder Strategieumsetzung. Während der Ideengenerierung müssen Sie häufig keine sensiblen strategischen Informationen herausgeben, weshalb der Einbezug interner oder externer Akteure kein Risiko darstellt. Sind dennoch strategische Informationen nötig, können Sie überlegen, ob sich das Problem in kleinere, „diskretere" Aufgaben zerlegen lässt, die Sie dann später wieder integrieren können. Vielleicht möchten Sie nur interne Akteure einbeziehen oder mit Geheimhaltungsvereinbarungen arbeiten, um das Risiko zu minimieren. Während der Strategieformulierung, wenn die Bereitstellung unternehmensspezifischer Informationen notwendig wird, sollten Sie sich fragen: Ist es möglich, nur Teile unseres internen Wissens weiterzugeben? Können wir Daten anonymisieren oder verschleiern? Sollten wir nur interne Akteure beteiligen? Und würden Geheimhaltungsvereinbarungen das Risiko deutlich verringern? Wenn Sie schließlich in der Implementierungsphase externe Akteure einbinden, gilt es zu gewährleisten, dass das Nachaußendringen von Informationen keine große Gefahr für Ihr Unternehmen darstellt.

Im einführenden Beispiel zu diesem Kapitel bat die IC um Unterstützung bei der Ideengenerierung. Genauer gesagt war sie auf der Suche nach Ideen, wie sich russische Truppenbewegungen auf der Krim und der Transport von militärischer Ausrüstung über die Grenze besser verfolgen ließen. Hätte sie dabei Russland und die Krim oder Kriegsgerät erwähnt, hätte sie zu viel preisgegeben. Also überlegte die IC, ob sie selbst anonym bleiben und die Frage so formulieren könnte, dass die wahren Ziele nicht erkennbar sind. Sie kam zu dem Schluss, sie konnte, und das Ergebnis war der Wettbewerb zu den Wanderbewegungen der Bisons. Nehmen wir einmal an, die IC hätte statt der Ideengenerierung die Phase der Strategieformulierung im Rahmen von Open Strategy durchführen wollen. Wie wäre sie vorgegangen? Nun, als Erstes hätte sie sich gefragt, ob die Teilnehmerinnen und Teilnehmer Zugang zu strategischen Informationen brauchen, um Strategien zu formulieren. Die Antwort: Auf jeden Fall. Diese Phase zu öffnen wäre also riskant (und soweit wir wissen, hat die IC dies auch nicht getan).

Im Fall einer Einzelhandelskette, die überlegt, Open Strategy zu nutzen, sähe die Lage anders aus: Informationen zu anonymisieren würde wahrscheinlich nicht funktionieren, aber das Unternehmen könnte beschließen, nur interne Akteure einzubinden, um so zumindest eine gewisse Ideenvielfalt zu erreichen. Würden die Teilnehmerinnen und Teilnehmer dann noch eine Geheimhaltungsvereinbarung unterzeichnen, gäbe es wahrscheinlich keine Sicherheitsprobleme. Bei der Strategieumsetzung wäre die Einzelhandelskette wahrscheinlich auf externe Partner angewiesen. Nehmen wir einmal an, die Strategie bestände darin, einen Omnichannel-Vertrieb aufzubauen, also Online- und Offlinekanäle miteinander zu verbinden. Ginge das Unternehmen eine Partnerschaft mit einem Tech-Anbieter ein, würde es sich dadurch wahrscheinlich einen deutlichen Vorsprung vor anderen Einzelhändlern verschaffen, die diese Strategie noch nicht verfolgen. Wenn die Konkurrenz dann irgendwann nachziehen würde, wäre unser Pionier-Unternehmen bereits weit voraus. Den Strategieprozess in dieser Phase zu öffnen würde also ein geringes Risiko darstellen, selbst wenn gewisse Informationen nach außen gelangten.

## Fazit

Selbst die verschwiegendsten Unternehmen haben Open Strategy genutzt. Und Sie können das auch, vorausgesetzt Sie gestalten den Prozess so, dass Sie das notwendige Maß an Kontrolle über den Informationsfluss behalten können. Beim Thema Strategie sowie in anderen Bereichen sind Unternehmen gut beraten, weder komplett auf Geheimhaltung zu beharren noch alle Grenzen und Türen zu öffnen, sondern eine gesunde Mitte zu finden. Dieses Kapitel hilft Ihnen dabei, die differenzierte Lösung zu finden, die für Ihr Unternehmen funktioniert.

In diesem Teil des Buches haben wir Sie aufgefordert, sich genaue Gedanken über Open Strategy zu machen, bevor Sie zur Tat schreiten. Nun, da Sie dies getan haben, ist es an der Zeit, die Open-Strategy-Tools für die einzelnen Phasen des Strategieprozesses kennenzulernen. Dabei beginnen wir wieder mit der Ideengenerierung. In unserer Umfrage unter Topführungskräften in den Vereinigten Staaten und Europa waren sich 69 Prozent der Befragten einig, dass sich durch die Öffnung des Prozesses die Anzahl und Vielfalt der strategischen Ideen steigern lässt. In den nächsten drei Kapiteln sehen wir uns deshalb an, wie Sie Frontline-Mitarbeiter, Expertinnen, Partner und gegebenenfalls sogar Mitbewerber einbeziehen können, um bahnbrechende Visionen für den zukünftigen Kurs Ihres Unternehmens zu entwickeln und die Chancen auf eine erfolgreiche Umsetzung zu erhöhen.

**Fragen zur Reflexion:**

- Haben Sie Ihre Geheimhaltungsbestimmungen in Bezug auf Ihre Strategie einmal kritisch hinterfragt und eine Kosten-Nutzen-Analyse vorgenommen?
- Welche unausgesprochenen Befürchtungen und Annahmen liegen Ihren Geheimhaltungsbestimmungen zugrunde? Sind diese berechtigt?
- Fordern Ihre Mitarbeiterinnen und Mitarbeiter mehr Partizipation am Strategieprozess ein, als Sie ihnen derzeit gewähren?
- Wie können Sie strategische Probleme so umreißen und beschreiben, dass der Einbezug externer Akteure möglich wird, ohne Geschäftsgeheimnisse zu gefährden?

# Kapitel 5
# Das Wissen von Vielen nutzen

Am 29. September 1707 verließen 21 britische Kriegsschiffe den Hafen von Gibraltar in Richtung England.[1] Als sie den Golf von Biskaya passierten, trafen sie auf starke Stürme, die sie vom Kurs abbrachten. Als die Nautischen Offiziere (für die Navigation zuständige Marinesoldaten) etwa einen Monat später schließlich in den Ärmelkanal einfuhren, atmeten sie auf, in dem Glauben, sichere Gewässer erreicht zu haben. Doch sie täuschten sich. Die Nautiker hatten die Position des Schiffes falsch berechnet, vor allem seine geografische Länge. Die Bestimmung der geografischen Breite stellte damals kein Problem dar, solange man wusste, wo die Sonne zur Mittagszeit stand. Die exakte Berechnung des Längengrads bereitete den damaligen Seefahrern jedoch Kopfzerbrechen. Manchmal erwiesen sich die Berechnungen sogar als fatal, wie in diesem Fall. Vier Schiffe der Flotte zerschellten an der Felsküste der Scilly-Inseln und rissen zwischen 1.400 und 2.000 Offiziere, Matrosen und Marinesoldaten mit in den Tod.

Bestürzt von dieser Katastrophe beschloss die britische Führung, das Längengradproblem ein für alle Mal zu lösen.[2] Das Parlament verabschiedete ein Gesetz, das jedem eine Belohnung versprach, dem es gelänge, eine Methode zur exakteren Längengradbestimmung auf See zu entwickeln. „Nichts ist in der Seefahrt so erstrebenswert wie die Bestimmung des Längengrads, um eine sichere und schnelle Überfahrt zu gewährleisten sowie die Schiffe und das Leben der Männer an Bord zu schützen“,[3] hieß es im Longitude Act von 1714. In gewisser Weise schien die Bestimmung der geografischen Länge einfach zu sein: Kannte man die genaue Uhrzeit auf dem Schiff und die genaue Uhrzeit an einem festen Ort sowie den Längengrad dieses Ortes, konnte man den Längengrad des Schiffes bestimmen. Die Nautiker hätten die geografische Länge theoretisch durch Verfolgen der Mondbewegungen ermitteln können, diese ließen sich jedoch nur schwer berechnen, sodass das Längengradproblem unlösbar schien.

Konnte man nicht einfach eine Uhr mit an Bord nehmen? Schöne Idee, doch wie Dava Sobel in ihrem Buch *Längengrad* erklärt: „An Bord eines schlingernden Schiffes gingen solche Uhren gewöhnlich schneller oder langsamer ober blieben überhaupt stehen. Temperaturunterschiede, die bei Reisen von einem kalten Land in eine tropische Zone normalerweise auftraten, ließen das Schmieröl einer Uhr dicker oder dünner werden und bewirkten, daß sich die metallischen Bestandteile ausdehnten oder zusammenzogen – mit ebenso katastrophalen Folgen. Steigender oder fallender Luftdruck oder die geringfügigen Abweichungen der Erdschwerkraft von einem Breitengrad zum anderen konnten ebenfalls dazu führen, daß eine Uhr schneller oder langsamer ging."[4] Angesichts solcher Herausforderungen waren selbst die brillantesten Wissenschaftler mit ihrem Latein am Ende. Und so war es kein Geringerer als Sir Isaac Newton – oberster technischer Experte im Longitude Board, dem Längenausschuss des britischen Parlaments –, der erklärte, dass den Nautischen Offizieren wohl nichts anderes übrig bliebe, als ihren Blick gen Himmel zu richten, um den Längengrad zu bestimmen, so unbefriedigend und unpräzise die Methode auch war.[5]

Langfristig sollten die Wissenschaftler jedoch nicht Recht behalten. Nach etwa vierzig Jahren weiterer Forschung am Längenproblem gelang es dem englischen Tischler und autodidaktischen Uhrmacher John Harrison schließlich, eine präzise Schiffsuhr zu entwickeln, die die Seeleute mit an Bord nehmen konnten. Sein Instrument, die H4, stützte sich nicht auf astronomische Erkenntnisse, sondern folgte einem neuen Verständnis von Materialwissenschaften und Mechanik.[6] Bislang hatten die Schiffsbewegungen das größte Hindernis dargestellt; durch sie gingen die Uhren auf See ungenau. Die H4 schwingt fünf Mal pro Sekunde hin und her und damit schneller als eine herkömmliche Uhr und hat größere Pendelausschläge. Diese balancieren das Gerät aus und ermöglichen eine exakte Zeitmessung, anhand derer die Kapitäne die geografische Länge ihres Schiffes genau bestimmen konnten.[7] Bis 1773 hatte Harrison für seine Arbeit an Chronometern mehr als 23.000 britische Pfund vom britischen Parlament erhalten; das entspricht heute etwa 2 Millionen Pfund.[8] Und sein Gerät stieß auf großes Interesse. James Cook verwendete Nachbauten der H4 für seine Entdeckungsreisen, und während der berüchtigten Meuterei auf der HMS Bounty erbeutete Fletcher Christian ein solches Gerät von Leutnant William Bligh. Andere Tüftler verbesserten Harrisons Uhr weiter, hauptsächlich mit dem Ziel, sie günstiger zu machen.

Anfang des 19. Jahrhunderts war es undenkbar geworden, ohne Chronometer in See zu stechen.[9]

Sie fragen sich sicherlich, was Harrisons Erfindung mit der Strategieentwicklung in Unternehmen zu tun hat. Die Antwort ist: Alles. Führende Unternehmen wenden dieselbe Crowdsourcing-Technik an wie die britische Krone damals, um neue strategische Einblicke zu gewinnen, unterstützt durch digitale Technologien. Sie nutzen die kollektive Intelligenz, um Lösungen und Chancen zu identifizieren, die Experten mit ihren konventionellen, geschlossenen Ideenfindungstechniken verborgen bleiben. So entwickeln sie nicht selten disruptive Strategien, um die ihre Mitbewerber sie beneiden.

Im Oktober 2007 startete der US-amerikanische Netzwerkausrüster Cisco Systems mit I-Prize einen weltweiten Wettbewerb, von dem sich das Unternehmen Ideen für das nächste Milliardengeschäft erhoffte. Als Erstanwender von Open Strategy hatte Cisco bereits Erfahrungen mit Crowdsourcing gemacht und ein internes Wiki etabliert, bei dem die 65.000 Beschäftigten des Unternehmens Geschäftsideen einreichen, mit Kollegen an gemeinsamen Projekten arbeiten und neue Geschäftsideen mit auf den Weg bringen konnten. Obwohl das Wiki Cisco einige Erfolge beschert hatte, waren die Ideen, die über die Plattform generiert wurden, nicht besonders revolutionär.[10] Laut Guido Jouret, Chief Technology Officer des Unternehmens, lag das daran, dass Cisco einige blinde Flecken besaß. Dazu zählte vor allem die Tatsache, dass die Verantwortlichen sich für Experten hielten und so nicht wussten, was sie nicht wussten. „Wir sehen die Welt mit dem Blick technischer Experten, wissen aber häufig nicht, wie wir die Marktbedürfnisse befriedigen können oder was wir vielleicht übersehen", so Jouret.[11]

Das Unternehmen hatte I-Prize konzipiert, um sich von bestehenden Annahmen und Mindsets zu lösen und die Grenzen der eigenen Vorstellung zu erweitern.[12] „Das Besondere an I-Prize ist, dass es ein externer Wettbewerb ist", erklärt Jouret das Projekt. Cisco verspreche sich davon, „Ideen von Personen zu erhalten, die exklusive Einblicke in Technologien und Märkte haben, jedoch nicht auf herkömmliche Weise mit Cisco vernetzt sind oder das nötige Risikokapitel besitzen"[13]. Jeder, der wollte, konnte bei I-Prize mitmachen und Vorschläge für neue Geschäftsideen einreichen. Diese mussten allerdings folgende Voraussetzungen erfüllen: Sie mussten das Potenzial haben, ein Milliardengeschäft hervorzubringen, zur Unternehmensstrategie passen und die führende Position des Unternehmens im Bereich Internettechnologie nutzen.

Weltweit beteiligten sich 2.500 Innovatoren. Dem Sieger winkten 250.000 US-Dollar Preisgeld, und Cisco verpflichtete sich, die beste Idee mit 10 Millionen US-Dollar zu fördern.[14] Die Siegeridee stammte von einem deutschen Team, das einen Businessplan vorlegte, demzufolge das Unternehmen ein mit Sensoren versehenes intelligentes Stromnetz auf Basis seiner IP-Technologie entwickeln sollte. Das Vorhaben kombinierte Technologie- und Geschäftsmodellinnovation und bot laut Jouret, „gute Zukunftsaussichten". „Es war für uns mit Sicherheit schwierig umzusetzen, passte aber auch hervorragend zu unserer Strategie und unseren Kompetenzen."[15] Für die Teilnehmerinnen und Teilnehmer stellte der Wettbewerb eine tolle Möglichkeit dar, Geschäftserfahrung zu sammeln. Ein Mitglied des Siegerteams bringt es folgendermaßen auf den Punkt: „Der I-Prize-Wettbewerb von Cisco bot uns eine Plattform, um unsere Idee zu konkretisieren, einen tragfähigen Business- und Technologieplan zu entwickeln und hilfreiches Feedback von angesehenen Innovatoren und Branchenführern zu erhalten. Diese Erfahrung war für uns unheimlich wertvoll."[16]

Seit einigen Jahren nutzen immer mehr Unternehmen Wettbewerbe und andere Formen des Crowdsourcing, um neue Ideen zu generieren.[17] Die bekannte und erfolgreiche Plattform Innocentive versammelt knapp 400.000 Innovatoren aus fast 200 Ländern.[18] Die Plattform Kaggle bringt mehr als 1 Million technische Expertinnen und Experten zusammen, die Probleme in diversen wissenschaftlichen und sozio-wissenschaftlichen Bereichen lösen.[19] So beeindruckend diese Aktivitäten auch sind, sie beschränken sich meist auf sehr eng umrissene Aufgaben wie das Entwickeln neuer Produktideen oder das Lösen technischer Probleme. Nur relativ wenige Unternehmen nutzen die Weisheit der Vielen bislang für das so wichtige und extrem geschützte Feld der Strategieentwicklung.

Das ist schade, denn Crowdsourcing besitzt in diesem Bereich enormes Potenzial. Wie das Beispiel von Cisco zeigt, macht sich Crowdsourcing das Wissen und die Kreativität von Menschen zunutze, die gerade *nicht* Experten auf dem jeweiligen Gebiet sind. Wie wir bereits in Kapitel 2 gesehen haben, denken Expertinnen, Branchenspezialisten und Fachleute auf einem Gebiet aufgrund ihrer ähnlichen Ausbildung und Berufserfahrung häufig in dieselbe Richtung.[20] Fordert man sie auf, strategische Ideen zu entwickeln, kommt dabei viel Gutes heraus, aber nichts, was als bahnbrechend oder Game-Changer bezeichnet oder neue Branchen begründen könnte.[21]

Durch Crowdsourcing haben Unternehmen einen wesentlich breiteren Zugang zu unterschiedlichen Talenten und vielfältigen Ideen (die sich gebietsübergreifend befruchten) und erhöhen dadurch ihre Chancen, kreative Lösungen jenseits des Herkömmlichen zu generieren. Im Rahmen einer Auswertung von Hunderten Crowdsourcing-Wettbewerben haben Lars Bo Jeppesen von der Copenhagen Business School und Harvard-Business-School-Professor Karim Lakhani herausgefunden, dass die eingereichten Ideen umso erfolgreicher waren, je weiter das Fachgebiet der Teilnehmerinnen und Teilnehmer und der Bereich, aus dem das Problem stammte, voneinander entfernt waren.[22]

Crowdsourcing fördert die Generierung strategischer Ideen auch dadurch, dass mehr Vorschläge zusammenkommen. Laut Lakhani folgt die Qualität innovativer Ideen einer Glockenkurve.[23] Ein klassisches Brainstorming fördert in der Regel viele durchschnittliche Ideen zu tage, ein paar völlig undiskutable und einige brauchbare, aber nur wenige wirklich revolutionäre. Genau diese Ausreißer sind es, die Unternehmen für ihre Strategieentwicklung (oder auch sonst) suchen. Und je größer der Pool an Ideen, desto größer die Wahrscheinlichkeit, dass darunter bahnbrechende Innovationen sind. Hamel und Zanini schreiben hierzu: „Da Game-Changer-Ideen rar sind, sind Unternehmen auf der Suche nach bahnbrechenden Strategien darauf angewiesen, eine große Zahl an strategischen Optionen zu generieren. Das Problem eines Top-down-Ansatzes besteht darin, dass es an der Spitze nicht genügend Köpfe gibt, die das leisten können."[24] Im Vergleich zum klassischen Strategieprozess, an dem nur eine kleine Gruppe von Topmanagerinnen und -managern beteiligt ist, kann Crowdsourcing weit mehr Ideen hervorbringen. Im Durchschnitt sind diese Ideen qualitativ zwar nicht so hochwertig, wie wenn man Experten konsultiert hätte, doch sie sind vielfältiger und beinhalten mehr extreme Vorschläge – gute wie schlechte.[25] „Bei Problemstellungen, deren Lösung außerhalb des Gewohnten liegt, kann es gerade von Vorteil sein, viele verschiedene Ideen zu sammeln"[26], formuliert es ein anderes Team aus Wissenschaftlerinnen und Wissenschaftlern.

Pionierunternehmen wie Cisco Systems nutzen zur Ideengenerierung in der Regel zwei grundlegende Formen von Crowdsourcing: Online-Wettbewerbe und Online-Communitys. Bei Ideenwettbewerben geben Unternehmen ein

Problem vor und verleihen demjenigen, der die beste Lösung entwickelt, einen Preis. Communitys sind dagegen Online-Plattformen, auf denen sich die Mitglieder über strategisch relevante Fragen austauschen. Durch beide Formen können Unternehmen ohne viel Aufwand eine große Zahl von Personen mit den unterschiedlichsten Perspektiven und Hintergründen zusammenbringen und strategische Fragen beantworten lassen, wie, welche Märkte sie in den Blick nehmen sollten, welche Technologien sie für die Kundenkommunikation nutzen könnten und welche Disruptionen zu erwarten sind. Auch wenn Unternehmensverantwortliche nicht unbedingt erpicht darauf sind, neue Strategien öffentlich zu diskutieren (vor allem wenn diese Strategien das bestehende Geschäft gefährden), so muss man doch sagen, dass die Teilnehmerinnen und Teilnehmer von Crowdsourcing-Events in der Regel hochmotiviert sind, weil sie selbst entschieden haben mitzumachen (vgl. Kapitel 3).

Im Folgenden sehen wir uns genauer an, wie und wann sich Online-Wettbewerbe und Communitys für Open Strategy eignen und wie Sie sie in Ihrem Unternehmen einsetzen können.

## Online-Wettbewerbe

Online-Wettbewerbe eignen sich besonders für komplexe oder neue strategische Herausforderungen, wenn es keine Best-Practise-Ansätze gibt und Unternehmen nicht wissen, welche Skills oder welches Expertenwissen sie brauchen.[27] In solchen Fällen sollten sie auf breitem Feld experimentieren und während der Ideengenerierung so viel diverses Wissen wie möglich nutzen. Online-Wettbewerbe fungieren als „Wettbewerbsmärkte der Ideen“ und helfen Unternehmen, diese Diversität herzustellen.[28]

Auch wenn Wettbewerbe relativ simpel sind, sollten sie sorgfältig geplant werden, um die Erfolgschancen zu erhöhen. Auf Grundlage von Recherchen und unserer eigenen Arbeit mit Unternehmen haben wir fünf zentrale Schritte identifiziert, die Unternehmen dabei beachten sollten (siehe Abbildung 5.1).[29]

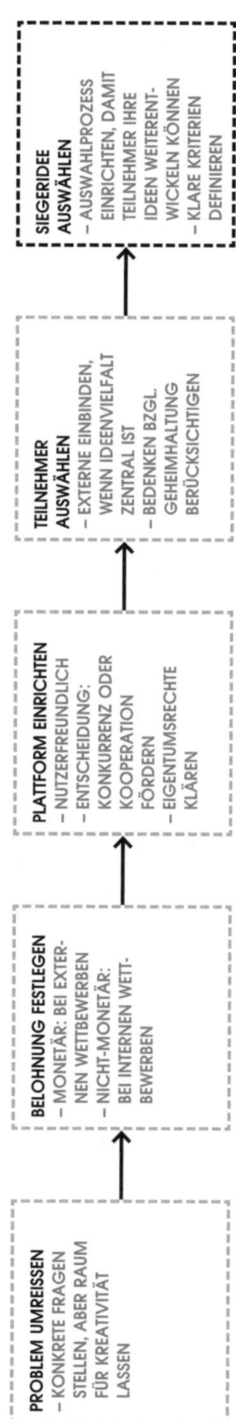


***Abb. 5.1:*** *Einen Online-Wettbewerb für Open Strategy organisieren*

### *Das Problem umreißen*

Unternehmen setzen Crowdsourcing normalerweise ein, um engumrissene, spezifische Probleme zu lösen. „Crowdsourcing ist eventuell nur hilfreich, wenn die Aufgabe modular und in sich geschlossen ist“[30], argumentieren manche Expertinnen und Experten. Strategische Herausforderungen sind zwar von Natur aus sehr weit gefasst, dennoch sollten Unternehmen sie im Rahmen von Open-Strategy-Wettbewerben so klar und präzise wie möglich definieren. Je spezifischer und detaillierter ein Problem ist, desto zugänglicher wird es für eine breite Zielgruppe und desto eher weckt es Interesse und bringt brauchbare Lösungen hervor.

Dafür ist jedoch eine Abwägung nötig. Menschen unterliegen häufig einer „funktionalen Fixierung“, das heißt, sie tun sich schwer, neue Anwendungsgebiete für ein Objekt zu finden, die von dessen ursprünglichem Nutzen abweichen.[31] In einem klassischen psychologischen Experiment sollten die Teilnehmer eine brennende Kerze an der Wand anbringen. Klingt zunächst einfach. Doch sie hatten nur eine Schachtel Streichhölzer, Reißzwecken und die Kerze zur Verfügung. Zudem durfte das Wachs nicht auf den Tisch tropfen. Die meisten Teilnehmer schafften es nicht. Sie versuchten, die Kerze mithilfe der Reißzwecken direkt an der Wand zu befestigen. Nur einige wenige kamen auf die Idee, auch die Schachtel, die die Reißzwecken enthielt, zu verwenden. Sie befestigten die Schachtel mithilfe der Reißzwecken an der Wand und bastelten so einen kleinen, raffinierten Kerzenhalter. Problem gelöst.[32]

Diese kognitive Verzerrung müssen Unternehmen beim Entwickeln von Open-Strategy-Wettbewerben berücksichtigen. Je genauer Sie ein Problem definieren, desto mehr Prämissen treffen Sie über die Natur des Problems und die zu erwartende Lösung.[33] Wenn Sie hier zu weit gehen, schränken Sie die Teilnehmerinnen und Teilnehmer in ihrer Kreativität ein. Die Kunst besteht darin, das Problem genau zu definieren, den Innovatoren aber gleichzeitig genug Freiraum zu geben, um groß zu denken. Zum Start des I-Prize kündigte Cisco an, dass es auf der Suche nach kommerziellen Geschäftsideen für Netzwerktechnologien sei. Das Unternehmen ging nicht genauer darauf ein, welche Art von Lösung es sich vorstellte, definierte aber, welche Kriterien die Ideen erfüllen mussten: „Die Jury wird sowohl die technologische Innovation als auch die dahinter stehende Geschäftschancen bewerten. Die Ideen sollten das Potenzial haben, über einen Zeitraum von sieben Jahren mindestens 1 Milliarde US-Dollar Umsatz zu generieren, und das IP-Netzwerk als Grundlage verwenden.“[34]

## *Die Belohnung festlegen*

Rob McEwen, Chairman und CEO des kanadischen Bergbauunternehmens Goldcorp Inc., stand vor einem Problem: Das Unternehmen betrieb eine Mine in Red Lake, Ontario, die einfach kein Gold mehr ausspucken wollte. Andere Minen in der Nähe liefen gut, aber so sehr sich die Ingenieure von Goldcorp auch ins Zeug legten: Sie konnten kein Gold in Red Lake zutage fördern. Deshalb traf McEwen eine Entscheidung, die seine Branchenkollegen für vollkommen verrückt hielten: Er stellte die strenggeheimen Daten, die das Unternehmen über die Mine in Red Lake besaß, für jeden zugänglich ins Internet. Und das waren nicht gerade wenige. Es waren genauer gesagt alle Daten, die das Unternehmen seit 1948 gesammelt hatte.[35] Demjenigen, der die beste Methode zur Erschließung neuer Goldvorkommen in der Mine entwickeln würde, winkten 575.000 US-Dollar Preisgeld. Mehr als 1.400 Ingenieure, Geologinnen und Wissenschaftler rund um den Globus luden die Daten herunter. Die Teilnehmerinnen und Teilnehmer reichten zahlreiche Vorschläge ein und identifizierten insgesamt 110 mögliche Punkte, an denen das Unternehmen nach Gold bohren könnte. Die Hälfte dieser Punkte war Goldcorp selbst nicht bekannt gewesen. Durch die Ausschreibung konnte das Unternehmen Goldvorkommen von insgesamt 8 Millionen Unzen erschließen.

Es war jedoch nicht die Aussicht auf Gold, die Menschen aus allen Teilen der Welt zum Mitmachen motivierte. Für das Siegerteam, eine Kooperation zwischen Fractal Graphics (das 3-D-Modelle von Minen erstellt) und Taylor Wall & Associates (eine Wirtschaftsprüfungsgesellschaft) deckte das Preisgeld kaum die Teilnahmekosten. Doch der Wettbewerb verschaffte ihnen Aufmerksamkeit – und diese war für die beiden Unternehmen ungemein wertvoll. Nick Archibald, Gründer von Fractal Graphics, sagt hierzu: „Wir hätten Jahre gebraucht, um in Nordamerika die Reputation aufzubauen, die uns das Projekt über Nacht beschert hat.“[36] Der Wettbewerb hatte der Bergbaubranche gezeigt, dass es neue Möglichkeiten der Exploration gab.

Bei der Festlegung des Preises für Ihren Wettbewerb sollten Sie sich fragen, was die Teilnehmer motiviert. Geld ist häufig nicht das Entscheidende. Wenn Sie nur interne Akteure beteiligen wollen, können Sie möglicherweise ganz auf ein Preisgeld verzichten. Das interne Wiki, das dem I-Prize-Wettbewerb von Cisco vorausging, bot den Siegerteams keine monetäre Entlohnung an, weil die Verantwortlichen fürchteten, ein finanzieller Anreiz könne die Beschäftigten von ihrer eigentlichen Arbeit abhalten und ein Konkurrenzdenken erzeugen, das der Sache nicht dienlich war.[37] Stattdessen sollten die Sieger in dem Team mitarbeiten dürfen, das später die finale Lösung entwickeln würde. Die Aussicht, aus dem täglichen Trott auszubrechen, Anerkennung zu bekommen und die eigene Idee mit auf den Weg zu bringen, war für viele Mitarbeiterinnen und Mitarbeiter Anreiz genug, sich am Wettbewerb zu beteiligen.

### *Die Plattform einrichten*

Die eigentliche Durchführung des Wettbewerbs ist mit relativ wenig Aufwand verbunden. Anbieter wie Hyve, Innocentive und Kaggle (ein Tochterunternehmen von Google) haben sich auf die Konzeption und Durchführung von Crowdsourcing-Events spezialisiert, und Unternehmen tun gut daran, auf ihre Expertise zurückzugreifen. Dadurch können sie die Anmeldung und Ideenpräsentation für die Innovatoren möglichst einfach gestalten. Es gilt jedoch, eine zentrale Frage zu beantworten, die sich auch Cisco bei der Festlegung eines Anreizes für den I-Prize gestellt hat: Wie viel Wettbewerb möchten Sie zulassen? Unserer Erfahrung nach erzielen Ideenwettbewerbe, die auf eine Mischung aus Konkurrenz und Kooperation setzen, die besten Ergebnisse. Wir sprechen hier von „Communitition“ (einer Verschmelzung aus „community“ und „competition“): Einerseits sollen die Teilnehmer zusammenarbeiten, indem sie ihre Ideen gegenseitig kommentieren und Wissen austauschen; andererseits fördert die Aussicht auf eine Belohnung den Wettbewerb und macht das Ganze spannender.[38]

Für den I-Prize nutzte Cisco eine Plattform, auf der sich Interessierte anmelden, ihre Ideen einreichen und die Vorschläge der anderen kommentieren und bewerten konnten.[39] Nach den Erfahrungen des ersten Durchlaufs optimierte Cisco das Vorgehen und gewährte einem globalen Pool aus kreativen Köpfen, Entrepreneuren, Studierenden und Innovatoren Zugang zu einer breiteren Palette an digitalen Kommunikations- und Interaktionstools, um einen noch besseren bereichsübergreifenden Austausch zu ermöglichen.[40] Dazu zählte eine Video-Community, in der die Teilnehmer Videos erstellen und mit anderen teilen und diese wiederum die Videos kommentieren und die Qualität der Ideen bewerten konnten. Diktierfunktionen erleichterten die Suche nach bestimmten Inhalten. Zudem konnten sich die Teilnehmer mit Experten vernetzen und Webkonferenzen veranstalten. Besonders faszinierend war, dass Cisco einen Ideenmarkt ins Leben rief, auf dem die Innovatoren mithilfe einer virtuellen Währung Ideen kaufen und verkaufen und sie so mit einem Preis versehen konnten[41].

Bei der Einrichtung Ihrer Crowdsourcing-Plattform müssen Sie sich auch mit Fragen des geistigen Eigentums beschäftigten[42]: Wer hat woran die Rechte? Unter welchen Bedingungen? Was geschieht, wenn jemand eine Idee einreicht, die jemand anderem gehört oder an der Ihr Unternehmen bereits arbeitet? Bei der Klärung dieser und ähnlicher Fragen ist wichtig, die Teilnehmer nicht durch zu viele Beschränkungen zu demotivieren. Im Rahmen des I-Prize-Wettbewerbs von Cisco mussten die Innovatoren versichern, dass die eingereichten Ideen ihre eigenen waren. Nur der Sieger musste die Rechte an seiner Idee an Cisco abtreten und erhielt im Gegenzug die 250.000 US-Dollar Preisgeld. Alle anderen behielten die Rechte an ihren Ideen und konnten sie anderweitig zu Geld machen.

### *Die Teilnehmer auswählen*

Dieser Fragen haben wir uns bereits in Kapitel 3 und 4 gewidmet. Hier wollen wir sie jedoch in Bezug auf Ideenwettbewerbe noch einmal beleuchten. Bei der Auswahl der Teilnehmer sollten Sie Ihre Ziele im Blick haben: Wollen Sie sich in erster Linie Zugang zu externen Sichtweisen und frischen Perspektiven verschaffen? Dann ist es sinnvoll, den Wettbewerb für so viele Akteure wir möglich zu öffnen, vorbehaltlich eventueller Geheimhaltungsbedenken.[43] Oder möchten Sie den Wettbewerb zur Motivation Ihrer Mitarbeiterinnen und Mitarbeiter nutzen, ihnen eine Stimme geben und von ihrem Wissen und ihrer Kreativität profitieren? Dann ist es wahrscheinlich nicht nötig, Externe einzubeziehen.

### *Die Siegeridee küren*

Die Auswahl der besten Idee sollte fair und transparent erfolgen, um die Teilnehmer nicht zu frustrieren. Da einige Ideen wahrscheinlich nur teilweise formuliert wurden, sollten Sie einen Filtermechanismus in den Auswahlprozess einbauen. Bei Cisco arbeiteten sechs Prüferinnen und Prüfer drei Monate lang in Vollzeit daran, den Gewinner zu bestimmen. Um einen Experten-Bias auf Seiten der Prüfer auszuschließen, berücksichtigte das Unternehmen auch die Kommentare und Bewertungen der anderen Teilnehmer zu einer Idee. Bei der Auswahl ließ sich Cisco von fünf Fragen leiten: (1) Löst die Idee ein tatsächliches Kundenproblem? (2) Ist der Markt für das Produkt oder die Dienstleistung groß genug? (3) Kommt die Idee zur richtigen Zeit? (4) Ist Cisco in der Lage, die Idee weiterzuverfolgen? (5) Stellt die Idee eine langfristige Chance dar, oder wird sie schnell zur Massenware? Anhand dieser Fragen wählte Cisco vierzig Halbfinalisten aus.[44] Jedem von ihnen stellte das Unternehmen einen Mentor zur Seite, der der Person helfen sollte, die Idee zu optimieren und Schwächen zu eliminieren.

In der nächsten Runde wählte Cisco zehn Ideen aus und lud die Innovatoren ein, sie einer Jury vorzustellen, der auch der Silicon-Valley-Entrepreneur Geoffrey Moore angehörte. Aus ihnen bestimmte das Unternehmen schließlich den Sieger. Guido Jouret zufolge war das Projekt ein Erfolg. Der Wettbewerb brachte das Unternehmen nicht nur auf zahlreiche neue Geschäftsideen, sondern gab den Verantwortlichen auch die Möglichkeit, bestimmte Investitionsentscheidungen, die das Unternehmen bereits getroffen hatte, zu validieren. Dabei stellten die Verantwortlichen fest, dass die Teilnehmer mit ihrem Blick von außen in manchen Bereichen größeres Potenzial sahen als Cisco selbst. Jouret zufolge habe das Unternehmen dabei Folgendes gelernt: „Man kann eine weltweite Zielgruppe von intelligenten und leidenschaftlichen Leuten erreichen, die nur zu gern bereit sind, beim Vorantreiben von Innovation zu helfen. Man muss sie nur fragen.“[45]

## Strategie-Communitys

*9 month old dd killing me by not sleeping. . . . I hate my life, soon DP and I will split up over this, god knows how I can hold on to my job. I feel sick during the day and my anxiety in the evening and at night is crippling. She has 1 nap during the day and that is it. How the fuck do people manage???? It will pass, but it will kill me first!! [Toastiemaker]*

*Will she sleep in a bouncer or swing safely? Being upright might help with the reflux. Another option rather than medication is thick formula if you haven't tried it—Aptimel do it but I think it needs to be prescribed. [GrumpyHoonMain]*

*I did co-sleeping with mine, would not have managed otherwise. Good luck, hope you find a solution soon x.* [BrooHaHa][46]

Überstrapazierte Führungskräfte mögen mit Schlafmangel zu kämpfen haben, sie sind aber nichts im Vergleich zu Eltern mit kleinen Kindern. Zum Glück – zumindest für britische Mütter und Väter – gibt es Mumsnet.com. Wenn Sie eine Frage zu Schlaftraining oder einem anderen Thema haben, das Eltern umtreibt, finden Sie auf Mumsnet entweder einen Chatverlauf dazu, oder Sie können selbst eine Unterhaltung beginnen. Ins Leben gerufen wurde dieses vielseitige Forum von Justine Roberts, nachdem diese einen katastrophalen ersten Urlaub mit ihren einjährigen Zwillingen hinter sich hatte. Sie war nicht die Einzige, die nach Hilfe suchte: Mumsnet.com nutzen heute pro Monat etwa 10 Millionen Menschen.[47]

Mumsnet.com ist Ausdruck eines viel umfassenderen kulturellen und technologischen Phänomens. Ein Fünftel aller US-Bürgerinnen und -Bürger nutzen Internetforen, um Produkte zu besprechen und zu empfehlen.[48] Was wäre, wenn wir Online-Foren auch für die Strategieentwicklung nutzen würden? Einige Unternehmen tun dies bereits. Im Vergleich zu den oben beschriebenen Online-Wettbewerben, die organisiert werden, um ein konkretes Problem, eine spezifische Aufgabe oder Herausforderung zu lösen, sind Strategie-Communitys Gruppen von Personen, die meist auf freiwilliger Basis zusammenkommen, um regelmäßig zusammenzuarbeiten. Die meisten Mitglieder von Online-Communitys nehmen eher passiv teil; daneben gibt es aber einen kleinen Kern aktiver Nutzerinnen und Nutzer.[49] Manchmal organisieren sich die Mitglieder selbst, doch auch Unternehmen können Communitys ins Leben rufen, unterstützen oder moderieren, indem sie Räume und Plattformen zur Verfügung stellen[50], und dabei spezifische, strategisch relevante Informationen einholen. Die meisten Communitys existieren online; es gibt aber auch Offline-Communitys.

Digitale Strategie-Communitys umfassen normalerweise vor allem interne Akteure, die ein gemeinsames Interesse für ein Thema besitzen.[51] Sie treffen sich online, um Wissen und Erfahrungen zu einem bestimmten Thema oder Problem auszutauschen. Dabei bauen sie persönliche Beziehungen auf und entwickeln Regeln und soziale Strukturen. Obwohl es sich um einen reinen Online-Treff handelt, können ein echtes Zugehörigkeitsgefühl und emotionale Bindungen entstehen.[52] Um sich auszutauschen und ihre Ideen zu bewerten, zu diskutieren und andere davon zu überzeugen, arbeiten diese Communitys mit Kollaborationstools, die verschiedene Medienformate umfassen. Dank dieser Tools müssen die Mitglieder nicht alle gleichzeitig online sein oder sich am selben Ort befinden.[53]

Strategie-Communitys sind deshalb ein solch mächtiges Instrument, weil sie Unternehmen in die Lage versetzen, Wissen und Fähigkeiten zu integrieren, die über die Perspektive des Einzelnen hinausgehen. Sie vereinen „eine große Zahl verschiedener Beiträge zu einem wertstiftenden Ganzen“[54]. Aus diesem Grund werden Unternehmen im Rahmen ihres Open-Strategy-Ansatzes Communitys Ideenwettbewerben vorziehen, wenn sie zur Lösung ihrer strategischen Herausforderungen auf akkumuliertes Wissen angewiesen sind. Mit anderen Worten: wenn die Lösung auf den Fortschritten aufbauen muss, die das Unternehmen bereits erzielt hat.[55]

Abgesehen von den Ideen, die sie generieren, haben Communitys noch einige andere Vorteile. Durch das Gemeinschaftsgefühl, das sie schaffen, geben sie den Beschäftigten und anderen Stakeholdern mehr Eigenverantwortung, was diese zusätzlich motiviert und ermutigt.[56] Mit Communitys können Unternehmen zudem verborgene und schwer zu erreichende Informationspools in der Organisation erschließen.[57] Communitys schaffen ein gemeinsames Verständnis innerhalb des Unternehmens und steigern so die Unterstützung für die Strategie. Sie brechen Silos auf und ermöglichen es den Beschäftigten, abteilungsübergreifend hilfreiche Kontakte zu knüpfen. Und sie versetzen Führungskräfte in die Lage, vielversprechende Talente zu identifizieren – Mitarbeiterinnen und Mitarbeiter, die engagiert sind, die verstehen, vor welchen zentralen Herausforderungen das Unternehmen steht, und die innovative Ideen entwickeln und andere davon überzeugen können.

Um zu verstehen, welches Potenzial Communitys für Ihr Unternehmen haben können, sehen wir uns einmal das Beispiel des schwedischen multinationalen Telekommunikationsanbieters Ericsson an. Wie die meisten Branchen hat auch Ericsson in den vergangenen Jahren eine weitreichende Disruption erlebt. Durch die zunehmende Beliebtheit softwaregestützter und cloudbasierter Bereitstellungsinfrastrukturen haben herkömmliche Anbieter wie Ericsson Marktanteile verloren. Bei der Entwicklung neuer Angebote hinkte der schwedische Konzern seinen Mitbewerbern hinterher. Um in einer disruptiven Welt die Nase vorn zu haben und erfolgreiche Strategien formulieren und umzusetzen zu können, müssen Unternehmen zukünftige Trends, Chancen und Entwicklungen frühzeitig erkennen. Hier tat sich Ericsson schwer. 2017 verzeichnete das Unternehmen einen Nettoverlust von 4,4 Milliarden US-Dollar und einen Umsatzrückgang von 10 Prozent gegenüber dem Vorjahr.[58]

Um die Prognosefähigkeit des Konzerns zu verbessern, machte sich Heraldo Sales-Cavalcante, Director for Strategic Analysis, auf die Suche nach Wegen, die Experimentierfreude und das Wissen der Beschäftigten zu fördern. Als er feststellte, dass herkömmliche Maßnahmen wie Schulungen und Communities of Practice nicht wirklich neue Ideen hervorbrachten, rief er die Online-Community „Strategy Perspectives“ ins Leben. Sie stand Beschäftigten aller Ebenen offen. Um teilnehmen zu können, mussten sie lediglich begründen, warum sie mitmachen wollten und was sie sich von der Teilnahme versprachen. „Wir wollten die Mitarbeiterinnen und Mitarbeiter zu mehr Aktivität ermuntern, damit sie nicht weiterhin nur PowerPoint-Präsentationen erstellten“, erklärt Sales-Cavalcante.[59] Zudem wollte er Beschäftigten mit umfassenden Skills und Erfahrungen die Möglichkeit geben, an der Geschäftsplanung mitzuwirken. Davon versprach er sich einen regen Ideenaustausch, der den formellen Strategieprozess von Ericsson beeinflussen sollte.

2018 zählte Strategy Perspectives mehr als 2.000 Mitglieder in den unterschiedlichsten Funktionen und mit den verschiedensten Hintergründen. Die Community sorgte für ergiebige und hochwertige Diskussionen, die nicht nur die Geschäftsstrategie von Ericsson beeinflussten, sondern sich auch mit technologiebezogenen Trends, der Unternehmenskultur und Managementpraktiken beschäftigten. „Die Leute verfassen umfassende, weitsichtige Artikel,

Berichte und Whitepaper", so Sales-Cavalcante. „Dadurch wurde die Community sehr aktiv und widmete sich zentralen strategischen Zukunftsfragen – und war dabei ihrer Zeit immer etwas voraus (...) Die Community hat uns in die Lage versetzt, Dinge zu erkennen, bevor es andere tun." Viele Beiträge kamen von Beschäftigten auf den unteren Ebenen, und einige waren ziemlich provokativ. „Die Strategy-Perspective-Community ist so erfolgreich, weil sie eine gute Basis hat, weil sie provokativ ist, weil sie sich mit faszinierenden Dingen beschäftigt und nicht einfach mehr vom selben produziert" fasst es Sales-Cavalcante zusammen.

Die Vorteile der Community lassen sich Sales-Cavalcante zufolge nicht direkt messen. Dennoch schien es offensichtlich, dass sie ihren Zweck erfüllte und Ericsson zu zukunftsgewandteren Strategien verhalf. Bereits 2014/2015 wiesen Community-Mitglieder auf die zukünftige Bedeutung digitaler Services hin und erstellten Papiere zu dem Thema. Diese veranlassten das Unternehmen dazu, einen Plan für die digitale Geschäftstransformation zu entwickeln. 2016 kündigte Ericsson umfassende strategische Änderungen und Umstrukturierungen an mit dem Ziel, die Chancen der digitalen Märkte zu erschließen – vor allem Netzwerke, digitale Supportlösungen wie die Cloud und das Internet der Dinge (Internet of Things – IoT). Das Unternehmen wollte sich stärker auf digitale Dienstleistungen sowie eine cloudbasierte und virtualisierte Netzwerkinfrastruktur konzentrieren. Durch den strategischen Wandel von einem Systemintegrator- zu einem plattform- und lösungsgestützten Ansatz im IoT hofft Ericsson, neue Marktpotenziale zu erschließen und die Chancen des digitalen Marktes zu nutzen. Diese Strategie scheint sich bereits auszuzahlen. 2018 verzeichnete der Konzern erstmals seit 2014 wieder ein leicht positives operatives Ergebnis und steigende Umsätze.

Ein weiterer Trend, auf den die Community-Mitglieder frühzeitig hinwiesen, waren künstliche Intelligenz und Automatisierung. Diese Technologien hatten das Potenzial, die Branche zu transformieren. 2020 besaß Ericsson eine der ersten automatisierten Netzwerkinfrastrukturen, die auf einer Reihe von experimentellen Algorithmen für maschinelles Lernen und prädiktive Analyse basieren.[60] Zudem hatte sich das Unternehmen zum Führer in der Virtualisierung und Orchestrierung von Netzwerkfunktionen aufgeschwungen.[61] Wie der Leiter des Bereichs Automatisierung erzählte, hätte Ericsson ohne den Input der Community niemals Vorstöße in diese Richtung unternommen.[62] „Vor drei oder vier Jahren noch haben wir in der Community über Automatisierung diskutiert und Papiere über die Notwendigkeit verfasst, in diesen Bereich vorzustoßen, und jetzt sehen wir die Ergebnisse (…) Neue Abteilungen und Prozesse sind entstanden (…) Und das alles durch die Beiträge und das Engagement der Beschäftigten", resümiert Sales-Cavalcante.

Künftig könnte Ericsson noch stärker von der Arbeit der Community profitieren, indem es ihre Erkenntnisse noch umfassender in seinen formellen Strategieprozess integriert. „Es sind immer noch zwei parallele Welten", so Sales-Cavalcante, weshalb sich der Erkenntnisgewinn langsamer vollzieht, als er müsste. Dennoch hat die Community Ericsson geholfen, Verzerrungen und Gruppendenken zu überwinden, die die herkömmliche, formelle Strategiearbeit häufig begleiten. Sales-Cavalcante ist sich sicher: Wäre Ercisson seinem herkömmlichen Planungsprozess gefolgt, hätte das Unternehmen einen entscheidenden Trend verpasst. Insofern hat sich das Einrichten der Community gelohnt.

## Eine erfolgreiche Strategie-Community aufbauen

Um erfolgreiche Strategie-Communitys aufzubauen, sollten Unternehmen drei Regeln befolgen: Als Erstes müssen sie *ein gemeinsames Interesse oder einen Schwerpunkt definieren*, der möglichst auf den Kern oder das Wesen des Unternehmens abzielt. Ericsson konzentrierte sich bei seiner Community zum Beispiel auf die Zukunft der Branche mit besonderem Blick auf neue Technologien. Dieser Fokus motivierte die Teilnehmerinnen und Teilnehmer und sorgte dafür, dass sie KI-Lösungen frühzeitig diskutierten und das Unternehmen dadurch zum Vorreiter in diesem Bereich machten. Ein klarer Fokus sorgt für Verbundenheit und ein Zugehörigkeitsgefühl unter den Mitgliedern und stiftet einen gemeinsamen Sinn. Communitys, die sich drängenden Herausforderungen widmen, erfreuen sich normalerweise reger Teilnahme. Autohersteller könnten zum Beispiel ein Forum zum Thema Mobilität einrichten, und die Tourismusbranche hätte sich 2020 im Rahmen einer Community mit der Corona-Pandemie und ihren Folgen für den Sektor beschäftigen können. Der Fokus muss jedoch nicht zwingend so eng sein. Ist das Thema weiter gefasst, können sich lebhafte Sub-Communitys bilden. Mumsnet.com gibt seinen Mitgliedern beispielsweise keine spezifischen Themen vor. Und dennoch wissen die Nutzerinnen und Nutzer, dass man sich dort nicht über Autos oder

Videospiele austauscht (es sei denn, es geht um die Frage, wie man den Umgang der Kinder damit regeln kann).

Als Zweites sollten Unternehmen ihre *Community auf einer leistungsfähigen Plattform betreiben*. Diese digitalen Plattformen müssen zwei Kriterien erfüllen: Ideen müssen sich dort einfach teilen, bewerten, diskutieren und übernehmen lassen. Und die Plattformen müssen über Analysefähigkeiten verfügen. Wenn Ihre Community gut läuft, generieren Sie womöglich Tausende von Beiträgen, meist in Form qualitativer Daten. Um sich diese zunutze zu machen, brauchen Sie Tools, mit denen Sie die Unterhaltungen verfolgen und das Wissen der Mitglieder aggregieren können. Dazu gehören typischerweise qualitative Abstimmungen, Teilnahme-Scores und -häufigkeit sowie auf Basis der Beiträge erstellte formale Berichte.

Einen Fehler, den Unternehmen in diesem Zusammenhang häufig machen, ist, dass sie die Teilnehmer die Qualität der Ideen selbst bewerten lassen. Reto Hofstetter und sein Team haben Unternehmen, die Online-Ideenwettbewerbe veranstaltet haben, ein Jahr später dazu befragt. Sie baten die Führungskräfte dieser Unternehmen, 361 zufällig angeordnete Ideen, die die Innovatoren im Zuge des Wettbewerbs des jeweiligen Unternehmens entwickelt hatten, zu bewerten. Dabei wollten sie jeweils wissen: Fanden die Befragten es sinnvoll, die Idee umzusetzen? Und würde die Idee den Erfolg einer Innovation des Unternehmens positiv beeinflussen? Es stellte sich heraus, dass kein Zusammenhang bestand zwischen dem, wie die Teilnehmer die Qualität der Ideen bewerteten und wie die Führungskräfte diese einschätzten.[63]

Andere Studien haben herausgefunden, dass die Teilnehmerinnen und Teilnehmer von Wettbewerben Ideen vorschlugen, die zwar neu und originell, aber nicht unbedingt realisierbar waren.[64] Für Unternehmen ist aber gerade die Umsetzbarkeit entscheidend.[65] Bei ihrer Analyse von 87 Crowdsourcing-Wettbewerben fanden Hofstetter und sein Team heraus, dass sich die Teilnehmer bei der Bewertung ihrer Ideen gegenseitig begünstigten: Stimmt eine Person für die eigene Idee, revanchiert man sich, indem man auch die Idee des anderen positiv bewertet. Das mag zwar für ein freundschaftliches Klima unter den Teilnehmern sorgen, bei der Auswahl der vielversprechendsten Ideen hilft es jedoch nicht.[66] Die meisten dieser Studien beziehen sich zwar auf Ideenwettbewerbe; diese Logik lässt sich jedoch auf Strategie-Communitys übertragen.

Drittens sollten Unternehmen ihre *Strategie-Communitys aktiv managen*, indem sie Mechanismen etablieren, die für eine kontinuierliche Teilnahme sorgen. Diese aktive Moderation ist wichtig, da es bei größeren Gruppen schnell passieren kann, dass diese vom eigentlichen Thema abkommen. Und sobald die Teilnehmer Probleme oder Themen ansprechen, können die Veranstalter diese nicht mehr ignorieren, ohne Glaubwürdigkeit einzubüßen oder Frustration zu erzeugen. Wenn die Moderatoren nicht aufpassen, können sie die Kontrolle über den Crowdsourcing-Event verlieren, was zu unterdurchschnittlichen Ergebnissen oder sogar zum Scheitern des Unterfangens führen würde.

2010 startete ein führender österreichischer Automatisierungshersteller eine Crowdsourcing-Initiative mit den Namen „Dialogue Days", bei der die Beschäftigten über ein Intranet-Forum strategische Ideen einreichen konnten.[67] Das Unternehmen lud seine 370 Mitarbeiterinnen und Mitarbeiter der Zentrale sowie die Beschäftigten der vier entfernten Tochtergesellschaften ein, über einen Zeitraum von zwei Wochen Ideen einzureichen und verschiedene strategische Fragen zu diskutieren. Mehr als 200 meldeten sich auf der Plattform an und posteten mehr als 1.300 Kommentare.[68] Die Moderatoren ordneten diese Kommentare hierarchisch und ermittelten einen „Impact Factor", der zeigte, wie große die Resonanz mit einzelnen Diskussionssträngen war.[69] Als beliebte Themen kristallisierten sich dabei folgende heraus: bestimmte Technologien, die Notwendigkeit, den Kundenfokus zu erhöhen – und die Qualität des Kantinenessens. Klar, über das Mittagessen spricht jeder gerne. Aber wie relevant ist dieses Thema für die Unternehmensstrategie? Nicht besonders. Da das Management die Beschäftigten jedoch zu einer hitzigen Diskussion angeregt hatte, konnte es das Thema jetzt nicht so einfach ignorieren.

Das können Sie vermeiden, indem Sie die Diskussion durch regelmäßiges Posten von Fragen aufrechterhalten, aktiv um Input bitten und unangemessene oder wenig hilfreiche Beiträge aussortieren. Warten Sie nicht, bis die Teilnehmer Ideen einreichen, sondern machen Sie selbst Vorschläge und laden Sie die Mitglieder ein, diese zu diskutieren. Damit lenken Sie die Diskussion auf gewünschte Themen und motivieren die Innovatoren gleichzeitig dazu, sich zu beteiligen. Zudem sollten Sie von Anfang an klare Regeln formulieren, um bestimmte Themen und Verhaltensweisen auszuschließen. Achten Sie dabei jedoch darauf, die Teilnehmer nicht zu sehr einzuschränken. Wenn Sie unerwartete Sichtweisen aussortieren oder solche, die dem Management womöglich nicht gefallen, kann das für Frustration bei den Teilnehmern sorgen.

Zudem erhalten Sie im Ergebnis eventuell nicht die kreativen Ideen, die Sie gerne hätten. Eine Gruppe von Wissenschaftlern bringt es folgendermaßen auf den Punkt: „Wenn man kreative, unabhängige Menschen um ihren Input bittet, erhält man zwangsläufig auch unerwartete Reaktionen und Ideen, die die Meinung des Managements entweder unterstützen oder infrage stellen können."[70]

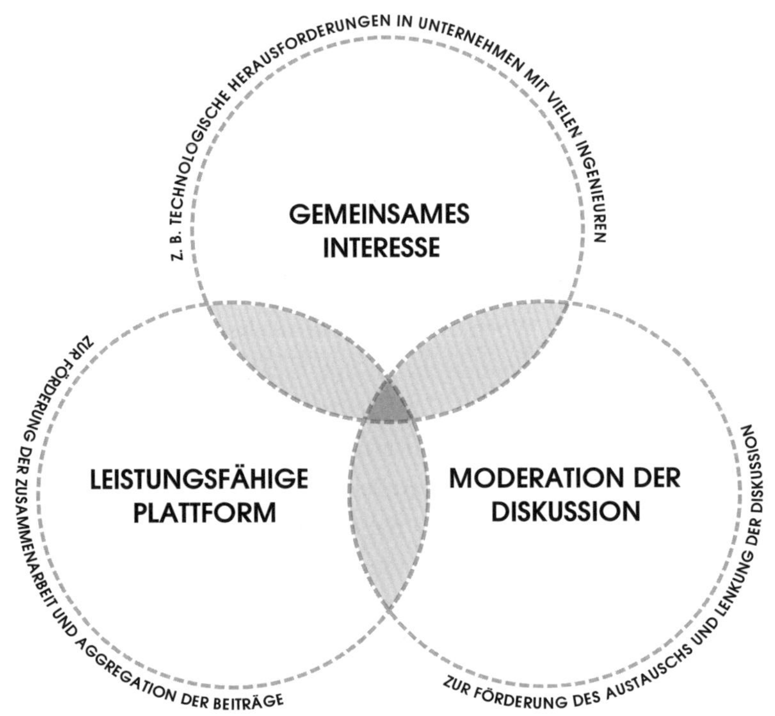


***Abb. 5.2:*** *Drei Richtlinien für erfolgreiche Strategie-Communitys*

Wir haben die Unterschiede zwischen Wettbewerben und Communitys herausgestellt – in der Praxis kombinieren Unternehmen die beiden Formate jedoch häufig und verbinden die Wettbewerbsorientierung von Wettbewerben mit der Kooperation der Communitys – was wir, wie bereits erwähnt – „Communitition" nennen.[71] Die Teilnehmerinnen und Teilnehmer konkurrieren um Preise, verhalten sich aber gleichzeitig gemeinschaftlich, indem sie zusammenarbeiten, sich auf Regeln verständigen und Freundschaften schließen.[72] Bei Siemens waren die Beschäftigten aufgerufen, an einem unternehmensweiten Online-Crowdsourcing-Event teilzunehmen. Damit wollte das Unternehmen neue Ideen generieren, um für die kommenden Jahre Wertschöpfung zu schaffen. Die Initiative war als Wettbewerb angelegt, der allen Mitarbeiterinnen und Mitarbeiter offenstand. Das Unternehmen gab Richtlinien vor, welche Ideen erwünscht waren. Nach zwei Monaten wählten zwei Vorstandsmitglieder die Siegerideen aus. Siemens verlieh zwar keinen Preis, stellte jedoch das Budget und Personal zur Umsetzung der Siegerideen zur Verfügung.[73]

Die Plattform war zwar wettbewerbsorientiert, förderte aber gleichzeitig das Entstehen einer Community. Die 3.000 Mitarbeiterinnen und Mitarbeiter, die sich angemeldet hatten, reichten nicht nur Hunderte von Ideen ein, sondern posteten auch mehr als 2.500 Kommentare zu den Vorschlägen ihrer Kollegen. Dadurch interagierten die Teilnehmerinnen und Teilnehmer miteinander, knüpften Beziehungen und schufen ein Gemeinschaftsgefühl. Einer Studie zufolge führte dieses Gemeinschaftsgefühl zu einem größeren Engagement auf Seiten der Teilnehmer, und für das Unternehmen war es später einfacher, die Strategien zu implementieren.

## Fazit

Die Schiffsuhr gibt es immer noch – und mit ihr die Crowdsourcing-Methode, die sie hervorgebracht hat. Führende Unternehmen nutzen Online-Wettbewerbe und Communitys nicht nur, um neue Ideen für Marketingkampagnen zu entwickeln, sondern auch um Innovationen zu generieren, die die nächste brillante Geschäftsstrategie hervorbringen. Vielleicht würden sie auch allein auf diese Ideen kommen, doch durch die Öffnung ihres Strategieprozesses erhöhen sie die Vielfalt der eingereichten Beiträge und damit die Chance, dass darunter eine gewagte, aber überaus vielversprechende Idee ist, die vor ihnen noch niemand hatte. Wenn Sie also vor einer neuen strategischen Herausforderung stehen, wenn es noch keine Best Practices gibt und wenn Sie nicht wissen, welche Kompetenzen und Expertise Sie eigentlich benötigen, sollten Sie einen Ideenwettbewerb veranstalten. Wenn Sie ein strategisches Problem nur mit akkumuliertem Wissen lösen können, bietet sich eine Community an, in der die Mitglieder über einen bestimmten Zeitraum die verschiedensten Ideen zusammentragen.

Wettbewerbe und Communitys sind hilfreiche Tools, um strategische Ideen zu entwickeln. Bei dieser Ideenentwicklung geht es auch darum, einen Blick in die Zukunft zu werfen und zu überlegen, was sie für das Unternehmen und die Branche bereithält. In der Vergangenheit wurden Managementteams dafür bezahlt, Prognosen über die Zukunft anzustellen. Dabei ließen sie sich von Wissenschaftlern und diversen Gurus beraten. Mit Open Strategy können Unternehmen sich viel umfassendere Gedanken über die Zukunft machen. Sie wissen dann natürlich immer noch nicht, was auch tatsächlich eintreffen wird, aber sie können eher abschätzen, welche Disruption bevorsteht und so wesentlich bessere Strategien entwickeln.

**Fragen zur Reflexion:**

- Wie wettbewerbsorientiert sind Ihre Mitarbeiterinnen und Mitarbeiter? Würde ein Strategiewettbewerb sie motivieren, oder fühlen sie sich in einer kooperativeren Umgebung wie einer Strategie-Community wohler?
- Gibt es in Ihrem Unternehmen verborgene Informationspools, die Sie mithilfe von Strategie-Communitys erschließen könnten?
- Wenn Ihr Unternehmen Crowdsourcing bereits in anderen Bereichen eingesetzt hat, warum dann nicht auch im Strategieprozess?
- Wenn Sie sich mit dem Gedanken tragen, einen Ideenwettbewerb zu veranstalten oder eine Strategie-Community einzurichten: Verfügen Sie über die finanziellen und personellen Ressourcen, um die Veranstaltung angemessen zu managen und zu moderieren?

# Kapitel 6
# Einen Blick in die Zukunft werfen

In seinem Buch *Sensemaking in Organizations* erzählt der Organisationstheoretiker Karl Weick eine kurze, aber einprägsame Geschichte über eine militärische Staffel, die sich in den Schweizer Alpen verirrt hatte. Die Wetterbedingungen waren brutal: Es herrschten starker Schneefall und eisige Kälte. Im Basislager begann der für die Männer zuständige Offizier sich langsam Sorgen zu machen. Die Staffel war nirgends in Sicht. Am nächsten Tag kehrten die Männer jedoch wie durch ein Wunder zurück. Als sich der Offizier erkundigte, was geschehen sei, berichteten die Männer, dass sie sich verlaufen und um ihr Leben gefürchtet hätten. Zum Glück habe einer von ihnen eine Karte dabeigehabt. „Das beruhigte uns", erzählten die Soldaten Weicks Erzählung zufolge. „Wir schlugen unser Lager auf, warteten, bis der Schneesturm vorüber war, und bestimmten dann mithilfe der Karte unsere Position. Und hier sind wir." Die Geschichte ergab Sinn – bis der Offizier sich die Karte genauer ansah und zu seinem Erstaunen feststellte, dass sie nicht die Alpen, sondern die Pyrenäen zeigte![1]

Wie hatten die Männer trotzdem zurückgefunden?

Weick zufolge müssen Karten uns nicht unbedingt den genauen Weg zeigen, wenn wir uns verirrt haben. Sie können auch als psychologische Stütze dienen. Ohne die Karte hätten die Soldaten vielleicht alle Hoffnung aufgegeben und sich an Ort und Stelle eingerichtet. Oder es wäre zum Streit gekommen, und sie hätten sich getrennt. Doch die Karte beruhigte die Männer und hielt sie zusammen, sodass sie den Rückweg am Ende selbst fanden.

Im Businesskontext funktionieren Strategien ähnlich wie Karten. Strategische Pläne sind naturgemäß falsch, denn die Zukunft lässt sich nicht exakt vorhersagen. Das macht jedoch nichts. Weick zufolge sorgen strategische Pläne für „Motivation und Orientierung". „Sobald die Menschen anfangen zu handeln, erzielen sie greifbare Ergebnisse (…) Das hilft ihnen zu verstehen, (…) was gerade passiert, was erklärt werden muss (…) und welche nächsten Schritte anstehen."[2]

Wenn strategische Pläne Menschen motivieren und ihnen Orientierung geben sollen, müssen sie einen weiten Blick in die Zukunft werfen – einen Blick, den jeder teilen kann und der so realistisch wie möglich ist. In der Vergangenheit hat das Topmanagement solch eine Vision im Alleingang entwickelt. Die Führungskräfte trafen sich, steckten ihre Köpfe über Berichte und PowerPoint-Folien und brainstormten. Oder sie investierten große Summen und holten sich eine Managementberatung ins Haus. Spitzenunternehmen machen es heute anders.

Zum Beispiel Gallus, der Schweizer Hightech-Hersteller, den wir in Kapitel 3 vorgestellt haben. Durch den Einbezug Externer konnte das Unternehmen die Bedrohung durch Hewlett-Packard, das ebenfalls in den B2B-Digitaldruck eingestiegen war, erfolgreich abwehren. 2018 brachte Gallus einen neuen, disruptiven Drucker mit dem Namen Smartfire auf den Markt und entwickelte Pläne, zwei Jahre später eine digitale Plattform für Druckservices zu starten (infolge der Pandemie musste Gallus dieses Vorhaben verschieben). Der einfach zu bedienende Smartfire, der wesentlich günstiger war als die anderen Drucker von Gallus, richtete sich an Kunden im Niedrigpreissegment, für die sich auch Hewlett-Packard interessierte.

Diese strategische Antwort auf die Wettbewerbsbedrohung durch Hewlett-Packard, für die Gallus auf ein Element von Open Strategy zurückgriff, ist jedoch nur ein Teil der Geschichte. Die Grundlage für diese Strategie wurde bereits 2013 gelegt. Damals lud Gallus 35 externe Expertinnen und Experten aus verschiedenen Branchen und mit unterschiedlichen Hintergründen ein, gemeinsam mit den Führungskräften des Unternehmens zukünftige Trends zu analysieren, die die Branche beeinflussen könnten. Die Gruppe beschäftigte sich mit fünf Themengebieten (Technologien und Materialien; Kunden, Märkte und Wettbewerber; makroökonomische Trends und Geopolitik; Zulieferer und Wertschöpfungskette sowie Regulierung und Rahmenbedingungen) und identifizierte 42 mögliche Trends. Diese analysierten die Experten dann auf ihre Wichtigkeit und die Wahrscheinlichkeit hin, mit der sie eintreten würden. Die Trends waren recht technischer Natur und umfassten Eingaben wie „Direktdruck auf Flaschen macht Schrumpf-Sleeve-Etiketten überflüssig“ oder „Verbesserte digitale Technologien und leistungsstarke Farb- und Druckköpfe ersetzen den analogen Etikettendruck“. Indem sie diese Trends zusammentrugen, erstellten die Führungskräfte eine Visualisierung der wichtigsten strategischen Prioritäten des Unternehmens, die wir „IMP Trend Radar“ nennen (siehe Abbildung 6.1).

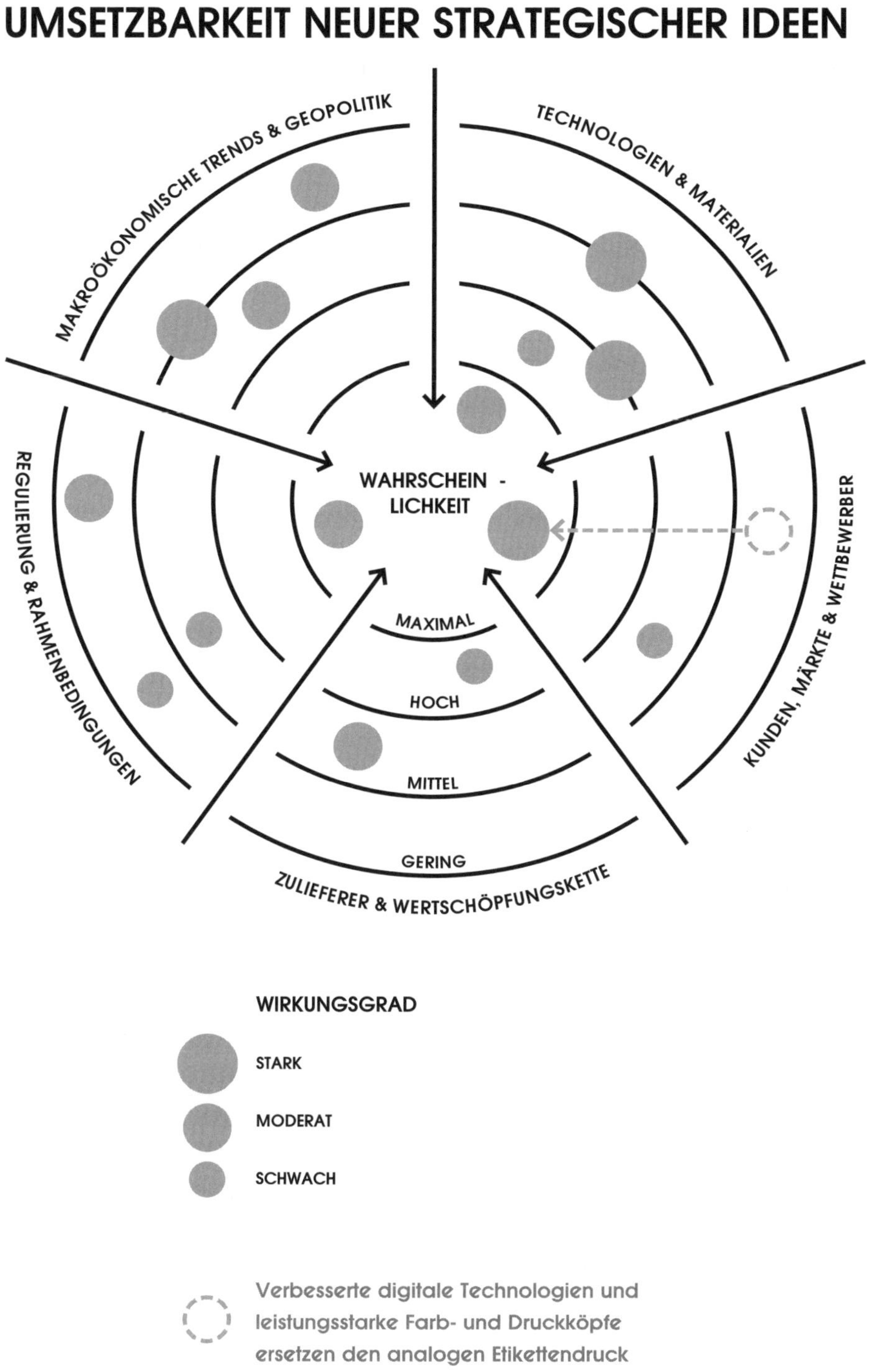

## UMSETZBARKEIT NEUER STRATEGISCHER IDEEN

MAKROÖKONOMISCHE TRENDS & GEOPOLITIK

TECHNOLOGIEN & MATERIALIEN

REGULIERUNG & RAHMENBEDINGUNGEN

KUNDEN, MÄRKTE & WETTBEWERBER

ZULIEFERER & WERTSCHÖPFUNGSKETTE

WAHRSCHEIN-
LICHKEIT

MAXIMAL

HOCH

MITTEL

GERING

WIRKUNGSGRAD

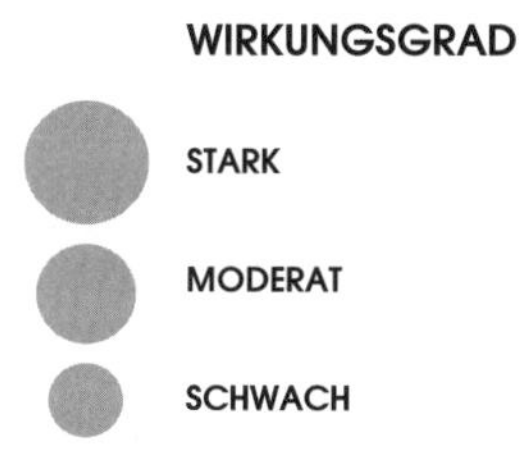

STARK

MODERAT

SCHWACH

Verbesserte digitale Technologien und
leistungsstarke Farb- und Druckköpfe
ersetzen den analogen Etikettendruck

**Abb. 6.1:** *Übung zum IMP Trend Radar mit Gallus, ca. 2013–2016*

In den Übungen, die wir zum IMP Trend Radar durchgeführt haben, zeigte sich, dass die meisten etablierten Unternehmen die Bedeutung digitaler Technologien heruntergespielt hatten und Early Adoptern skeptisch gegenüberstanden. Andere wie Gallus hatten das Thema Digitalisierung sogar komplett ignoriert, weil sie in weiten Teilen nicht darauf vorbereitet waren. Einige wenige Führungskräfte des Unternehmens hatten dem Thema zwar Beachtung geschenkt, waren mit ihrer Warnung aber nicht durchgedrungen. Während der Übung prognostizierten mehrere externe Experten, dass verbesserte digitale Technologien und computerisierte Farb- und Druckköpfe den analogen Etikettendruck ersetzen würden. „Der Markt für Digitaldrucker wächst, während der Markt für analoge Drucker schrumpft", stellte ein Experte fest. Die Führungskräfte von Gallus waren allerdings skeptisch; sie hielten die Digitalisierung für einen zu vernachlässigenden Trend oder gar eine Modeerscheinung. Doch die externen Expertinnen und Experten blieben hartnäckig. Ein Teilnehmer brachte sogar Fotos des ersten Digitaldruckers mit und präsentierte diese mit den Worten: „Andere Unternehmen sind deutlich weiter. Hier ist der Beweis." Das hatte Wirkung. Die Gruppe setzte den Punkt „Verbesserte digitale Technologien und leistungsstarke Farb- und Druckköpfe ersetzen den analogen Etikettendruck" auf das IMP Trend Radar und wies ihm eine mittlere Wichtigkeit zu.

Nach dieser Erfahrung beschlossen die Verantwortlichen bei Gallus, jedes Jahr ein IMP Trend Radar zu erstellen. Dieses würde ihnen ermöglichen, zukünftige Herausforderungen objektiv zu bewerten und einen ganzheitlichen Blick auf die Dynamiken in der Branche zu werfen. Ein Manager des Unternehmens sollte die fünf Themenbereiche im Auge behalten, die identifizierten Trends regelmäßig überprüfen sowie nach neuen Ausschau halten. Diese Sensibilität für zukünftige Entwicklungen zahlte sich aus. Die Führungskräfte des Unternehmens bezogen das IMP Trend Radar zunehmend in ihre Überlegungen ein. So stellten sie zum Beispiel fest, dass sich der Digitaldruck innerhalb von fünf Jahren stärker verbreitet hatte als erwartet. 2016 wiesen sie ihm deshalb die größte Wichtigkeit innerhalb des Trend-Radars zu und leiteten entsprechende Maßnahmen ein. Mithilfe des IMP Trend Radar hatte das Unternehmen geschafft, was vielen anderen nicht gelungen war: Es hatte schwache Signale verfolgt und dann entschieden und zeitnah reagiert und war so der Disruption entkommen.

Um in einer von Volatilität, Unsicherheit, Komplexität und Mehrdeutigkeit geprägten Welt bestehen zu können, müssen Unternehmen regelmäßig den Horizont scannen und Chancen identifizieren, interpretieren und ergreifen. Das IMP Trend Radar hat den Vorteil, dass Sie nicht auf eine einzige besonders kluge Prognose angewiesen sind, sondern aus einer Vielzahl von Vorhersagen, die in gewisser Weise etwas weniger präzise sind, ein genaueres Bild der Zukunft entwerfen können. Mit dem IMP Trend Radar nutzen Sie die Weisheit der Vielen und entwickeln ein ganzheitliches, gemeinsames Verständnis zukünftiger Entwicklungen, das spannende neue Geschäftsmodelle hervorbringen kann. Davon ausgehend können Sie Ihre Strategie dann mit Open-Strategy-Methoden weiterentwickeln, Ihre „Nightmare Competitors" identifizieren und eine neue Geschäftslogik entwerfen. Mit diesen Themen werden wir uns in den nächsten Kapiteln noch genauer beschäftigen.

Keine Strategie kann die Zukunft sicher voraussagen. Doch indem Sie Externe am Prozess beteiligen und in einer strukturierten Diskussion mögliche Trends und Chancen identifizieren, wird Ihr Unternehmen wesentlich weitsichtiger, als Sie vielleicht denken. Ihre innovativen Geschäftsmodelle werden dies bestätigen.

## Experten sind keine Hellseher

Sie fragen sich vielleicht, warum Gallus den Workshop zum IMP Trend Radar mit der Unterstützung externer Akteure durchgeführt hat. Hätten die Verantwortlichen die Trends nicht auch selbst brainstormen und priorisieren und daraufhin eine Vision der Zukunft entwickeln können? Ja, natürlich. Dann wären sie jedoch nicht so frühzeitig auf die Bedrohung aufmerksam geworden, die die digitalen Technologien für das Unternehmen darstellten. Grundsätzlich können interne Akteure allein die Zukunft nie so gut vorhersagen wie eine Gruppe aus Internen und Externen zusammen. Und das liegt nicht etwa daran, dass sie zu wenig über ihre Branche wissen, sondern zu *viel*.

Für das Treffen strategischer Entscheidungen sind umfassende Erfahrungen in einem Geschäftsbereich, einer Branche oder auf einem Gebiet unabdingbar. Wenn es aber darum geht, die Zukunft zu entwerfen, können diese Erfahrungen extrem hinderlich sein. Im Sommer 1956 traf sich eine Gruppe renommierter Wissenschaftler am Dartmouth College in Hanover, New Hampshire, um Ideen für Maschinen zu entwickeln, die die menschliche Intelligenz simulierten. Die Konferenz war die Geburtsstunde der künstlichen Intelligenz und löste eine erste Forschungswelle auf diesem Gebiet aus. 1965 behauptete der Nobelpreisträger Herbert A. Simon mit großer Überzeugung, dass „Maschinen in den nächsten 20 Jahren in der Lage sein werden, jegliche von Menschen verrichtete Tätigkeit auszuführen“[3]. Der Kognitionswissenschaftler Marvin Minsky, ein Pionier der KI-Forschung, war ähnlich euphorisch: „In drei bis acht Jahren wird es eine Maschine geben, die die allgemeine Intelligenz eines durchschnittlichen Menschen besitzt.“[4]

Einige Jahrzehnte später wissen wir: KI übersteigt die menschlichen Fähigkeiten in gewissen Bereichen, aber eine Maschine, die grundsätzlich so intelligent ist wie ein durchschnittlicher Mensch, muss erst noch entwickelt werden. Und die viel beachteten Fortschritte im Bereich des maschinellen Lernens wurden erst in den letzten zehn Jahren erzielt. Alles in allem hat sich der Traum von „superintelligenten“ Maschinen, die die gleiche Denkleistung wie Menschen erbringen können oder diese sogar übersteigen, „mit einer Geschwindigkeit von einem Jahr pro Jahr nach hinten verschoben“, konstatiert Nick Bostrom in seinem Buch *Superintelligenz.*[5] Futuristen, die sich mit der Möglichkeit einer allgemeinen künstlichen Intelligenz beschäftigten, glauben immer noch, dass diese in einigen Jahrzehnten erreicht sein könnte.[6]

Die Geschichte lehrt uns, dass beim Blick in die Zukunft Vorsicht angesagt ist. Denn sie enthält viele Beispiele, in denen Experten falsche, zu optimistische Prognosen angestellt haben. In einem Interview aus dem Jahr 1911 zeichnete Thomas Alva Edison, der Erfinder der Glühbirne, ein wundervolles Bild unseres heutigen Lebens: „Im 21. Jahrhundert werden Babys in einer Wiege aus Stahl in den Schlaf gewiegt, der Vater sitzt in einem Stuhl aus Stahl an einem Stahltisch, und im Zimmer der Mutter stehen lauter prächtige Möbel aus Stahl, denen durch raffinierte Lackierungen der Anschein von Palisander, Mahagoni oder einem anderen Holz verliehen wurde, das den Geschmack der Dame des Hauses trifft.“[7] Ich weiß ja nicht, wie es bei Ihnen zu Hause aussieht, aber unsere Kinder schlafen nicht in Wiegen aus Stahl, und auch sonst gehören Stahlmöbel nicht zu unserem häuslichen Inventar. Oder nehmen wir Steve Balmer, den ehemaligen CEO von Microsoft, der 2007 über das iPhone sagte: „Das iPhone wird nie im Leben einen bedeutenden Marktanteil erlangen. Niemals.“ Und in einem Interview mit CNBC spottete er: „Fünfhundert Dollar?

Komplett subventioniert? Durch einen Vertrag? Ich würde sagen, das ist das teuerste Telefon der Welt. Und für Geschäftskunden ist es unattraktiv, weil es keine Tastatur hat und damit kein gutes E-Mail-Gerät darstellt."[8]

In anderen Situationen haben sich Experten dagegen als durchaus vorausschauend erwiesen. So prognostizierte Edison der Dampflokomotive das gleiche Schicksal wie dem mittlerweile ausgestorbenen Vogel Dodo, während Nikola Tesla 1926 die drahtlose Kommunikation vorhersagte. Grundsätzlich ist die Erfolgsbilanz von Experten aber gelinde gesagt eher mäßig. So hat Prakash Loungani, Wissenschaftler beim Internationalen Währungsfonds, herausgefunden, dass Ökonomen Rezessionen wiederholt nicht vorhergesehen haben. Einem Artikel der britischen Tageszeitung *The Guardian* zufolge ist „die Misserfolgsbilanz beim Vorhersagen von Rezessionen (…) beispiellos"[9]. Ein anderer Wissenschaftler lud 284 Expertinnen und Experten ein, die ihren Lebensunterhalt mit der „Kommentierung von oder Beratung zu politischen und ökonomischen Entwicklungen" verdienten, und bat sie, Prognosen auf ihrem jeweiligen Gebiet anzustellen.[10] Sie generierten 82.361 Vorhersagen, von denen viele schlichtweg peinlich waren. In den Situationen, in denen die Experten überzeugt waren, dass ein Ereignis vollkommen oder so gut wie unmöglich war, trat dieses in 15 Prozent der Fälle ein. Waren sie dagegen überzeugt, etwas würde mit absoluter Sicherheit eintreffen, war dem in mehr als 25 Prozent der Fälle nicht so. Zudem waren die Experten weniger gut in der Lage, die Zukunft vorauszusagen, wenn man ihnen drei zukünftige Szenarien zur Auswahl gab, als wenn man jemanden aus allen Szenarien beliebig hätte auswählen lassen. Oder wie es Louis Menand in einem Artikel im *New Yorker* formuliert: „Menschen, die sich beruflich damit beschäftigen, die Weltlage zu studieren, sind (…) schlechtere Prognostiker als Affen beim Dartspiel, die ihre Würfe gleichmäßig über die drei zur Auswahl stehenden Szenarien verteilen würden."[11]

Auch Bürokraten sind schlechte Prognostiker. Im Rahmen einer Analyse von Hunderten öffentlichen Infrastrukturprojekten weltweit hat Bent Flyvbjerg von der Oxford University herausgefunden, dass sie sich fast alle nicht so entwickelt haben wie geplant. Stolze 90 Prozent der Projekte entpuppten sich als teurer als angenommen, wobei die Kosten 50 bis 100 Prozent über Plan lagen. Der Grund: Die Experten schätzten den Infrastrukturbedarf deutlich höher ein, in der Regel um 20 bis 70 Prozent.[12] Der Flughafen Berlin-Brandenburg sollte 2012 fertiggestellt werden und 1,9 Milliarden US-Dollar kosten. Zum

Zeitpunkt, zu dem wir diese Zeilen schreiben, belaufen sich die Kosten auf über 8 Milliarden US-Dollar, und der Flughafen eröffnete am 31. Oktober 2020 – eine Tatsache, die die Berliner zu der bissigen Aussage veranlasste, dass es vielleicht besser sei, die gesamte Stadt würde an einen funktionierenden Flughafen umziehen.[13] Der Eurotunnel zwischen Frankreich und Großbritannien überstieg die Baukosten um 80 Prozent, während die Auslastung nur halb so groß war wie angenommen. Und das Opernhaus in Sydney öffnete mit zehnjähriger Verspätung und verschlang eine Summe, die das Zehnfache der prognostizierten Kosten betrug.[14]

Warum verschätzen sich Bürokraten (und damit auch Unternehmenslenker und andere Experten) so häufig? Pech spielt eine Rolle, doch Flyvbjerg bietet zwei weitere interessante Erklärungen an: Verantwortliche im öffentlichen Dienst gründen ihre Entscheidungen und Prognosen häufig auf einen „wahnhaften Optimismus, statt rational die Chancen, Risiken und Wahrscheinlichkeiten abzuwägen. Sie überschätzen die Vorteile und unterschätzen den finanziellen und zeitlichen Aufwand. Sie entwerfen unwillkürlich Erfolgsszenarien und übersehen die Gefahr, Fehler zu machen und falsche Berechnungen anzustellen."[15] In Unternehmen ist diese Optimismusverzerrung (Optimism Bias) omnipräsent. In den Vereinigten Staaten bestehen lediglich 35 Prozent der Kleinunternehmen länger als fünf Jahre. Doch auf die Frage, ob ein „Unternehmen wie das Ihre" es schaffen würde, schätzten US-amerikanische Gründerinnen und Gründer die Überlebenschancen mit 60 Prozent ein. Nach den Erfolgsaussichten ihres eigenen Business gefragt, bezifferte ein Drittel von ihnen das Risiko zu scheitern sogar mit 0 Prozent.[16] Wie die Columbia-Professorin Rita McGrath beobachtet hat, neigen Menschen stark dazu, Anzeichen von Veränderung zu ignorieren und so zu tun, als sei alles in Ordnung. Oder um es mit den Worten von George Day und Paul Schoemaker zu sagen: „Je intelligenter wir sind, umso besser gelingt es uns, wichtige Signale und drohendes Unheil wegzuargumentieren."[17]

Es gibt jedoch ein einfaches Mittel gegen Optimismusverzerrung: eine Außenseiterperspektive einnehmen. Planerinnen und Prognostiker liegen mit ihren Schätzungen so oft daneben, weil sie sich beim Entwickeln zukünftiger Szenarien häufig zu sehr auf Einzelheiten konzentrieren. Sie gehen davon aus, dass alles genau nach Plan verlaufen wird, und ignorieren dabei „distributionelle Informationen" (Informationen über andere mögliche Ergebnisse aus einem großen Pool ähnlicher Projekte). „Die verbreitete Tendenz, distributionelle Informationen zu unterschätzen oder zu ignorieren, ist vielleicht die größte Fehlerquelle beim Erstellen von Prognosen", so Flyvbjerg. „Planer sollten sich deshalb besonders bemühen, das Prognoseproblem so zu umreißen, dass sie alle zur Verfügung stehenden distributionellen Informationen nutzen können."[18] Beim Treffen von Vorhersagen auf Vergleichsdaten zurückzugreifen erscheint eingängig, dennoch tun dies viele Planer bei öffentlichen Projekten nicht – und Unternehmensverantwortliche ebenso wenig. Indem Entscheiderinnen und Entscheider ihren Strategieprozess jedoch im Rahmen des IMP Trend Radar öffnen, können sie Außenperspektiven einbeziehen und Erkenntnisse aus ähnlichen Erfahrungen berücksichtigen.

Flyvbjerg nennt noch einen weiteren Grund, warum sich Prognostiker so häufig irren: strategische Fehlinterpretationen. Ihm zufolge „betonen [Führungskräfte und Projektverantwortliche] aus strategischen Gründen die Vorteile und spielen die Kosten herunter, in der Hoffnung, dass ihr Projekt und nicht das ihrer Mitbewerber bewilligt und finanziert wird"[19]. Im Businesskontext lässt sich das häufig beobachten: Bei strategischen Projekten oder Entscheidungen führt das Eigeninteresse der Akteure häufig dazu, dass sie das Potenzial eines Projekts oder einer Idee künstlich aufblähen, weit mehr als die Daten es erlauben. Das ist besonders problematisch, wenn die Projektverantwortlichen über mehr Informationen verfügen als die Entscheider. Flyvbjerg beschreibt diese Dynamik treffend als „Survival of the Unfittest": Je mehr die Projektverantwortlichen die Kosten unterschätzen und den Nutzen überschätzen, desto eher erhalten sie grünes Licht für ihr Vorhaben.

Um strategischen Fehlinterpretationen in öffentlichen Infrastrukturprojekten vorzubeugen, plädiert Flyvbjerg für mehr Offenheit. Die Verantwortlichen könnten Prognosen und Business Cases unabhängigen Peer Reviews unterziehen, öffentliche Anhörungen veranstalten, bei denen Stakeholder und andere Interessierte Kritik äußern, oder Fachkonferenzen abhalten, bei denen die Prognostiker ihre Projekte und Annahmen vorstellen und verteidigen. Flyvbjerg zufolge müssen Unternehmenslenker Gelegenheiten schaffen, bei denen Externe die internen Experten, die normalerweise für die Projekte verantwortlich sind, herausfordern, und mit einem breiteren Set an zukunftsrelevanten Daten konfrontieren. Wie wir gesehen haben, wird das IMP Trend Radar genau dieser Art von Herausforderung gerecht.

Optimismusverzerrung und strategische Fehlinterpretationen führen dazu, dass Prognostiker die schwachen Signale nicht früh genug erkennen und Unternehmen deshalb nicht frühzeitig reagieren können, sondern zu abruptem oder gar drastischem Handeln gezwungen sind.[20] Doch selbst wenn Strategen diese schwachen Signale erkennen, heißt das noch nicht, dass sie sie auch richtig interpretieren. Aufgrund ihrer kognitiven Verzerrung ziehen sie die Schlussfolgerung, die ihrer Sache am meisten dient oder am plausibelsten ist.[21] Sie suchen, lesen, interpretieren und erinnern sich an Informationen, die ihre Annahmen bestätigen (Bestätigungsfehler). Sie messen der ersten Information, die sie erhalten, zu viel Gewicht bei (Ankereffekt). Sie interpretieren Informationen auf eine bestimmte Art und Weise, weil sie Verluste fürchten, und ignorieren dabei die möglichen Gewinne, die alternative Handlungsoptionen mit sich bringen könnten (Verlustaversion). Sie schenken der Meinung von Autoritätspersonen eher Glauben, egal was diese inhaltlich besagt, oder halten andere mehr für Autoritätspersonen, als diese es selbst tun (Autoritäts-Bias). Sie diskutieren Informationen, über die alle Gruppenmitglieder verfügen, stärker als Informationen, die nur ein Teil der Gruppe besitzt (Nennungsvorteil geteilter Information). In Gruppen kann das Streben nach Harmonie und Konformität zu dysfunktionalen Konsensentscheidungen führen (Gruppendenken).

Wenn Unternehmensverantwortliche Signale richtig interpretieren und daraus Trends ableiten wollen, müssen sie diesen und anderen persönlichen und sozialen Verzerrungen besondere Aufmerksamkeit schenken. George Day und Paul Schoemaker empfehlen Unternehmenslenkern, konkurrierende Hypothesen zu entwickeln und zu überprüfen, um versteckte Verzerrungen zu erkennen und zu korrigieren. Den Strategieprozess zu öffnen und verschiedenste (externe) Ansichten einzubeziehen ist dabei essentiell. Wenn wir die „Außenseiterperspektive" einnehmen und die Weisheit größerer Gruppen nutzen, sind wir in der Lage, die richtigen Signale frühzeitig zu erkennen und unsere Reaktionsfähigkeit zu verbessern. Oder wie Linus' Gesetz der Softwareentwicklung besagt: „Alle Bugs sind trivial, wenn man nur genügend Entwickler hat."

## Erinnerungen an die Zukunft

Schwache Signale und Trends zu erkennen ist eine Sache, diese aber auch korrekt zu interpretieren eine andere. Wir werden häufig überrascht, nicht weil wir die Signale nicht erkannt haben, sondern weil wir uns zu schnell mit der bequemsten oder plausibelsten Schlussfolgerung zufriedengeben.[22] Als Beispiel kann folgendes Ereignis während des Angriffs auf Pearl Harbor dienen: „Am Morgen des 7. Dezember 1941 vernahm der Kapitän des Zerstörers USS Ward dumpfe Explosionsgeräusche aus Richtung Pearl Harbor auf dem Festland. Dieser Kapitän hatte gerade erst Wasserbomben auf ein feindliches U-Boot abgeworfen, das versucht hatte, in den Hafen einzudringen, und es offensichtlich versenkt. Als er jedoch die Explosionen hörte – er befand sich gerade auf der Rückfahrt in den Hafen –, sagte er an seinen Korvettenkapitän gewandt: „Ich schätze, sie sprengen die neue Straße von Pearl Harbor nach Honolulu.“ Obwohl er erst am Morgen Berührung mit einem feindlichen U-Boot gehabt hatte, interpretierte er die Explosionen, wie er es in Friedenszeiten getan hätte, und erkannte so die Anzeichen der ersten Kriegshandlungen zwischen den Vereinigten Staaten und Japan nicht.[23]

Fehlinterpretationen basieren auf einer Reihe von individuellen und gesellschaftlichen kognitiven Verzerrungen, wie gerade beschrieben. Diese kognitiven Verzerrungen sollten wir bei der Interpretation von Signalen und Trends berücksichtigen. Sobald wir Signale erkennen, müssen wir sie mit Sinn füllen. Damit Unternehmensverantwortliche nicht zu einer einzigen oder falschen Einschätzung gelangen, sollten sie bewusst miteinander konkurrierende Hypothesen aufstellen und diese überprüfen, argumentieren Paul Shoemaker und Georgy Day in einem Artikel, der in der MIT Sloan Management Review erschienen ist.[24] Um Gruppendenken zu vermeiden, sollten sie den Autoren zufolge die kollektive Intelligenz des Unternehmens anzapfen und die Beschäftigten am Prozess beteiligen. Und um die im Unternehmen vorherrschende Meinung infrage zu stellen, empfiehlt es sich, verschiedene Szenarien zu entwickeln. Bevor wir Ihnen ein Tool vorstellen, mit dem Sie sich die Weisheit der Vielen zunutze machen können, um in die Zukunft zu blicken, sehen wir uns noch eine interessante Perspektive zum Thema Prognosen an: Zeitreisen werden vielleicht niemals möglich sein – zumindest nicht physisch. Gedanklich können wir aber sehr wohl durch die Zeit reisen. 1985 veröffentlichte David Ingvar, Professor an der schwedischen Lund University, eine Abhandlung zu der Frage, wie das menschliche Gehirn mit der Zukunft umgeht. Er fand heraus, dass der „frontale/präfrontale Kortex für die temporäre Organisation von Verhalten und Wahrnehmung zuständig ist und dass dieselben Strukturen auch die Handlungsprogramme oder Pläne für unser Verhalten und unsere Wahrnehmung in der Zukunft beherbergen“[25]. Studien zur Bildgebung des zentralen Nervensystems (Neuroimaging) bestätigen dies. Erinnerungen an die Vergangenheit und Vorstellungen von der Zukunft spielen sich also in denselben Regionen unseres Gehirns ab. Wir denken ständig an die Zukunft: Wir malen uns die Zukunft aus, schmieden Pläne, antizipieren Handlungen, machen uns Gedanken über deren Folgen und entwickeln Was-wäre-wenn-Szenarien. Das sind sogenannte Zeitpfade in die Zukunft. Sie entstehen in den präfrontalen Gehirnlappen und werden dort abgespeichert. Da diese Handlungsprogramme und Pläne gespeichert und abgerufen werden können, spricht Ingvar hier von „Erinnerungen an die Zukunft“. Ihm zufolge bilden diese Erinnerungen die Grundlage für unsere Vorahnungen und Erwartungen, und sie sind der Ausgangspunkt für die kurz- und langfristige Planung von zielgerichtetem Verhalten und unseres kognitiven Repertoires. Das hat einige bedeutende Auswirkungen: „Konzepte der Zukunft können wie Erinnerungen an die Vergangenheit erinnert werden – häufig sehr genau“, so Ingvar. Das menschliche Gehirn kann verschiedene Erinnerungen an die Zukunft speichern, und je mehr davon es speichert, desto empfänglicher sind wir für Signale der Außenwelt und desto besser gelingt es uns mit der Zeit, Veränderungen zu erkennen und zu interpretieren.[26]

Royal Dutch Shell hat mit David Ingvar zusammengearbeitet. In seinem Buch *The Living Company* widmet Arie de Geus, ehemaliger Leiter der Strategic Planning Group des Unternehmens, der Theorie des Wissenschaftlers ein ganzes Kapitel. Sie hat die Ansichten des Unternehmens zum Thema Voraussicht stark geprägt. So schreibt de Geus zum Beispiel: „Wir sehen nur das, was für unsere Sicht auf die Zukunft relevant ist.“[27] Erinnerungen an die Zukunft sind Abfolgen möglicher Handlungen („Wenn dieses passiert, mache ich jenes“), und als diese Zeitpfade haben sie eine wichtige Funktion. Sie helfen uns, die Bedeutung und Aussagekraft neuer Informationen zu beurteilen. Wir nehmen eine Information als bedeutend wahr, wenn sie zu unserer Erwartung der Zukunft passt. In dieser Hinsicht helfen uns Erinnerungen an die Zukunft, mit Informationsüberflutung umzugehen. De Geus beschreibt, welche Relevanz Erinnerungen an die Zukunft für die Planung und Prognoseerstellung haben: „Wir nehmen Signale der Außenwelt nur wahr, wenn sie für die Option der Zukunft, die wir in unserer Vorstellung bereits entworfen haben, relevant sind. Je mehr ‚Erinnerungen an die Zukunft' wir entwickeln, desto offener und empfänglicher sind wir für Signale der Außenwelt."[28] Oder anders herum: Wenn wir nur ein Szenario der Zukunft im Kopf haben, entgehen uns viele wichtige Signale. Je unterschiedlicher die Szenarien oder Erinnerungen an die Zukunft sind, die wir entwickeln, desto besser erkennen wir relevante Signale und desto leichter fällt es uns, sie zu interpretieren. Auf Unternehmen übertragen heißt das: Durch das Prognostizieren von Trends und das Entwickeln von Szenarien stärken Unternehmen ihre Fähigkeit, schwache Signale zu erkennen und auszuwerten, und sind dadurch besser auf strategische Überraschungen vorbereitet.[29] Wenn Führungskräfte also die Zukunft antizipieren und diese Szenarien als Erinnerungen abspeichern, entwickeln sie in ihrem Gehirn eine Art Radarsystem, das sie empfänglich macht für wichtige Signale der Veränderung.

## Das IMP Trend Radar – so funktioniert's

Jetzt, da wir gesehen haben, wie beschränkt der konventionelle, „geschlossene" Prognoseprozess ist, wollen wir uns das IMP Trend Radar, das Gallus so erfolgreich eingesetzt hat, einmal genauer ansehen. Wie können Sie das Tool in Ihrem Unternehmen implementieren? Der Prozess umfasst sechs Schritte:

### *1. Schritt: Ein Kernprojektteam bilden*

Zunächst sollten Sie ein Team zusammenstellen, das die Aufgabe hat, das Projekt voranzubringen und externe Expertinnen und Experten einzubeziehen. Gehen Sie bei der Auswahl der Mitglieder sorgfältig vor, denn der Erfolg des Projekts hängt von dem Wissen ab, das diese Personen einbringen, sowie von ihrer Kreativität und ihrem Einfluss innerhalb des Unternehmens. Bei der Zusammenstellung des Teams können Ihnen folgende Fragen behilflich sein:

- Wer im Unternehmen verfügt über kritisches Wissen in einem oder mehreren der zu bearbeiteten Felder?
- Wer kann horizontal denken, also über Abteilungsgrenzen hinweg?

- Wer sind die wichtigsten Meinungsführer im Unternehmen?
- Wen müssen Sie einbinden, damit Ihnen später in der Umsetzungsphase die Unterstützung der Belegschaft sicher ist?

Die Versuchung ist groß, hier Personen aus zentralen Unternehmensbereichen auszuwählen. Wir empfehlen jedoch, breiter und bereichsübergreifend zu denken. Dem Philosophen Isaiah Berlin zufolge unterscheidet der Politologe Philip Tetlock zwei Typen von Experten: diejenigen, die die Welt durch die Brille einer einzigen großen Idee betrachten (Igel), und diejenigen, die eher praktisch denken und ihre Schlussfolgerungen auf eine Vielzahl von Erfahrungen und Analysemethoden gründen (Füchse). Nach Tetlocks Ansicht versuchen Experten der ersten Kategorie „komplexe Zusammenhänge in schematische Erklärungen von Ursache und Wirkung zu zwängen". Alles, was dort nicht hineinpasst, tun sie als „irrelevant" ab.[30] Füchse sammeln dagegen Unmengen von Informationen zu einer Frage und sind Komplexität, Zwischentönen und Ungewissheit gegenüber aufgeschlossen.

Bei der Auswertung politischer Prognosen stellte Tetlock fest, dass die Füchse genauere Vorhersagen trafen als die Igel. Interessanterweise waren die Igel aber überzeugter von der Richtigkeit ihrer Annahmen. „Sie trieben ihre Analysen bis auf die Spitze und waren dadurch am Ende ungewöhnlich überzeugt und eher bereit, Dinge als ‚unmöglich' oder ‚sicher' einzustufen"[31], so Tetlock. Die Füchse waren dagegen vorsichtiger und verwendeten Begriffe wie „vielleicht", „andererseits" und „obwohl". Ihr Projektteam sollte aus Igeln *und* Füchsen bestehen. Die Igel werden bahnbrechende, ungewöhnliche Ideen einbringen, während die Füchse sicherstellen, dass die Schlussfolgerungen noch einen Bezug zur Realität haben.

## *2. Schritt: Den Umfang festlegen*

Da Sie nicht alle möglichen Entwicklungen im Blick haben können, müssen Sie eine Auswahl treffen. Die erste wichtige Aufgabe des Kernteams besteht deshalb darin, die Suchfelder für das IMP Trend Radar festzulegen. Dabei gilt es, die Tiefe der Analyse sowie die Breite und Reichweite der Suchstrategie zu bestimmen. In Bezug auf die Analyse sollten Sie sich fragen: Möchten Sie Trends in einem bestimmten Marktsegment oder Geschäftsbereich untersuchen oder auf Unternehmensebene? In einem diversifizierten Unternehmen ein IMP Trend Radar auf Unternehmensebene durchzuführen ist nur dann sinnvoll, wenn die Trends für alle Geschäftsbereiche gleich oder zumindest sehr ähnlich sind. Da dies selten der Fall ist, empfehlen wir eine Analyse auf Geschäftsbereichsebene.

Gibt es signifikante Unterschiede zwischen einzelnen Marktsegmenten, etwa hinsichtlich Geografie, Kundengruppen, Technologien oder gar Geschäftsmodellen, können Sie Ihre Analyse weiter fokussieren. Bei der Reichweite sollten Sie sich fragen: In welchen Suchfeldern ist mit Trends zu rechnen, die Ihr Geschäftsmodell am ehesten beeinflussen? Manche Unternehmen nehmen ein oder zwei Suchfelder in den Blick, zum Beispiel Digitalisierung und Technologien. Das ergibt jedoch nur Sinn, wenn sich auch Ihr Open-Strategy-Projekt auf diese Themen konzentriert. Da sich viele Technologietrends jedoch nicht ohne Berücksichtigung des regulatorischen Umfelds sowie von Verbrauchertrends und größerer gesellschaftlicher Entwicklungen analysieren lassen, braucht es häufig eine breite Herangehensweise, um zu einem umfassenden Verständnis zu gelangen. Ein breites Raster an Suchfeldern umfasst Bereiche wie Markt und Wettbewerber, Technologien, Verbraucher und Gesellschaft, Makroökonomie und Rahmenbedingungen sowie politische und regulatorische Entwicklungen.

### *3. Schritt: Die wichtigsten Dynamiken identifizieren*

Sobald die Suchfelder für das IMP Trend Radar festgelegt sind, muss das Team Gespräche mit internen und externen Experten führen, um ein Verständnis für die zugrunde liegenden Dynamiken und wahrscheinlichen Veränderungen im jeweiligen Suchfeld zu entwickeln. Hierbei empfiehlt es sich, mit sehr unterschiedlichen Personen zu sprechen, um so viele verschiedene und sich widersprechende Hypothesen über die Zukunft zu sammeln wie möglich. Dabei sollten Sie dieselben Fragen stellen wie bei der Zusammenstellung Ihres Projektteams. Expertinnen und Experten können einerseits Ihre Stakeholder (einschließlich Kunden, Lieferanten und Mitbewerbern) sein. Suchen Sie andererseits aber auch in angrenzenden Bereichen oder Branchen, die vor ähnlichen Herausforderungen oder Problemen stehen. Eventuell kommen auch Trendforscher oder Expertinnen in Forschungsinstituten infrage. Einige Unternehmen, mit denen wir gearbeitet haben, haben sogar Science-Fiction-Autoren mit an Bord geholt.

Denken Sie dabei daran, dass Ihre Expertinnen und Experten nicht unbedingt Spezialisten auf einem Gebiet sein müssen. Im Rahmen des Good Judgment Project, einem breit angelegten, mehrjährigen Prognose-Wettbewerb, der von der US Intelligence Advance Research Projects Activity (IARPA) finanziert wurde, haben Philip Tetlock und Dan Gardner untersucht, wie gut Amateure zukünftige Ereignisse vorhersagen. Dazu haben sie mit Tausenden Nicht-Spezialisten gesprochen und ihre Einschätzungen mit denen erfahrener Experten für Informationsanalyse verglichen. Dabei generierten sie eine Million Vorhersagen von insgesamt 25.000 Prognostikern zu geopolitischen und ökonomischen Fragen wie „Wird Russland innerhalb der nächsten drei Monate weitere Gebiete der Ukraine annektieren?“, „Werden im Laufe des nächsten Jahres einzelne Länder den Euro-Raum verlassen?“ und „Wie viele weitere Länder werden in den nächsten acht Monaten Ebola-Fälle melden?“.[32] Das Ergebnis: Talentierte Generalisten lieferten häufig bessere Prognosen als die Experten.[33]

In einer anderen Studie haben Barbara Mellers und ihre Kollegen einen Zusammenhang zwischen bestimmten Charaktereigenschaften bzw. Persönlichkeitsmerkmalen und der Genauigkeit von Vorhersagen festgestellt. Die Wissenschaftlerinnen und Wissenschaftler identifizierten eine Gruppe von „Superforecasters“ – Personen, deren Prognosen „über Hunderte von Fragen und ein breites Themenspektrum hinweg eine hohe Genauigkeit“[34] aufwiesen. Als sie diese Top-Analysten mit Personen verglichen, deren Vorhersagen weniger konsistent und zuverlässig waren, stellten sie fest, dass die Superforecaster über andere Fähigkeiten und kognitive Eigenschaften verfügten sowie mehr Motivation und Engagement zeigten: Sie waren eher vorsichtig, bescheiden und nichtdeterministisch (d.h., sie betrachteten Ereignisse als im Fluss befindlich oder zufällig statt vorherbestimmt). Sie zeigten sich offen, neugierig, nachdenklich, pragmatisch und konnten gut mit Zahlen umgehen. Sie waren anderen Meinungen gegenüber aufgeschlossen und in der Lage, ihre Meinung angesichts neuer Fakten zu ändern. Auch ihrer kognitiven Verzerrungen waren sie sich bewusst. Zudem besaßen sie ein Growth Mindset und zeichneten sich durch Beharrlichkeit aus.[35] Diese Eigenschaften sollten Sie bei der Auswahl Ihrer Gesprächspartner im Hinterkopf behalten. Und setzen Sie sich als Ziel, so viele Superforecaster wie möglich zu interviewen.

Sie fragen sich vielleicht, wie viele Expertinnen und Experten Sie einbeziehen sollten. Hier müssen Sie ein wenig experimentieren. Denn bei Ihren Expertenbefragungen werden Sie irgendwann einen Sättigungspunkt erreichen, an dem

Sie mit so vielen Spezialisten gesprochen haben, dass weitere Gespräche keine bedeutenden neuen Erkenntnisse mehr zutage fördern. An diesem Punkt können Sie guten Gewissens aufhören.[36] Im Vorfeld lässt sich nicht sagen, wie viele Interviews Sie führen müssen, um an diesen Punkt zu gelangen, doch wenn Sie ihn erreicht haben, wissen Sie es, und können diesen Teil des Prozesses abschließen. Unsere Erfahrung zeigt, dass Unternehmen normalerweise etwa zehn Interviews mit internen und externen Akteuren (wobei die Zahl der externen überwiegen sollte) pro Suchfeld durchführen. Bei fünf Suchfeldern wären das fünfzig Interviews.

### *4. Schritt: Hypothesen aufstellen*

Nachdem Ihr Team die Gespräche ausgewertet hat, geht es darum, spezifische Hypothesen über zukünftige Entwicklungen zu formulieren. Dieser Teil des Prozesses gliedert sich in drei Phasen:[37] In der ersten Phase, die wir „Multiperspektivität" nennen, betrachtet das Team jedes Themengebiet aus verschiedenen Blickwinkeln. Dabei arbeiten die Mitglieder in kleineren Teilgruppen, sehen sich noch einmal die Experteninterviews an und formulieren dann auf Basis dieser Schlussfolgerungen und Empfehlungen Hypothesen für die einzelnen Suchfelder. So generieren sie eine große Zahl voneinander abweichender Hypothesen. Diese Hypothesen stellen sie dem gesamten Team vor, holen Feedback ein und integrieren dieses, wo sinnvoll. In der Evaluierungsphase verfeinert das Team die Hypothesen, indem es die relevanten Ideen auf Herz und Nieren prüft und eventuelle neue Erkenntnisse berücksichtigt. Dieses Finetuning findet so lange statt, bis sich keine neuen Hypothesen mehr aufstellen lassen. In der letzten Phase, der „Zusammenführung", wird die Anzahl der Hypothesen weiter reduziert, bis am Ende vierzig bis sechzig zentrale Hypothesen übrigbleiben.

Diese Hypothesen sollten so konkret wie möglich sein und so formuliert, dass sie sich überprüfen und falsifizieren lassen. Die Prognose von Steve Ballmer, dass das iPhone nie im Leben einen bedeutenden Marktanteil erlangen werde[38], würde hier nicht als Hypothese gelten, da sie weder genau noch falsifizierbar ist. Denn was ist ein „bedeutender Marktanteil"? 10 Prozent des Marktes? 20 Prozent? 50 Prozent? Und über welchen Markt sprechen wir überhaupt: den US-amerikanischen Mobilfunkmarkt oder den globalen? Und zu welchem Stichtag? Eine zulässige Hypothese wäre stattdessen: „Innerhalb der nächsten zwei Jahre werden in den USA weniger als 10 Millionen iPhones verkauft." Zum damaligen Zeitpunkt wäre das allerdings eine ziemlich gewagte Prognose gewesen, denn im dritten Quartal 2007 kauften US-amerikanische Verbraucher weniger als 300.000 iPhones.[39]

### *5. Schritt: Die wichtigsten Trends identifizieren und die Bereitschaft dafür ermitteln*

Da Sie nun eine Vielzahl unterschiedlicher und teilweise sich widersprechender Hypothesen gesammelt haben, geht es in diesem Schritt darum, diese von internen und externen Expertinnen und Experten bewerten zu lassen. Das können Sie im Rahmen eines persönlichen Treffens tun, schneller und einfacher geht es aber mit einer Online-Umfrage: Auf einer Skala von 1 bis 100 sollen die Experten einschätzen, mit welcher Wahrscheinlichkeit die jeweilige Hypothese eintreten und wie stark sie die Branche oder das Unternehmen beeinflussen wird. Mit diesen Bewertungen versucht das Team dann die Hypothesen nach thematischen Trends zu clustern oder zu kategorisieren.

Wenn Sie sich zum Beispiel Gedanken über die Zukunft der Mobilität machen, könnten Sie die folgenden Hypothesen testen: „Im Jahr 2035 wird die Mobilität ganz unterschiedliche Anwendungsbereiche haben und dadurch neue Kundenerlebnisse schaffen, etwa in den Bereichen Kommunikation, Unterhaltung, Arbeit und Freizeit." „Im Jahr 2035 werden die Benutzeroberflächen in den Fahrzeugen denen persönlicher Geräte gleichen." „Im Jahr 2035 werden Softwareanbieter in der Wertschöpfungskette die größte Gewinnspanne erzielen." Bei der Analyse dieser Hypothesen könnten Sie zum Beispiel folgenden übergeordneten Trend erkennen: einen Wechsel vom Fahrerlebnis hin zu Erlebnissen während des Fahrens.

Ist die Bewertung abgeschlossen, sollten Sie ermitteln, wie bereit Sie für den jeweiligen Trend sind. Bitten Sie die Unternehmensverantwortlichen dazu, die Bereitschaft des Unternehmens auf einer Skala von 1 bis 100 zu bewerten, wobei 1 eine sehr niedrige und 100 eine sehr hohe Bereitschaft bedeutet. Indem Sie wissen, wie bereit Sie für den jeweiligen Trend sind, können Sie leichter Ihre Schwachpunkte ermitteln und überlegen, wie Sie diese vermeiden. Dabei hilft es, folgende Fragen zu beantworten: Sind wir uns bewusst, vor welchen zukünftigen Herausforderungen das Unternehmen steht? Auf welche Bereiche sollten wir uns konzentrieren, um das bestehende Geschäft zu sichern? Helfen uns unsere derzeitigen Strategien, künftige Bedrohungen abzuwehren? Beschäftigen Sie sich zu diesem Zeitpunkt noch nicht mit den Chancen, die die Disruption mit sich bringen könnte. Diesem Schritt widmen wir uns später im Open-Strategy-Prozess, wenn Sie Ihre neuen Geschäftsmodelle entwickeln.

### *6. Schritt: Das IMP Trend Radar erstellen*

Jetzt haben Sie alle Informationen zusammen, um das IMP Trend Radar erstellen zu können. Abbildung 6.2. zeigt die einzelnen Trends, die Wahrscheinlichkeit, mit der sie eintreten, wie stark sie die Branche beeinflussen, und wie bereit Ihr Unternehmen ist, diese anzugehen. Je mehr sich ein Trend in der Mitte des Radars befindet, desto eher wird er eintreten. Die Größe der Kreise steht für den Einfluss, den der Trend auf die Branche haben wird (hoch, mittel, gering), und die Graustufe zeigt die Bereitschaft Ihres Unternehmens für den Trend. In der Abbildung können Sie sehen, dass zwei Trends besonders relevant sind, das Unternehmen auf sie aber nicht gut vorbereitet ist (große hellgraue Kreise) und nur einer davon mit hoher Wahrscheinlichkeit eintreten wird. Diese Trends gilt es bei der Entwicklung Ihrer Strategie zu priorisieren.

Das IMP Trend Radar sollte zu einem Standardtool in Ihrem jährlichen Strategieprozess werden. Es hilft Ihnen, sich einen Gesamtüberblick über die relevanten Trends zu verschaffen, ihren Einflussgrad auf Ihr Unternehmen zu bestimmen und zu ermitteln, wie sie sich im Laufe der Zeit verändern könnten. Die Visualisierung in Form des Radars erleichtert zudem die Kommunikation. Sie hilft, die Strategie zu diskutieren und Prioritäten zu setzen. Generell gilt: Konzentrieren Sie sich zunächst auf die Trends in den inneren Kreisen des Radars. Auf sie sollte Ihr Unternehmen gut vorbereitet sein. Große (hohe Relevanz), hellgraue (geringe Bereitschaft) Kreise stehen für unmittelbare, ernst zu nehmende Bedrohungen. Die äußeren Kreise des Radars stellen dagegen ein Frühwarnsystem dar, das Ihnen ähnlich wie ein Flugradar hilft, feindliche Flugzeuge oder nicht identifizierbare Objekte frühzeitig zu erkennen, sodass Sie noch Zeit haben zu reagieren. Indem Sie die Trends und die Bewertungen regelmäßig aktualisieren, erkennen Sie, wie sie sich über die Zeit verändern, und können überlegen, ob sie Ihre Aufmerksamkeit benötigen. Wird ein Kreis mit der Zeit größer, gewinnt der Trend an Bedeutung für Ihr Unternehmen. Wandert er näher zur Mitte, steigt die Wahrscheinlichkeit, dass er eintritt.

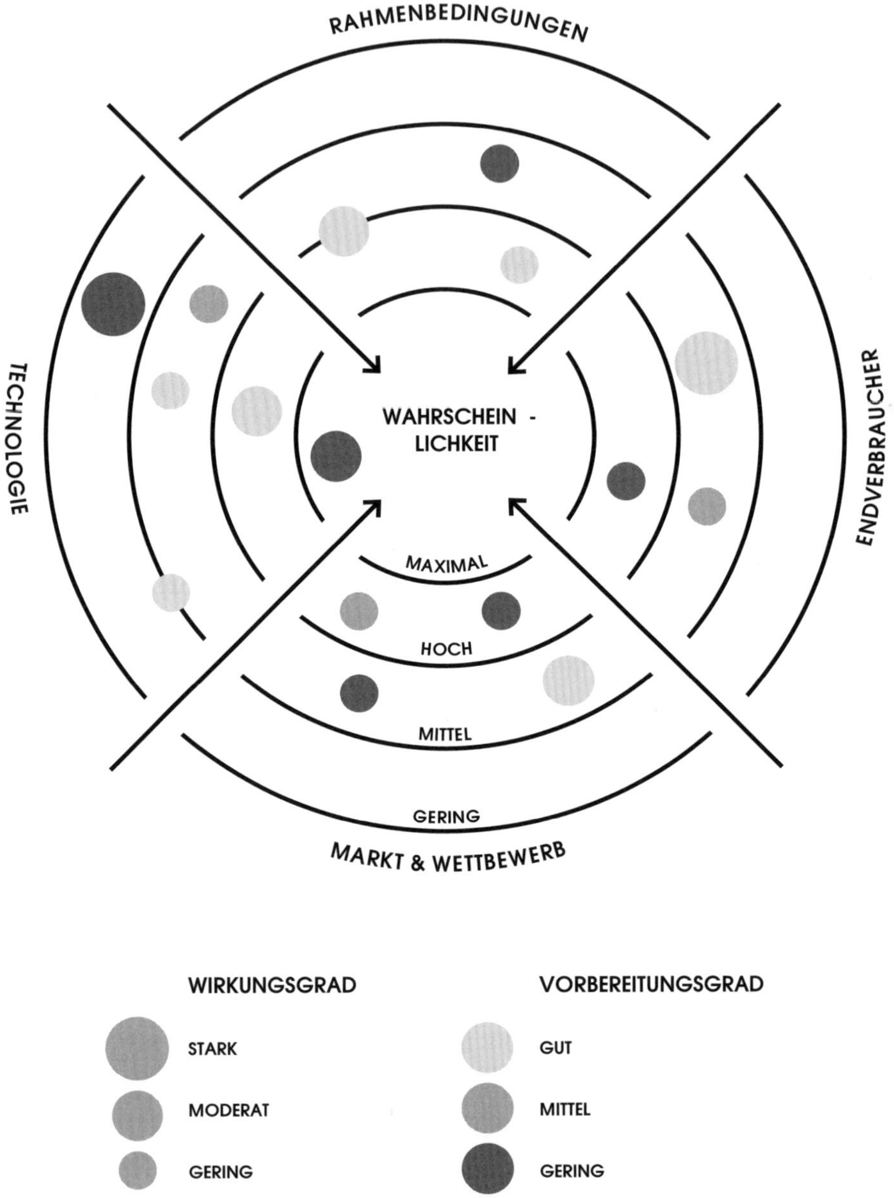

RAHMENBEDINGUNGEN
TECHNOLOGIE
ENDVERBRAUCHER
MARKT & WETTBEWERB
WAHRSCHEIN -
LICHKEIT
MAXIMAL
HOCH
MITTEL
GERING
WIRKUNGSGRAD
STARK
MODERAT
GERING
VORBEREITUNGSGRAD
GUT
MITTEL
GERING

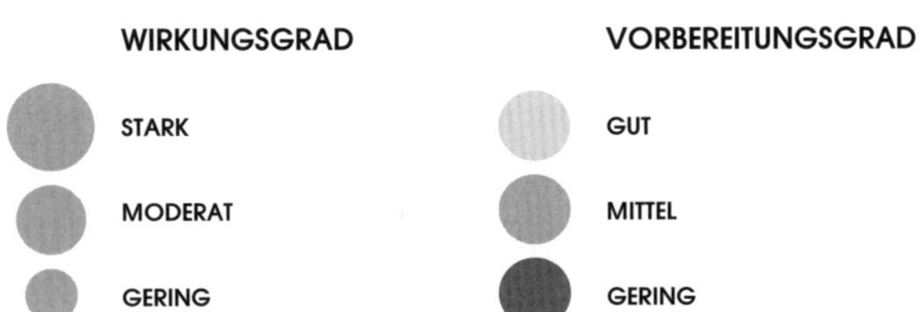

***Abb. 6.2:*** *Beispiel für ein IMP Trend Radar*

Um das Vorgehen besser zu verstehen, sehen wir uns einmal an, wie ein großes Industrieunternehmen, das wir Fogland Industries nennen, sein IMP Trend Radar erstellt hat (zur Wahrung der Anonymität haben wir bestimmte Daten, die einen Hinweis auf die Identität des Unternehmens geben könnten, geändert). Das Unternehmen verfügte über sieben Geschäftsbereiche und generierte einen Jahresumsatz von 50 Milliarden Euro. Der Geschäftsbereich High Technology Materials, der sich auf die Märkte Automobilherstellung, Elektrotechnik, Verpackung sowie Sport und Freizeit konzentrierte, trug dabei 15 Prozent zum Gesamtumsatz des Unternehmens bei. Um besser zu verstehen, wie die Digitalisierung und die Marktdynamik den zukünftigen Kurs des Unternehmens beeinflussen könnten, erstellte der Bereich High Technology Materials 2019 ein IMP Trend Radar.

Dabei zeigte sich, dass das Unternehmen in einem Umfeld tätig war, das viele Herausforderungen, aber auch viele Chancen bereithielt. Der chinesische Markt wuchs und würde 2030 voraussichtlich etwa 50 Prozent des weltweiten Markts von Fogland ausmachen. Die Nachfrage nach elektrischen Autos stieg und schuf einen Markt für Batterien und Hightech-Materialien, die für deren Herstellung benötigt wurden. Hier rechnete Fogland mit Wachstumsraten im zweistelligen Bereich. Zudem hatten sich einige Länder, die zu den wichtigsten Absatzgebieten von Fogland gehörten, ehrgeizige Klimaziele gesetzt, und einige der wichtigsten Märkte des Unternehmens erlebten gerade disruptive Umbrüche. Preisrückgänge bei Konsumgütern beeinträchtigten die Preispolitik des Unternehmens, und die Digitalisierung hatte Auswirkungen auf Produkte, Prozesse und Geschäftsmodelle.[40] Mit dem IMP Trend Radar wollten die Verantwortlichen zu einem gemeinsamen Verständnis darüber gelangen, welche Auswirkungen die Digitalisierung und die Marktdynamik auf das Geschäft von High Technology Materials haben könnten.

Das Projektteam von Fogland, das Beschäftigte aus den Bereichen technische Entwicklung, Marketing, Markterschließung, FuE sowie Strategie umfasste, identifizierte vier Kernbereiche, auf die es sich konzentrieren wollte: Endverbraucher, Markt und Wettbewerber, Technologie und Rahmenbedingungen. Zu jedem dieser Themengebiete formulierte das Team mehrere Fragen. Im Bereich „Endverbraucher“ wollten es zum Beispiel wissen: „Welche (neuen) Formen der Mobilität werden sich in Zukunft durchsetzen?“ und „Wie verhalten sich die Endverbraucher zukünftig?“ Im Bereich „Rahmenbedingungen“ interessierte es: „Mit welchen regulatorischen Eingriffen ist in den nächsten Jahren zu rechnen?“ und „Wie wirken sich politische Veränderungen auf die weltweite Mobilität aus?“

Im nächsten Schritt stellte das Team eine heterogene Gruppe aus 49 Fogland-Experten und 95 externen Spezialisten zusammen, darunter Topmanager, Wissenschaftlerinnen und Experten aus zwölf Unternehmen und Institutionen wie Siemens, Nokia, Bosch, BMW, der Yale University, dem Center for Cultural Studies and Technology in China (China Center der TU Berlin) und der Agency for Science Technology and Research in Singapur. IMP sprach mit all diesen Expertinnen und Experten, um Trends in den vier zentralen Märkten Transport, Bau, Unterhaltungselektronik und Industrie zu identifizieren. Daraus leitetet das Team 159 Hypothesen über die Zukunft ab. Mithilfe von Online-Befragungen bat das Team dann 332 Experten weltweit (152 Fogland-Beschäftigte und 180 Externe), die Hypothesen auf ihren jeweiligen Gebieten zu bewerten. Schließlich teilte das Team die Trends in vier Kategorien ein und erstellte ein IMP Trend Radar.

Im Bereich „Rahmenbedingungen" stellte das Team zum Beispiel folgende Hypothesen auf:

- „Materialvorschriften: Ab 2035 müssen Kunststofflieferanten Materialien aus der Automobilindustrie aufbereiten und wiederverwenden."
- „End-of-Life-Recyclingfähigkeit: 2035 werden im Zuge der End-of-Life-Recyclingfähigkeit neue Materialinnovationen entstehen (zum Beispiel Verbundstoffe, Kohlenstofffasern etc.)."
- „Neue Regelungen zur $CO_2$-Emission: Ab 2035 werden Gesetze zum $CO_2$-Austoß den gesamten Produktlebenszyklus betreffen, einschließlich Produktion und Recycling."

Diese Hypothesen wurden anschließend von 46 Fogland-Experten und 47 externen Spezialisten, die nicht in die Erstellung der Hypothesen eingebunden waren, bewertet. Dabei kristallisierten sich einige sehr relevante Annahmen heraus, während andere beiseitegeschoben wurden. Im Rahmen eines Workshops reduzierte das Projektteam die Anzahl der Hypothesen auf 67. Im Anschluss daran führten es eine Online-Befragung durch, bei der 93 Expertinnen und Experten weltweit (46 Fogland-Beschäftigte und 47 Externe) die Hypothesen auf ihren jeweiligen Gebieten bewerten sollten. Am Ende hatte das Team etwa 30 Trends in acht verschiedenen Kategorien identifiziert (siehe Abbildung 6.3) und ein IMP Trend Radar (siehe Abbildung 6.4) erstellt.

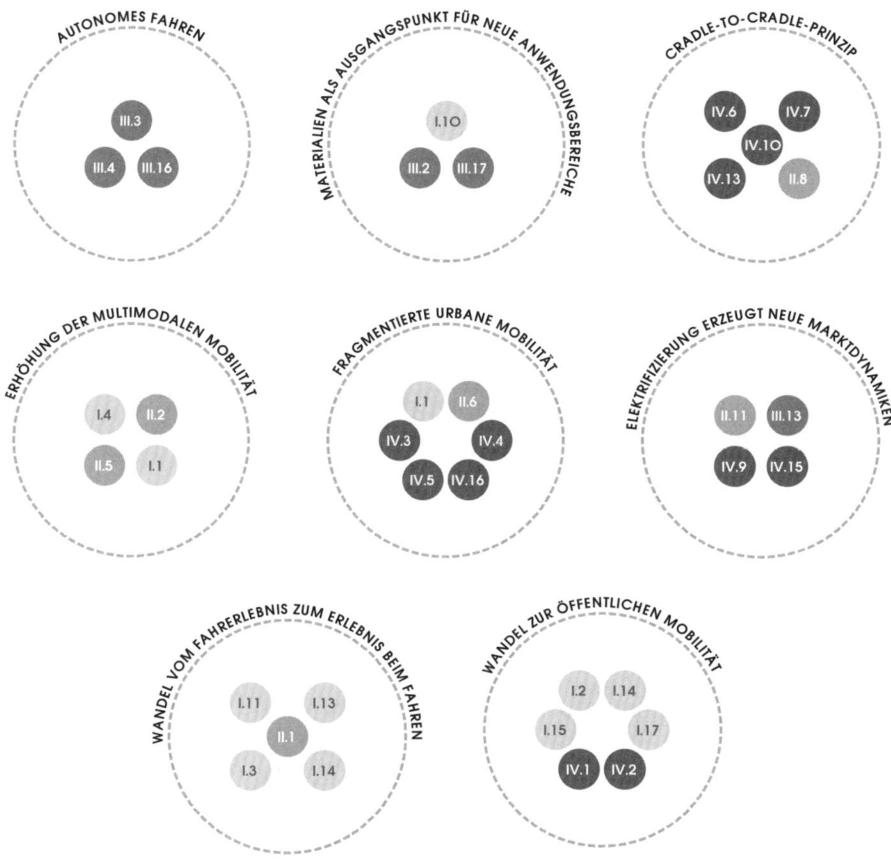


***Abb. 6.3:** Trend-Kategorien von Fogland*

Anhand des IMP Trend Radar identifizierte Fogland dann die Trends, die strategische Bedeutung für das Unternehmen hatten. Eine Kategorie von Hypothesen befasste sich zum Beispiel mit dem Cradle-to-Cradle-Prinzip, das das Ziel verfolgt, Abfälle zyklisch zu recyceln, ähnlich wie es die Natur im Rahmen ihrer Regenerationsprozesse tut. Hypothesen wie „Ab 2035 werden Gesetze zum $CO_2$-Austoß den gesamten Produktlebenszyklus betreffen, einschließlich Produktion und Recycling", „Ab 2035 wird die Kreislaufwirtschaft im Mobilitätssektor neue Geschäftsmodelle und Marktakteure hervorbringen, die etablierte Unternehmen im Bereich Wertschöpfung herausfordern" und „Ab 2035 müssen Kunststofflieferanten Materialien aus der Automobilindustrie wiederverwenden" deuteten auf einen Wandel zu einer Kreislaufwirtschaft hin. Eine solche Verschiebung hatte enorme Konsequenzen für Fogland, da ein Mehr an Auflagen zu Materialien und deren Entsorgung am Ende des Lebenszyklus schnelle Innovationen im Bereich der Materialwissenschaften erforderten. Weitere ganzheitliche Analysen zum Lebenszyklus der Materialien unterstrichen diese Schlussfolgerungen zusätzlich.

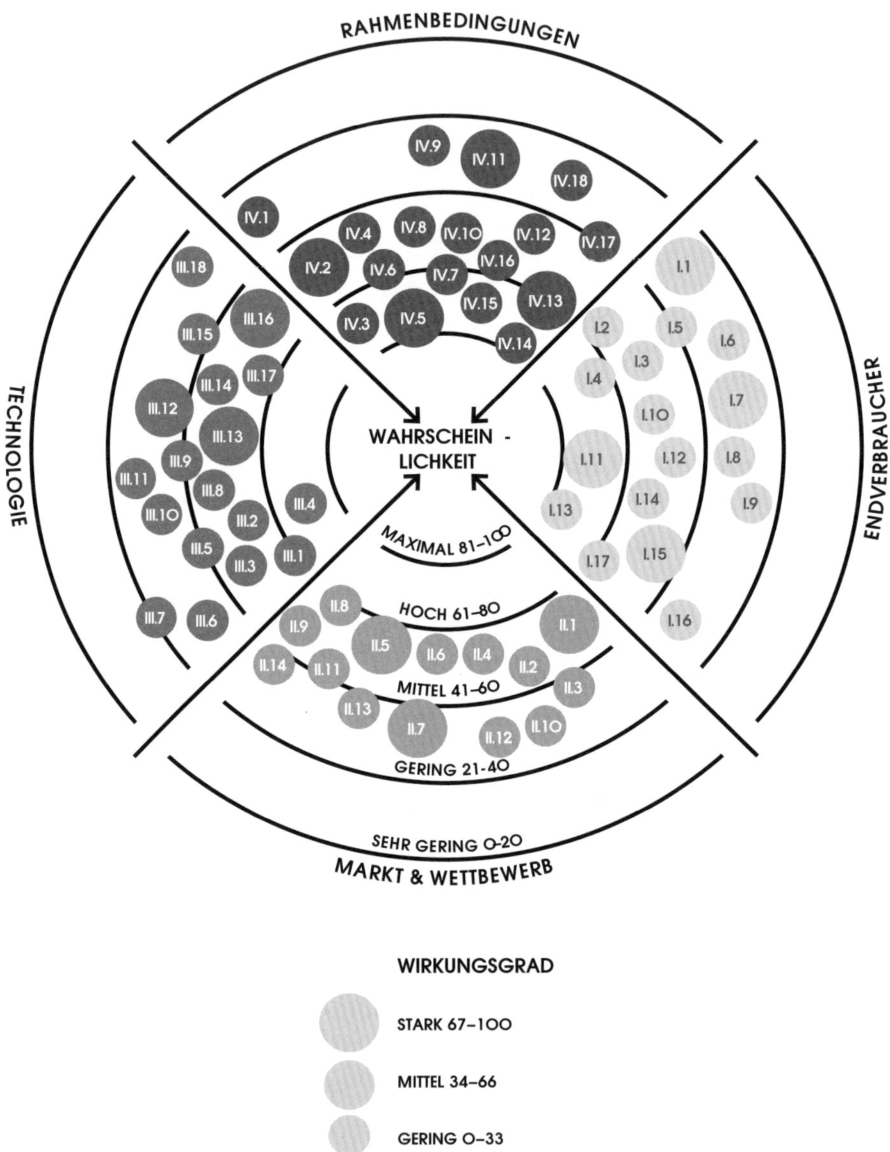


***Abb. 6.4:** IMP Trend Radar von Fogland*

Diese und andere Trends waren dem Unternehmen auch vor dem Trend Radar bekannt gewesen. Bei dieser Übung ging es aber auch gar nicht darum, sich über die Zukunft klarzuwerden, erklärte ein Fogland-Manager. „Große Unternehmen wie Fogland betreiben selbstverständlich viel Trendforschung und sind über zukünftige Entwicklungen im Bilde. Sie müssen nur ein paar Minuten im Internet recherchieren und schon haben Sie Ihre Trends. Das ist nicht das Problem. Viel schwieriger für ein Unternehmen mit einer hundertjährigen Tradition, das bislang fast alles richtig gemacht hat, ist es, in die Zukunft zu blicken und ein gemeinsames Verständnis dafür zu entwickeln, welche Herausforderungen diese Entwicklungen für die Branche bedeuten, und entsprechend zu handeln."[41]

Wie genau würden diese Trends sich gegenseitig beeinflussen? Welche konkreten Folgen hätte das fürs Geschäft? Und welche Trends sollte das Unternehmen bei der Entwicklung seiner Strategie besonders berücksichtigen? Mit diesen Fragen mussten sich die Verantwortlichen bei Fogland beschäftigten. Indem das Unternehmen Externe in die Erstellung des IMP Trend Radar einbezog, fiel es ihm leichter, die Zukunft vorherzusagen.

An dieser Stelle drängt sich die Frage auf, warum ein Unternehmen wie Fogland nicht einfach eine – oder gleich drei – Beratungsfirmen mit der Trendforschung beauftragte. Laut dem oben zitierten Fogland-Manager kann die externe Beauftragung der Trendanalyse tatsächlich relevante Erkenntnisse zutage fördern. Allerdings könne das Unternehmen dann nicht von den Umsetzungsvorteilen profitieren, die das IMP Trend Radar mit sich bringt. „Sie können natürlich exzellente Trendanalysen von den verschiedensten Anbietern einkaufen. Die Analyse gemeinsam mit Ihren Führungskräften und externen Partnern durchzuführen und interne Ansichten mit externen Perspektiven abzugleichen, ist jedoch fünfmal besser als jede PowerPoint-Präsentation der besten Beratungsgesellschaften der Welt." Durch die gemeinsame Arbeit am Radar würden die Beschäftigten ein gemeinsames Verständnis der Herausforderungen entwickeln und die endgültigen strategischen Entscheidungen eher mittragen.[42]

## Fazit

Ist Ihr Unternehmen in der Lage, in die Zukunft zu blicken? Wenn Sie klassische Trendforschung im Rahmen eines geschlossenen Prozesses betreiben, ist Ihr Verständnis für zukünftige Entwicklungen vielleicht nicht so gut, wie Sie glauben. Wir haben gesehen, dass interne Akteure den verschiedensten kognitiven Verzerrungen unterliegen können, was ihre Fähigkeit mindert, neue Trends frühzeitig zu erkennen. Die Lösung besteht darin, Externe einzubeziehen. Mithilfe des IMP Trend Radar binden Unternehmen interne wie externe Expertinnen und Experten systematisch in ihre Überlegungen ein und generieren eine Vielzahl von Hypothesen über die Zukunft, die sie dann auf einige zentrale Trends herunterbrechen können. Die Übung ermöglicht es zudem, verschiedenartige Trends gleichzeitig und im Zusammenspiel zu betrachten und so einen ganzheitlichen Blick auf die Zukunft und ein gemeinsames Verständnis für die zugrunde liegenden Dynamiken zu entwickeln. Wenn sich Unternehmensverantwortliche regelmäßig an dieser Übung beteiligen, sind sie in der Lage, Trends frühzeitig zu erkennen und sich auf die weiteren Phasen im Strategieprozess vorzubereiten, indem sie das gemeinsam entwickelte Zukunftsbild mit den strategischen Überlegungen des Unternehmens verbinden.

**Fragen zur Reflexion:**

- Wie stellt Ihr Unternehmen Prognosen über die Zukunft an? Ist dieses Vorgehen so effektiv, wie Sie und Ihre Kolleginnen und Kollegen glauben?
- Gab es in der Vergangenheit strategische Überlegungen, die sich als falsch erwiesen haben? Warum ist es den Verantwortlichen damals nicht gelungen, die Zukunft vorherzusagen? Welche kognitiven Verzerrungen könnten eine Rolle gespielt haben?
- Denken Sie einmal daran zurück, als Sie sich zu einem früheren Zeitpunkt in Ihrer beruflichen Laufbahn Gedanken über die Zukunft gemacht haben: Welche „unbekannten Unbekannten" hatten Sie damals nicht auf dem Schirm, die Ihnen heute bekannt sind? Gibt es vielleicht auch heute noch solche unbekannten Unbekannten?
- Teilen andere im Unternehmen Ihre Einschätzungen über die Zukunft? Falls nicht: Was könnten Sie tun, um Konsens herzustellen?

# Kapitel 7
# „Disrupt yourself before others do!"

Auf der Suche nach Inspiration reisen Christen nach Rom oder Jerusalem, Muslime pilgern nach Mekka, Sikhs versammeln sich am Goldenen Tempel von Amritsar, Juden beten an der Klagemauer in Jerusalem. Und Unternehmensverantwortliche? Sie buchen einen Flug ins Silicon Valley, zumindest war das vor Corona so.

Einer dieser Pilger ist Gispert Rühl, Chef von Klöckner, dem größten Stahlhändler Europas. Er erlebte jeden Tag, wie hoffnungslos inneffizient der Stahlhandel war. Klöckner verdiente sein Geld mit der Lagerung von Stahl in der Nähe der Werke seiner Kunden, um diese nach Bedarf mit dem Rohmaterial versorgen zu können. Die Lagerung war jedoch nur erforderlich, weil die Kommunikation zwischen den Kunden, Klöckner und den Produzenten so schlecht funktionierte. Würde Klöckner über die Bedarfe der Produzenten und Kunden in Echtzeit informiert, könnte das Unternehmen das Material just-in-time bereitstellen, und eine Lagerung wäre überflüssig.[1]

Um ein Geschäftsmodell zu entwickeln, das auf einem nahtlosen Informationsfluss beruhte, begab sich Rühl auf dieselbe Bewusstseinserweiterungsreise wie zuvor sein deutscher Management-Kollege Christoph Keese, Executive Vice President von Europas größtem Verlagshaus, Axel Springer. Dieser hatte sechs Monate im Silicon Valley verbracht. Rühl hatte Keeses Buch gelesen, in dem dieser von seinen Erfahrungen im Herzen der Tech-Innovationsschmiede berichtet und darlegt, „was aus dem mächtigsten Tal der Welt auf [Europa] zukommt"[2]. Rühl wollte jedoch seine eigenen Erfahrungen machen. Also reiste er ins Silicon Valley, traf sich mit Gründern, Hightech-Unternehmen und Risikokapitalfirmen und bat sie um Ideen, wie man die Stahlindustrie revolutionieren könnte.

Bei seiner Rückkehr nach Deutschland verspürte er dieselbe Energie und Klarheit wie Gläubige, die von einer Pilgerreise heimkehren. Die Gespräche hatten ihm deutlich gemacht: Klöckner musste sich zu einer digitalen Plattform für die Stahlindustrie entwickeln. Anstatt Stahl im Wert von Milliarden zu beschaffen, zu lagern und weiterzuverkaufen, könnte das Unternehmen eine Plattform betreiben, auf der Kunden und Produzenten direkt miteinander kommunizieren. Durch die Digitalisierung der Wertschöpfungskette würde Rühl genau das erreichen, was er beabsichtigte: Informationen zwischen Produzenten und Kunden in Echtzeit austauschen und so die Effizienz steigern. „Alle Baustellen würden mit Tausenden von Sensoren ausgestattet werden", so Rühl. „Der Fortschritt auf den Baustellen würde verfolgt werden (…) Der Algorithmus würde im Vorfeld berechnen, zu welchem Zeitpunkt Stahlträger für das zweite Stockwerk benötigt würden und diese Informationen an die Klöckner-Plattform melden. (…) Die Plattform würde alle Bestellungen in der Region bündeln, sodass die Stahlwerke Gebote abgeben könnten (…) [und] der Stahl bestellt und verkauft wäre, bevor er überhaupt hergestellt würde."[3]

2014 stellte Klöckner seine Innovationsplattform kloeckner.i vor und ebnete Stahl damit den Weg ins digitale Zeitalter. Auf der Plattform, die wie ein Marktplatz im Stil von Amazon funktioniert, bot Klöckner seine eigenen Stahl- und Metallprodukte an. Das Unternehmen, das in Silicon-Valley-Tradition als Start-up mit zwei Angestellten in einem Coworking-Space begonnen hatte, beschäftigt heute mehr als 90 digitale Expertinnen und Experten in den unterschiedlichsten Bereichen – vom digitalen Marketing bis zu Analytics. Im vierten Quartal 2019 erzielte die Plattform 2 Milliarden Euro aus Stahlverkäufen und generierte damit etwa 30 Prozent des Gesamtumsatzes von Klöckner – und das mit nur 10 Prozent der Belegschaft.[4]

Durch seine Reise ins Silicon Valley „öffnete" Rühl – wie Keese vor ihm – die strategischen Überlegungen seines Unternehmens mit dem Ziel, es von der typischen organisationalen Kurzsichtigkeit zu befreien. Die beiden Manager hatten erkannt, dass die Strategiefindung im stillen Vorstands-Kämmerlein nicht die Weitsicht und Ideen ermöglicht, die nötig wären, um den Untergang ihres Unternehmens zu antizipieren und präventive Schritte zu planen. Glücklicherweise müssen Sie kein Flugzeug besteigen, um zu ähnlichen Einsichten über Ihr Unternehmen und seine Zukunft zu gelangen. In den letzten Jahren haben viele Unternehmen eine ganz bestimmte Open-Strategy-Übung durchlaufen, die von IMP entwickelt wurde: die IMP Nightmare Competitor Challenge. Bei dieser Übung kommen interne und externe Akteure zusammen, um gemeinsam einen fiktiven Disruptor, den sogenannten „Alptraum-Wettbewerber" des Unternehmens heraufzubeschwören.[5]

Die IMP Nightmare Competitor Challenge ist inspiriert von „Wargaming", wie es es Streitkräfte seit Langem durchführen, um Überraschungen im aktiven Kampfeinsatz zu antizipieren. Sie hebt sich davon aber zugleich in ganz wesentlichen Punkten ab. Beim Wargaming simulieren die Teilnehmer auf der Basis echter Regeln, Daten und Abläufe Konflikte und treffen Entscheidungen, die andere Spieler wiederum zum Handeln bewegen. Im Verlauf der Geschichte – vom Trojanischen Pferd über den Angriff auf Pearl Harbor bis zu den Ereignissen des 11. September 2001 – wurden Staaten und Armeen immer wieder von plötzlichen Krisen oder Angriffen überrascht – und das trotz militärischer Geheimdienste und einem guten Gespür für die Absichten des Feindes. Ereignisse wie diese haben Militärs, Regierungen und später auch Unternehmen dazu bewogen, Ansätze zum Umgang mit strategischen Überraschungen zu entwickeln. So arbeitet das Militär zum Beispiel seit mehr als 200 Jahren mit sogenannten War Games, um die Bewegungen und Strategien des Gegners zu antizipieren und komplexe Interaktionen zwischen Technologien (etwa Waffenplattformen), Gegnern und Verbündeten oder Spielern innerhalb eines Teams zu verstehen.[6] In diesen Kriegsspielen werden Aktionen und Reaktionen simuliert. Die Akteure treffen auf Basis von Regeln, Daten und Abläufen Entscheidungen, die dann bei den Spielern der Gegenseite bestimmte Reaktionen auslösen.[7] Eines der ersten War Games geht auf von Reisswitz, einen jungen Leutnant der preußischen Armee, zurück. Er nannte sein 1824 entwickeltes Spiel „Kriegsspiel". Es bestand aus einer Landkarte, die das Gebiet darstellte, holzfarbenen Blöcken, die die militärischen Waffen repräsentierten, und einigen Regeln für Bewegung und Kampf. Das Spiel entwickelte sich zu einem offiziellen Schulungsinstrument und wurde zum Testen von Theorien und Strategien genutzt. Die Kriegsspiele waren so verbreitet und effektiv, dass der preußische Generalstab den Erfolg seiner Armee in Teilen auf den Einsatz von War Games in der Offiziersausbildung zurückführte.[8] Anfang des 20. Jahrhunderts stießen War Games beim U.S. Naval College auf große Begeisterung. 1960 sagte der Flottenadmiral Chester Nimitz: „Der Krieg mit Japan wurde hier [am Naval War College] in den Game Rooms von so vielen Leuten nachgespielt, dass nichts, was damals im Krieg geschah, eine Überraschung für uns war – wirklich nichts, außer die Kamikaze-Taktiken gegen Ende des Krieges. Diese hatten wir nicht vorhergesehen."[9] Das mag übertrieben sein, doch zumindest erlaubten die Kriegsspiele ihm, die Entwicklungen zu verstehen und seine Strategie im Pazifik anzupassen. Nach dem Zweiten Weltkrieg und mit dem Fortschreiten des Kalten Krieges nahm die Verbreitung von War Games weiter zu. So nutzte die RAND Corporation den Ansatz für das Entwickeln von Krisenszenarien, allen voran der Atomkrise.[10] Heute finden War Games in verschiedenen Varianten auf den obersten Ebenen des US-Verteidigungsministeriums ebenso Anwendung wie in Fortune-500-Unternehmen.[11] Studien zum Einsatz von War Games zeigen zwei interessante Effekte: Zum einen machen sie die Entscheiderinnen und Entscheider wachsamer und sorgen dafür, dass diese eine größere Bandbreite an Alternativen berücksichtigen und ihre Ziele überprüfen. Die Global War Games, die vor dem Zerfall der Sowjetunion am Naval War College durchgeführt wurden, haben zu einem radikalen Kurswechsel in der Strategie hinsichtlich des kombinierten Einsatzes von US-Marine- und Landstreitkräften zur Verhinderung eines potenziellen sowjetischen Angriffs geführt.[12] Zum anderen erkennen die Teilnehmerinnen und Teilnehmer frühe Anzeichen für Veränderung besser und ändern ihre mentalen Modelle, das heißt ihre Annahmen, Verallgemeinerungen und Bilder der Welt, die ihnen helfen, Dinge zu vereinfachen, Struktur herzustellen und Unsicherheit zu reduzieren.

Die IMP Nightmare Competitor Challenge will die Teilnehmer in die Lage versetzen, Disruption frühzeitig, vor allem frühzeitiger als Andere zu erkennen, um daraus Schlüsse zu ziehen und Maßnahmen einzuleiten. Im Kern geht es um Antizipation zukünftiger, realer Angriffe, in dem ein fiktiver Wettbewerber konstruiert wird, der sich bestens mit der Zukunft arrangiert hat. Die Übung sieht Disruption zunächst als Bedrohung und nicht als Chance. Hintergrund ist die Erfahrung, dass Führungskräfte eher durch Bedrohungen entscheiden und handeln. Das eigentliche Ziel ist aber, in der Bedrohung die eigene Chance zu sehen und zu nutzen, sprich, Geschäftsmodelle zu finden, auf die Unternehmen unter normalen Umständen nicht kommen würden. Das unterscheidet die IMP Nightmare Competitor Challenge ganz wesentlich vom Wargaming, bei dem es in der Regel darum geht, sich auf Worst-Case-Szenarios vorzubereiten. Ein weiterer Unterschied besteht darin, dass Wargaming meist „im Verborgenen“ im Kreis der engsten Vertrauten abläuft. Die IMP Nightmare Competitor Challenge ist das genaue Gegenteil: Eine möglichst offene Veranstaltung mit heterogenen Teilnehmern, um ein „group-thinking“ zu verhindern.

Ziel der Übung ist es nicht, disruptive Umbrüche zu verhindern – das wäre auch kaum möglich. Die IMP Nightmare Competitor Challenge soll Führungskräfte in die Lage versetzen, weitreichende Verschiebungen frühzeitig zu erkennen, um sich darauf vorzubereiten. Oftmals schließt sich die Challenge an eine IMP Trend Radarübung an, die wir in Kapitel 6 vorgestellt haben. Dutzende Unternehmen haben die Challenge bereits erfolgreich durchlaufen – kleine ebenso wie große, darunter BASF, Linde und Lufthansa. Sie sind nun besser für die Disruption gewappnet oder haben wie Klöckner völlig neue Geschäftslogiken implementiert. Christoph Gamper, CEO der Durst Group AG, einem führenden Hersteller von Digitaldruck- und Produktionstechnologien stellt die Wirkung der IMP Nightmare Challenge wie folgt heraus. „Im Nachinein hat sich die Übung als Segen für uns erwiesen, weil wir vorbereitet waren und schnell reagieren konnten". Durst nutzt den strategischen Vorsprung, wandelt diesen in Mehrwert um, was dem Unternehmen bereits 2021 ein Rekordergebnis beschert. Bevor wir uns die IMP Nightmare Competitor Challenge genauer ansehen und Ihnen zeigen, wie Sie sie in Ihrem Unternehmen einsetzen können, möchten wir noch auf zwei Herausforderungen eingehen, die die Disruption üblicherweise mit sich bringt, und darlegen, warum herkömmliche, geschlossene Strategieprozesse keine Antworten darauf liefern.

## Herausforderung 1: Kognitives Korsett

In den frühen 2000ern fluteten Digitalkameras den Markt und zwangen die analoge Fotografie langsam aber sicher in die Knie. Das sahen jedoch nicht alle so. 2004 bat ein *Spiegel*-Reporter den Chef des ehrwürdigen deutschen Kameraherstellers Leica, Hanns-Peter Cohn, um seine Ansichten zur digitalen Revolution und dem scheinbaren Niedergang der klassischen Fotografie. Dieser zeigte sich von den Umwälzungen unbeeindruckt. In seinen Augen war die Digitaltechnik nichts weiter als ein „Intermezzo". „In spätestens 20 Jahren werden wir sicher mit anderen Technologien als heute fotografieren. Aber den Film wird es dann immer noch geben."[13] Als der Journalist Cohn mit einem Musikfan verglich, der immer noch an seinen Schallplatten hängt, hatte Cohn eine ähnlich überraschende Antwort parat, in der er das Ende der modernen Digitaltechnik ankündigte: „Bei der Musik geht es nur um das Speichermedium. Beim Fotografieren geht es auch um Kreativität. Die Digitaltechnik setzt auf Masse, auf Tempo und ist damit wie die E-Mail ein Ausdruck unserer Zeit. Mit den Handy-Kameras kommt auch noch die Invasion privater Paparazzi.

Aber Fotografieren ist etwas anderes, etwas Besinnliches – das wird es immer geben."[14] Cohn prognostizierte, dass die Digitalkamerabesitzer ihre geliebten Fotos verlieren würden, da neue Technologien die Datenträger unlesbar machten. Fotoalben gäbe es dagegen „in 50 Jahren immer noch – wenn auch leicht vergilbt"[15]. Seine Vorhersagen konnte Cohn allerdings nicht in die Tat umsetzen. Ende des Jahres trat er von seinem Posten zurück.

Jetzt könnte man meinen, dass sein Nachfolger, Ralf Coenen, mit genialen neuen Businessplänen aufwartete, die Leica im digitalen Zeitalter wettbewerbsfähig machen würden. Dem war jedoch nicht so. Wie sein Vorgänger auch konzentrierte sich Coenen auf den schrumpfenden Markt der analogen Kameras und ignorierte die (für Leica) bedauerliche Vorherrschaft des Digitalen. Zum Thema Digitalfotografie sagte er: „Die Marktmechanismen, die in diesem Segment gelten, befremden mich. Sie passen weder zu uns noch zu den meisten unserer Kunden."[16] Auf der Photokina, der weltgrößten Foto- und Kameramesse, liefen Leica-Verantwortliche stolz mit einem Button am Revers herum, auf dem stand: „Ich bin ein Filmdinosaurier."[17] Vier Monate später räumte auch Coenen seinen Posten. Leica sollte das gleiche Schicksal ereilen wie die Dinosaurier. Die Umsätze gingen zurück und die Verluste häuften sich.

Die Probleme von Leica zeigen, wie potenziell zerstörerische kognitive Barrieren etablierte Unternehmen nicht nur daran hindern, auf sich am Horizont abzeichnende (oder im Falle von Leica: direkt vor ihnen stehende) Disruptionen zu reagieren, sondern sie überhaupt zu erkennen. Wie Clayton Christensen in seinem Buch *The Innovator's Dilemma* feststellt, sind etablierte Unternehmen sehr gut darin, sogenannte erhaltende oder inkrementelle Innovationen hervorzubringen, die die Performance bestehender Produkte, Services, Technologien oder Geschäftsmodelle verbessern. Für disruptive Innovationen sind sie dagegen blind. Und heute ist die Disruption wesentlich verbreiteter als 1997, als Christensens Buch erstmals erschien. Einer Studie mit 3.600 Unternehmen aus dem Jahr 2018 zufolge antizipierten zwei Drittel der Befragten signifikante Branchenschocks infolge technologischer Innovationen. Eine Studie der Boston Consulting Group kommt zu dem Schluss, dass jedoch lediglich ein knappes Drittel der untersuchten Unternehmen den disruptiven Wandel auch erfolgreich meisterte. Die restlichen zwei Drittel mussten entweder Konkurs anmelden, wurden aufgekauft oder kämpften noch einige Jahre mit Stagnation oder ihrem Niedergang.[18]

Disruptive Innovationen verwirren Unternehmensverantwortliche, weil sie bestehende Vorteile und Fähigkeiten obsolet machen und die Geschäftsregeln fundamental verändern. Wenn Unternehmen herkömmliche Planungstools wie die SWOT-Analyse, die PESTEL-Analyse oder das Fünf-Kräfte-Modell einsetzen, leiten sie zukünftige Trends aus vergangenem Wissen ab und gehen davon aus, dass die Welt so funktioniert, wie sie es immer getan hat.[19] Diese Planungstools verlieren jedoch ihre Aussagekraft, sobald neue Technologien, Geschäftsmodelle oder Wettbewerber auf der Bildfläche erscheinen, wodurch Unternehmensverantwortliche bahnbrechende Innovationen nicht erkennen und wertschätzen.

Auch die Beschränkungen des menschlichen Verstandes lähmen die Entscheiderinnen und Entscheider. Da unsere Fähigkeiten zur Informationsverarbeitung relativ begrenzt sind, strukturiert unser Gehirn Wissen und Wahrnehmung auf eine Art und Weise, die die Wirklichkeit vereinfacht – als mentale Modelle. Diese mentalen Abkürzungen und strategischen Überzeugungen (beispielsweise darüber, wer unsere wichtigsten Wettbewerber sind, welche Vorlieben die Kunden haben oder welche Kräfte den Wettbewerb antreiben) beeinflussen, wie wir die Welt wahrnehmen, Informationen verarbeiten und Probleme lösen.[20] In der Politik zeigen sich diese Dynamiken sehr deutlich: Eine Gruppe aus Wissenschaftlerinnen und Wissenschaftlern der Ohio State University bestehend aus Heather L. LaMarre, Kristen D. Landreville und Michael A. Beam zeigte 322 Studienteilnehmern ein kurzes Video, in dem der US-amerikanische Comedian und Satiriker Stephen Colbert die progressive Talkradio-Moderatorin Amy Goodman interviewt. In dem Video stellt Colbert seine Gesprächspartnerin als „superliberale Linke" vor und spricht mit ihr über die Einbindung von Journalisten während des Irakkriegs – eine Praxis, die Goodman scharf kritisiert. Das Wissenschaftlerteam bat die Teilnehmerinnen und Teilnehmer, einen Fragebogen auszufüllen, bei dem sie sich als liberal oder konservativ einstufen und dann Fragen zu ihrer Interpretation des Videos beantworten sollten. Beide Gruppen fanden Colbert witzig, doch während die Konservativen meinten, Colbert habe ernste politische Aussagen getroffen, bewerteten die Liberalen seine Bemerkungen als unseriöse Parodie.[21] Beide Gruppen ließen sich in ihrer Wahrnehmung von ihren bestehenden Überzeugungen beeinflussen.

Dieses Experiment lässt uns besser verstehen, was Leica wiederfahren ist. Die Verantwortlichen des Unternehmens handelten innerhalb eines bestehenden

Mindsets mit festen Annahmen über das Wesen ihres Geschäfts oder die Bedürfnisse der Verbraucher. In der Logik dieses Mindsets war die Digitalfotografie lediglich eine vorübergehende Modeerscheinung. Das Digitale als Auslöser für einen fundamentalen Umbruch ihrer Branche zu erkennen, wäre wie wenn ein Konservativer die Welt durch die Augen eines Progressiven betrachtete oder umgekehrt. Solch ein radikaler Perspektivwechsel ist von den meisten Unternehmenslenkern nicht zu erwarten.

Die meisten bahnbrechenden Innovationen senden lediglich schwache Signale aus, wodurch sie leicht als peripher, unbedeutend oder vage abgetan werden. Oder wie ein Team von Wissenschaftlern es formuliert hat: „Genau wie das Auge dafür konzipiert ist, nur im zentralen Bereich unseres Netzhaut scharf zu sehen, während die äußeren Bereiche unscharfe Bilder liefern, sind Individuen und Unternehmen darauf gepolt, die Dinge, die sich innerhalb ihrer bestehenden Rahmen abspielen, klar zu erkennen, während das, was in den mentalen Schattenbereichen liegt, weniger ins Auge fällt.“[22] Neben unserer Denkweise sind es auch tiefsitzende Verzerrungen, die uns davon abhalten, schwache Signale wahrzunehmen.[23] So kann etwa unsere Abneigung gegen Mehrdeutigkeit und unser Streben nach Harmonie und Stimmigkeit dazu führen, dass wir schwache Signale unserer Umgebung ignorieren oder unterschätzen. Wir neigen außerdem dazu, unmittelbare, messbare und greifbare Erfolge langfristigen, schwer zu erfassenden Ergebnissen vorzuziehen. Wie Wissenschaftler festgestellt haben, sind wir „Kreaturen der Gegenwart. Wir versuchen, den Status quo aufrechtzuerhalten und spielen die Bedeutung der Zukunft herunter. Dadurch fehlen uns die Motivation und der Mut, jetzt zu handeln, um künftiges Unheil abzuwenden. Wir verzichten lieber auf ein bisschen Schmerz heute als auf viel Schmerz in der Zukunft.“[24]

Leica schätzte die Wahrscheinlichkeit eines Wandels zunächst als sehr gering ein, wenn überhaupt, und als zu unbedeutend, als dass die Verantwortlichen ihre bestehenden Annahmen über das Geschäft einer Prüfung unterziehen müssten. Selbst als sich die Gefahr der digitalen Disruption deutlicher abzeichnete, blieben diese anfänglichen Eindrücke bestehen, wodurch sich die Überzeugungen der Verantwortlichen verfestigten. Ihnen gelang es nicht, ihre kognitiven Verzerrungen zu überwinden und die Realität des Marktes anzuerkennen. 2014 übernahm der deutsche Investor und Hobbyfotograf Andreas Kaufmann das Unternehmen, tauschte das Topmanagement aus und machte damit den Weg für die Digitalisierung und einen Strategiewechsel frei. Leica konzentrierte sich von da an auf einen Nischenmarkt, der zu seiner Marke passt, und öffnete sich im Zuge dessen für disruptive Technologien. In den folgenden fünf Jahren gelang dem Unternehmen ein Comeback.[25]

Studien legen nahe, dass sich Unternehmensverantwortliche durch die Öffnung des Strategieprozesses im Rahmen einer Übung wie der IMP Nightmare Competitor Challenge von ihren hinderlichen mentalen Modellen lösen, ähnlich wie bei Kriegsspielen im militärischen Kontext.[26] Wenn Ihre Gegner in einem Kriegsspiel einen Angriff simulieren, sehen Sie die Lage plötzlich mit anderen Augen. Kriegsspiele sind dann am erfolgreichsten, wenn der Zug des Gegners die Teilnehmer in Schock versetzt und sie dazu zwingt, sich mit den Schwachstellen ihres Ansatzes zu beschäftigten. In solchen Situationen sind Strategen aufgefordert, sich tiefgehender mit den Wettbewerbsdynamiken zu beschäftigen.[27] Ihre mentalen Modelle geraten ins Wanken und machen Platz für neue Erkenntnisse und frische Ideen. Im Unternehmenskontext kann das Einbeziehen Externer, die nicht denselben Denkmustern folgen, diese Erfahrung noch verstärken und Unternehmenslenkern helfen, sich vollständig von ihren alten Überzeugungen zu lösen.

## Herausforderung 2: Die Akteure zum Handeln motivieren

Es genügt nicht, wenn etablierte Unternehmen Disruptionen frühzeitig erkennen. Um der Zerstörung zu entgehen, müssen Topmanagement, Führungskräfte und Mitarbeiter auch in der Lage sein, frühzeitig zu handeln. Das gestaltet sich häufig jedoch schwierig. Als Rühl seinen Plan vorstellte, Klöckner zum Amazon der Stahlindustrie zu machen, waren einige seiner Kolleginnen und Kollegen zunächst skeptisch. „Wir kämpften damit, unsere festgefahrenen Denkweisen zu ändern", so Rühl. „Es gab etliche Neinsager, die nur darauf warteten, die nächste Idee aus unserer internen Innovationsgruppe abzuschießen. Das galt besonders für Ansätze, die den Status quo infrage stellten. Die generelle Haltung war, ‚der Stahlhandel funktioniert so nicht', ‚das geht bei uns nicht' und so weiter."[28] Kognitive Barrieren waren jedoch nicht das einzige Problem. Rühl musste die Entscheiderinnen und Entscheider, die ein milliardenschweres Geschäft verantworteten, auch davon überzeugen, Ressourcen in ein neues Geschäftsmodell zu leiten, das zu diesem Zeitpunkt nur minimale finanzielle Erfolge versprach und ungetestete Technologien einsetzte. Selbst wenn dieses Geschäftsmodell allen einleuchtete (was es nicht tat), schien es vielen Führungskräften riskant. Sie sorgten sich um ihre kurzfristigen Ergebnisse.

Motivationsprobleme sind häufig der Grund, warum Unternehmensverantwortliche angesichts neuer Geschäftsmodelle zögern. Ihre Angst, ein gut laufendes Geschäft aufzugeben, verdeckt das Risiko, eine potenzielle Disruption nicht zu erkennen. Vielleicht käme es ja gar nicht zur Disruption. Es gibt jedoch eine Lösung: Um die Verantwortlichen zum Handeln zu bewegen, sollten Sie ihre Angst vor der disruptiven Bedrohung schüren, statt mit den Vorteilen eines innovativen, aber unerprobten Geschäftsmodells zu werben.

Dem Psychologen Daniel Kahneman zufolge neigen Menschen zu Verlustaversion. Wir nehmen die Angst, etwas zu verlieren, fast doppelt so stark wahr wie die Freude, etwas in ähnlicher Größenordnung zu gewinnen.[29] Studien im Businesskontext bestätigen dies. In einer Analyse von Unternehmen, die drohten, der Disruption zum Opfer zu fallen, hat Clayton Christensen herausgefunden, dass Verantwortliche, die die Zerstörung als Chance betrachteten, nicht ausreichend Ressourcen in deren Bekämpfung investieren. Diejenigen, die die Disruption dagegen als Gefahr für das Kerngeschäft wahrnahmen, wiesen die nötigen Mittel zu. Sie waren motiviert genug, alles zu geben.[30] Ähnlich verhielt es sich in der Zeitungsbranche: Der ehemalige Harvard-Business-School-Professor Clark G. Gilbert hat festgestellt, dass Zeitungen, die die Digitalisierung als ernste Bedrohung für ihr Geschäft betrachteten, wesentlich mehr finanzielle und betriebliche Mittel in innovative Online-Vorhaben investierten. Die Führungskräfte berichteten von ihrer Angst, dass das Zeitungsgeschäft verschwinden könnte. Einer erzählte: „Wir hatten McKinsey beauftragt, und die Berater legten eine ziemlich alarmierende Analyse des Rubrikengeschäfts vor. Sie prognostizierten, dass der Umsatz aus dem Rubrikengeschäft bis 1998 um 20 bis 30 Prozent zurückgehen würde. Da läuteten bei einigen von uns riesige Alarmglocken."[31]

Auch andere Studien bestätigen, dass es ein Fehler ist, sich zu sehr auf die potenziellen Chancen der Disruption zu konzentrieren. 2013 veröffentlichte PricewaterhouseCoopers (PwC) einen Bericht, der detailliert darlegte, wie dezentrale und erneuerbare Energien die klassischen Geschäftsmodelle zentralisierter Energieversorger zerstören würden.[32] Für die Studie hatte PwC Führungskräfte in 53 Unternehmen befragt. 60 Prozent von ihnen sahen eine

„sehr hohe oder hohe Wahrscheinlichkeit, dass die dezentrale Energieerzeugung Energieversorger dazu zwingt, ihre Geschäftsmodelle grundlegend zu verändern". Interessanterweise betrachtete die überwältigende Mehrheit (80 Prozent) diesen Wandel als Chance. Weniger als 20 Prozent sahen darin eine Gefahr für das bestehende Geschäft.

Auch in der deutschen Energiebranche veranlasste die positive Wahrnehmung der Disruption etablierte Unternehmen nicht zu Investitionen. 2013 kamen 23,4 Prozent des Stroms in Deutschland aus erneuerbaren Quellen. Die Energieversorger produzierten jedoch nur einen geringen Anteil dieses grünen Stroms (12 Prozent). Der Rest kam von Eigenheimbesitzern, Landwirten, Fonds und Banken sowie aus anderen Quellen.[33] 2016 betrug der Anteil der Erneuerbaren an der Stromerzeugung fast 30 Prozent, die großen Energieunternehmen produzierten jedoch immer noch ungefähr den gleichen geringen Anteil. Sie mögen die regenerativen Energien als Chance gesehen haben, gingen allerdings davon aus, dass diese erst in ferner Zukunft Gewinne abwerfen würden und mit ihrem lukrativen Kerngeschäft nicht mithalten könnten. Die potenzielle Chance, die die Erneuerbaren boten, war in ihren Augen einfach zu klein, als dass es sich gelohnt hätte, sie zu verfolgen. Dieses Muster beobachten wir in vielen etablierten Unternehmen, die durch disruptive Innovationen herausgefordert werden.[34] Ein deutscher Manager, der dagegen stark in regenerative Energien investiert hat, betrachtete diese als „eine ernste Bedrohung für unser Geschäftsmodell".[35]

Die IMP Nightmare Competitor Challenge kann Unternehmensverantwortliche zum Handeln motivieren, da sie die Disruption als mächtige Bedrohung für das bestehende Geschäft erlebbar macht. Sie fordert Entscheiderinnen und Entscheider dazu auf, sich detailliert mit möglichen Disruptoren zu beschäftigen und genau zu analysieren, wie und warum die Geschäftsmodelle der Herausforderer bestehende Branchenlogiken und -regeln auf den Kopf stellen könnten. Dadurch erkennen die Verantwortlichen, dass sie zwei Optionen haben: Sie können entweder Strategien entwickeln, um die Disruptoren zu bekämpfen, oder *selbst* zu Disruptoren und damit zum Alptraum ihrer Mitbewerber werden (mehr dazu gleich). Wie wir gesehen haben, verhindern kognitive Barrieren mitunter, dass Unternehmensverantwortliche zukünftige Bedrohungen erkennen. Durch das Einbeziehen externer Akteure können Sie diesem Manko jedoch begegnen, denn Außenstehende unterliegen nicht den typischen Verzerrungen, die in Unternehmen vorherrschen. Und während die

Mitarbeiterinnen und Mitarbeiter sich vielleicht nicht trauen, ihre Ängste über eine zukünftige Disruption zu äußern, fällt dies Externen leichter. Wenn externe Expertinnen und angesehene Topmanager aus den unterschiedlichsten Bereichen das Potenzial innovativer Geschäftsmodelle skizzieren, kann dies die nötigen Ängste vor den disruptiven Kräften heraufbeschwören. Das könnte ein deutsches Unternehmen in der Nahrungsmittelindustrie erleben. Mit einem Pro-Kopf-Verbrauch von etwa drei kg, einem Umsatz von ca. 1,6 Milliarden Euro und einer jährlichen Wachstumsrate von etwas über einem Prozent ist der Markt für Frühstückscerealien & Müsli im DACH-Raum hart umkämpft[36]. Die etablierten Wettbewerber schaffen es kaum, deutliche Marktanteile zu gewinnen. Gleichwohl zeigen Geschäftsmodellinnovationen wie MyMüsli, dass Wachstumsraten durchaus möglich sind und Digitalisierung auch hier viel Potenzial aufweist: „Wir glauben, dass wir einer der Pioniere für individualisierte Lebensmittel sind. Unterstützt durch unseren datengetriebenen, kundenorientierten Ansatz, werden wir uns weiter darauf fokussieren, unseren Kundinnen und Kunden eine selbstbestimmte Ernährung zu ermöglichen und wollen mit MyMüsli das führende DTC Hub für vielfältige, individualisierte Lebensmittel werden“[37], so MyMüsli CFO Franky. Gleiches lässt sich über das Segment „Tiefkühlpizza“ sagen. Auch hier erreicht ein Startup in einem gesättigten Markt, der von großen Spielern mit Massenfertigung beherrscht wird, aus dem Stand einen Marktanteil von über sieben Prozent[38]. Gustavo Gusto ist laut Financial Times der schnellst wachsende Lebensmittelhersteller Europas. Für etablierte Unternehmen, wie etwa die Dr. August Oetker KG (Umsatz 7,5 Mrd. Euro, ca. 35.000 Mitarbeiter) stellt sich die Frage, wie man a) solche Angriffe kontert und wie man b) selbst – via Geschäftsmodellinnovationen – etablierte Märkte revolutioniert. Um Antworten auf diese Frage zu finden, entschied sich das in Bielefeld ansässige Unternehmen für eine „Nightmare Competitor Challenge“ mit dem Kernauftrag: „Lasst uns Geschäftsmodelle kreieren, und zwar solche, dass 2030 keines der Müslis heutiger Provenienz mehr am Markt existiert.“

Ausgangspunkt war ein „Open Foresighting“: Was prägt die Art und Weise wie wir uns in zehn Jahren ernähren – und was bedeutet dies konkret für Müsli?“. Auf dieser Basis entstanden Szenarien, die ihrerseits den „Absprungpunkt“ bieten für den Entwurf von möglichen „Alptraum Geschäftsmodellen“. Diese sind noch keine Realität. Wenn sie aber da sind, lösen sie erhebliche und ernsthafte Probleme für das heutige Geschäftsmodell von Dr. Oetker aus. Nahrungsmittelspezialisten, Technologieexperten, Start-ups und Digital

Disruptors arbeiteten in gemischten Teams gemeinsam mit Mitarbeitern von Dr. Oetker, um Aspekte wie Plattformökonomie, Deep Learning, KI u.v.m. einzubringen und disruptive Dynamiken greifbar zu machen. Ein Konzept etwa setzte ganz auf Deep Learning: Aus öffentlich zugänglichen Datenquellen identifiziert man sich abzeichnende Konsummuster und nutzt diese zur schnellen Produktentwicklung (wenn nötig im Wochentakt), bevor es wirkliche Trends werden und auch andere es tun. Dazu passt etwa eine „Drop-Culture". Diese Taktik setzte auf Limitierung: ein Produkt wird in kleinen Mengen an ausgewählten Einzelhandelsstandorten ohne große Vorankündigung platziert, was zugleich den Sammeltrieb der Konsumenten in Richtung „Müslidosen" aktiviert. Ein solches Geschäftsmodell zeigt durchaus Wirkung und greift damit traditionelle Hersteller im Kerngeschäft wirkungsvoll an.

Im Kern geht es darum, aus einem simulierten, antizipierten Angriff das wirkliche Bedrohungspotential für das eigene Kerngeschäftes zu erkennen – und zwar frühzeitig. Der Nutzen liegt zunächst darin, dank Einbindung externer Experten Perspektiven einzufangen, die man vorher nicht hatte und auch nicht hätte einnehmen können. Zu der Perspektivenvielfalt addiert sich Zeitgewinn als zweite Nutzendimension. Unsere Erfahrungen zeigen, dass ein potentieller Disruptor mit dem „open strategy" Ansatz durchschnittlich etwa zwei Jahre früher erkannt werden kann, bevor er zur Realität wird. Dieser Zeitgewinn nimmt der Bedrohung das Bedrohliche, denn es gibt dem Unternehmen Raum für Aktionen – sei es, um sich a) gegen den Disruptor abzusichern, b) selbst zum Disruptor zu werden oder c), um den Disruptor „rechts" zu überholen.

## Eine Nightmare Competitor Challenge durchführen

Sie fragen sich vielleicht schon seit Längerem, wie die IMP Nightmare Competitor Challenge denn nun funktioniert. Also wollen wir Sie nicht länger auf die Folter spannen. Das Format ähnelt dem des IMP Trend Radar, das wir in Kapitel 6 vorgestellt haben: ein zwei- bis dreitägiger Präsenz-Workshop mit einem Team aus internen Entscheiderinnen und externen Akteuren, das Branchenexperten, Wissenschaftlerinnen, potenzielle Kunden, Zulieferer, kreative Köpfe, Start-ups und mögliche Disruptoren umfasst. (Während der Corona-Pandemie hat IMP diese Workshops komplett digital oder in einem hybriden Format, bei dem einige Teilnehmerinnen und Teilnehmer remote zugeschaltet waren, durchgeführt.) Unabhängig davon, welches Format Sie wählen, sollten Sie die folgenden fünf Schritte berücksichtigen (siehe Abbildung 7.1):

***Abb. 7.1:** Eine IMP Nightmare Competitor Challenge veranstalten*

### *1. Schritt: Die Teilnehmer auswählen*

Eine typische IMP Nightmare Competitor Challenge umfasst drei Teams mit jeweils drei bis sechs Mitgliedern, von denen die Hälfte Externe sind. Die Teilnehmerinnen und Teilnehmer wählen wir sorgfältig aus. Dazu greifen wir auf eine Datenbank zurück, die wir in den vergangenen Jahren auf Basis spezifischer Szenarien aus dem IMP Trend Radar aufgebaut haben. So können wir Personen mit den Kompetenzen und Fachgebieten auswählen, die für die Diskussion relevant scheinen. Wir überlegen auch, wie die Challenge grundlegend konzipiert sein soll (vgl. Kapitel 3), vor allem welches konkrete Problem wir lösen wollen, und das hilft uns wiederum dabei, die richtigen Teilnehmer zu bestimmen. Da Sie wahrscheinlich nicht über eine solche Datenbank verfügen, empfehlen wir, einige Personen zu identifizieren, die die gewünschte Expertise mitbringen, und diese zu bitten, weitere Teilnehmer zu empfehlen. Dabei sollten Sie auch jenseits Ihres vertrauten Netzwerks suchen, denn Sie möchten ja aus Ihrem gewohnten Mindset ausbrechen.

Für eine IMP Nightmare Competitor Challenge, die wir kürzlich mit einer privaten Hochschulgruppe in Brasilien durchgeführt haben, suchten wir Teilnehmerinnen und Teilnehmer, die über Erfahrung in europäischen und US-amerikanischen Elite-Hochschulen verfügten, Online-Dozenten waren oder aus der Start-up-Szene kamen und bereits innovative Geschäftsmodelle entwickelt hatten. Andere Challenges haben wir mit Tech- und KI-Experten durchgeführt, da die zuvor entwickelten Szenarien auf weitreichende technologische Verschiebungen hindeuteten. Wenn Ihre Szenarien auf disruptive Kräfte am Horizont hindeuten, suchen wir Expertinnen und Experten aus unterschiedlichen Branchen, die bereits mit Disruption zu tun hatten, sowie Personen, die unkonventionell denken. Dabei achten wir sorgfältig darauf, keine Neinsager einzuladen, da diese, wie bereits erwähnt, ein „Ja, aber"-Mindset besitzen. (Um sicherzustellen, dass Ihre Teilnehmerinnen und Teilnehmer die nötige Offenheit mitbringen, können Sie unseren Selbsttest aus Kapitel 2 durchführen. Wenn Sie Ihre Szenarios nicht mit dem IMP Trend Radar erstellt haben, ist das kein Problem. Herkömmliche Modelle sind dafür genauso geeignet, vor allem wenn die Herausforderung, vor der Sie stehen, offensichtlich ist.)

Bei der Auswahl der internen Akteure sollten Sie Fragen der Hierarchie und Funktion außen vor lassen und stattdessen auf eine angemessene Streuung innerhalb der Belegschaft achten, damit frische Ideen möglich sind. Wenn wir mit sehr hierarchisch organisierten Unternehmen arbeiten, schließen wir das Topmanagement bewusst aus, damit sich die Teilnehmer am Ende nicht dessen Sichtweisen beugen. In unserer Arbeit mit adidas haben wir einen Versuch gestartet, bei dem wir die Interessierten innerhalb des Unternehmens baten, ihre Ideen für einen Nightmare Competitor einzureichen. Dieser Auswahlprozess hatte den Vorteil, dass wir im Vorfeld die motiviertesten Personen mit den kreativsten Ideen für einen Alptraum-Wettbewerber auswählen konnten. Leider gingen die Teilnehmerinnen und Teilnehmer dadurch mit einem bestimmten Ansatz im Kopf in die Challenge, was sie weniger flexibel machte. Unterm Strich würden wir deshalb von dieser Vorauswahl abraten.

### *2. Schritt: Aufgabe und Umfang definieren*

Diesen Schritt können Sie auf unterschiedliche Weise durchführen. In der ersten Variante bitten wir jedes Team, Trends zu identifizieren, die Auswirkungen auf das Unternehmensumfeld haben könnten. Dazu verteilen wir Zeitungen und Zeitschriften, aus denen die Teilnehmerinnen und Teilnehmer relevante Bilder und Schlagzeilen ausschneiden und diese dann gemeinsam mit einem Illustrator zu einem Plakat gestalten sollen, das die wichtigsten Trends darstellt. Ziel dieser Übung ist es, sich für neue und ungewöhnliche Entwicklungen in der eigenen Branche zu öffnen. Anschließend präsentiert eine Person aus der Gruppe anhand des Plakats einige Szenarien. Die anderen sammeln ihre Ideen und Gedanken dazu und achten auf Dinge, die in den Szenarien vielleicht übersehen wurden, und pinnen diese an die Wand.

Wenn die Szenarien im Rahmen des IMP Trend Radar bereits detailliert ausgearbeitet wurden, wählen wir die zweite Variante: Hier stellen wir die Szenarien vor und fordern die Teilnehmerinnen und Teilnehmer auf, sie zu „zerstören". Mithilfe der bekannten PESTEL-Analyse (ein Tool, mit dem sich die Makrofaktoren – politische, ökonomische, gesellschaftliche, technologische, ökologische und rechtliche –, die auf ein Unternehmen einwirken, bestimmen lassen) identifizieren die Teilnehmerinnen und Teilnehmer gemeinsam die Schwächen der Szenarien. Hat die Gruppe eine gesellschaftliche Entwicklung oder eine aufkommende Krise wie die Corona-Pandemie, die Auswirkungen auf die Wirtschaft haben könnte, übersehen? Auch wenn Tools wie die PESTEL-Analyse wie bereits erwähnt auf vergangenem Wissen basieren, sind die im IMP Trend Radar entwickelten Szenarien zukunftsorientiert, weshalb die Teilnehmerinnen und Teilnehmer nicht Gefahr laufen, die Vergangenheit zu extrapolieren.

Wenn der Nightmare Competitor bereits in der Trendanalyse eindeutig identifiziert wurde, nutzen wir die dritte Variante. Gallus ist ein schönes Beispiel hierfür, denn dem Unternehmen war klar, dass der Digitaldruck die offensichtliche Gefahr darstellte. In solchen Fällen muss das Szenario nicht hinterfragt werden. Wir rufen den Teilnehmerinnen und Teilnehmer dann lediglich vor Augen, was gerade passiert, und wenden uns der offensichtlichen Bedrohung für das Unternehmen zu.

### *3. Schritt: Das eigene Geschäft zerstören*

Nun ist es Zeit, Ihrem Nightmare Competitor einen Namen zu geben. Beginnen Sie mit den Szenarien aus dem vorherigen Schritt, in denen die Teilnehmerinnen und Teilnehmer Produkte, Produkte und Services oder Plattformen identifizieren, die das bestehende Geschäft möglicherweise verdrängen könnten. Hier geht Quantität vor Qualität. Lassen Sie der Fantasie und Kreativität der Beteiligten deshalb freien Lauf. Sammeln Sie alle Ideen auf Moderationskarten an einer Wand oder Magnettafel, und gruppieren Sie sie nach „produktbasierter Disruptor", „produkt- und servicebasierter Disruptor" oder „plattformbasierter Disruptor". Diese Kategorisierung ist hilfreich, da die Teilnehmerinnen und Teilnehmer häufig vor allem Plattformen als disruptiv betrachten, was angesichts der Bekanntheit von Uber, Airbnb und Amazon auch nicht verwundert.

Nachdem die Ideen geordnet wurden, bewegen sich die Teilnehmerinnen und Teilnehmer durch den Raum, wählen die in ihren Augen beste Nightmare-Idee aus, geben ihr einen Namen und wählen weitere Kärtchen aus, die mit dieser Idee in Verbindung stehen. Nun erstellt jede Person einen Pitch für die ausgewählte Idee und entwirft gemeinsam mit einem Illustrator ein Poster (es geht auch ohne Illustratoren; sie helfen den Teilnehmern jedoch, die Kerngedanken herauszuarbeiten). Die Teilnehmer stellen ihren Pitch ihrer Kleingruppe aus dem ersten Schritt vor, und die Gruppe wählt zwei Gewinner aus. Nun verfeinert jeweils eine Hälfte der Gruppe eine der beiden Siegerideen und berücksichtigt dabei Geschäftsmodelltreiber wie Positionierung, Produkte und Services, Wertschöpfungskette, Marketing und Umsatzlogik. Anschließend stellen die Gruppen ihre optimierten Nightmare-Competitor-Ideen (in der Regel insgesamt sechs) allen Workshop-Teilnehmern vor, und diese wählen dann pro Gruppe einen Gewinner aus.

### *4. Schritt: Geschäftsmodelle für die Nightmare Competitors entwickeln*

In diesem Schritt arbeiten die Teams das Geschäftsmodell zu ihrer Idee weiter aus, wobei sie jedem Element (Positionierung, Produkte und Services, Wertschöpfungskette, Marketing und Umsatzlogik) etwa eine Stunde widmen. Auch hier werden sie von den Illustratoren unterstützt, die ihnen helfen, ihre Idee auf einem weiteren Poster zu visualisieren. Zudem sind IMP Moderatorinnen und Moderatoren anwesend sowie Vertreter des Topmanagements, falls diese an den bisherigen Schritten noch nicht teilgenommen haben. Sie bewegen sich durch den Raum und verfolgen die Diskussionen, dürfen aber nur eine Frage stellen oder eine Anmerkung machen. Dadurch wird sichergestellt, dass sie die Diskussion nicht an sich reißen, wozu Führungskräfte manchmal neigen.

Im Anschluss nehmen sich die Gruppen noch einmal eine Stunde Zeit, um ihr Geschäftsmodell zu durchdenken, bevor sie es dem Topmanagement in einem sieben- bis zehnminütigen Pitch vorstellen. Daran schließt sich eine zehnminütige Frage-und-Antwort-Runde an. Die Jury, die in der Regel aus Angehörigen des Topmanagements besteht, diskutiert die Ideen und wählt einen Gewinner aus. Dabei berücksichtigen sie, wie interessant, wahrscheinlich und bedrohlich die jeweilige Idee ist. Auch die Workshop-Teilnehmer geben ihr Votum ab. Am erkenntnisreichsten sind hier die Stimmen von Externen, da sie sich häufig für die radikalsten Ideen mit dem größten Disruptionspotenzial entscheiden. In manchen Fällen ist auch eine größere Gruppe von Mitarbeiterinnen und Mitarbeitern bei den Pitches anwesend und gibt ihre Stimme ab.

### *5. Schritt: Risiken für das eigene Geschäft erkennen*

Nach dem Workshop sammelt das Team von IMP zusätzliche Daten, um die Nightmare-Competitor-Ideen anzureichern, und ergänzt eventuell weitere Hypothesen dazu, wie sich die Szenarien entwickeln könnten. Etwa einen Monat später trifft sich das Topmanagement mit den Beraterinnen und Beratern von IMP zu einem eintägigen Workshop, um genauer zu diskutieren, welche Konsequenzen sich aus der Übung ergeben. Zu Beginn des Workshops stellt IMP das im vorherigen Workshop entwickelte Geschäftsmodell des Nightmare Competitor vor und moderiert die anschließende Diskussion. Häufig nutzen Unternehmensverantwortliche diese Informationen für ihren Strategieprozess und erarbeiten in einem internen Strategieteam oder gemeinsam mit einer externen Beratung strategische Maßnahmen für auf die antizipierten Entwicklungen. In etwa einem Viertel der Fälle entscheiden sich Unternehmen, die Nightmare-Competitor-Idee umzusetzen und ein neues Geschäft aufzubauen. So zum Beispiel KEBA, ein weltweit führender Entwickler von innovativen Automatisierungsprozessen für Geldautomaten, oder WS Audiology, ein erfolgreicher Hörgerätehersteller. Sie sind dabei, zum Nightmare Competitor ihrer Mitbewerber zu werden.

Wie diese Schritte in der Praxis aussehen können, zeigt die Nightmare Competitor Challenge des österreichischen Unternehmens voestalpine, das weltweit führend in der Herstellung, Verarbeitung und Entwicklung moderner Stahlprodukte ist. voestalpine ist in 50 Ländern tätig und erzielte im Geschäftsjahr 2017/2018 bei mehr als 13 Milliarden Euro Umsatz ein operatives Ergebnis (EBITDA) von knapp 2 Milliarden Euro. Durch seine kombinierte Werkstoff- und Verarbeitungskompetenz gehört der Stahlgigant zu den führenden Partnern technologieintensiver Branchen wie Automobil, Eisenbahn, Luftfahrt und Energie.[39] Wie andere Stahlproduzenten auch stand der Konzern jedoch vor einer Reihe von Herausforderungen: Die weltweite Nachfrage nach Stahl stieg langsamer als erwartet, in einigen Segmenten wurde Stahl zunehmend durch andere Materialien ersetzt, die Kreislaufwirtschaft verbreitete sich, es herrschten massive Überkapazitäten, chinesische Wettbewerber drängten auf den Markt, die Wertschöpfung ging zurück und Skaleneffekte waren kaum noch realisierbar.[40] Diese Entwicklungen drückten auf die Margen und forderten die Unternehmensverantwortlichen auf, ihre Geschäftsmodelle zu überdenken.[41] Auch die regulatorischen Vorgaben verschärften sich. So waren die Stahlproduzenten zum Beispiel aufgefordert, die von der EU formulierten Klima- und Energieziele für 2030 einzuhalten.

Mit dem Ziel, angesichts sich verändernder Rahmenbedingungen die Widerstandsfähigkeit des Unternehmens zu stärken, bat uns Christian Presslmayer, Strategiechef des Geschäftsbereichs Stahl, 2016, eine Nightmare Competitor

Challenge durchzuführen. Ihm zufolge plante voestalpine, „mit der Unterstützung Externer aus dem herkömmlichen Strategieprozess auszubrechen. Wir wollten disruptive Trends identifizieren und wussten, dass das intern hinter verschlossenen Türen schwierig werden würde und wir Unterstützung von außen bräuchten“[42]. Also begann der Konzern, eine Gruppe aus internen und externen Teilnehmern zusammenzustellen. Bei der Auswahl konzentrierten sich die Verantwortlichen anfänglich vor allem auf High-Profile-Kandidaten. IMP konnte sie jedoch davon überzeugen, eher auf die Kompetenzprofile der Personen zu achten (und vor allem kreative Köpfe auszuwählen), als nach Bekanntheitsgrad und Ansehen im Unternehmen zu gehen, da dies zu besseren Ergebnissen führen würde.

Die Teilnehmerinnen und Teilnehmer entwickelten zahlreiche zukunftsorientierte, trendbasierte Szenarien. Eine Person nahm zum Beispiel das veränderte Mobilitätsverhalten in den Blick, das ein Kundensegment des Konzerns bedrohte und zu einer rückläufigen Nachfrage führte. Andere beschäftigten sich mit Möglichkeiten der Materialwiederverwertung, disruptiven Digitalangeboten sowie neuen Materialien, die Stahl für die Herstellung von Zusatzstoffen überflüssig machen könnten. Ein interessantes Szenario mit dem Titel „Climate Change Reloaded“ bezog sich auf den steigenden Druck, $CO_2$-freien Stahl herzustellen. Für Politiker und Umweltschützerinnen stellt die Dekarbonisierung der Stahlindustrie eine wichtige Etappe auf dem Weg in eine kohlenstofffreie Zukunft dar. Ein Unternehmen, dem es gelänge, neue Technologien und ein nachhaltiges Geschäftsmodell zur Dekarbonisierung von Stahl zu entwickeln, hätte das Potenzial, die gesamte Branche umzukrempeln. Fluggesellschaften werden für ihren $CO_2$-Ausstoß scharf kritisiert, doch voestalpine produziert knapp 16 Mal so viel $CO_2$ wie die größte Fluggesellschaft Österreichs.[43] Wäre das Unternehmen tatsächlich in der Lage, seinen grundlegenden Produktionsprozess umzustellen?

In einem nächsten Schritt entwarfen die Teilnehmerinnen und Teilnehmer mehrere potenzielle Disruptoren von voestalpine. Eine Person griff das Digitalisierungsszenario auf und stellte ein „Steel to print“-Geschäftsmodell vor, das die Entwicklung von Stahlmaterialien für die additive Herstellung vorsah, vor allem in der Automobilindustrie. Dieser fiktive Nightmare Competitor würde das klassische Stahlwalzen durch Stahldruck ersetzen. Der zweite Alptraum-Wettbewerber war ein Unternehmen, das ganzheitliche urbane Mobilitätskonzepte anbot und damit die Wertschöpfungskette dominierte.

Die dritte potenziell disruptive Idee war ein $CO_2$-freies System zur Stahlproduktion, das auf Wasserstoffherstellung durch Elektrolyse basierte. Der Gedanke, Stahl mithilfe von Wasserstoff zu produzieren, war nicht radikal neu, die Nightmare Competitor Challenge erlaubte es voestalpine aber, ein integriertes, komplett auf Wasserstoff basierendes Geschäftsmodell zu durchdenken und im Detail zu diskutieren. Christian Presslmayer zufolge waren es vor allem die externen Teilnehmerinnen und Teilnehmer, die die Diskussion in diese Richtung lenkten: „Die externen Akteure stellten ein wichtiges Gegengewicht dar. Einige interne Teilnehmer dachten nicht radikal genug. Mithilfe der externen Akteure gelang es uns jedoch, mentale Barrieren zu überwinden und neue Perspektiven zuzulassen, die wirklich spannend waren."[44] Einige interne Akteure belächelten die Wasserstoffidee zunächst. Doch dann schlug ein renommierter externer Experte im wahrsten Sinne des Wortes mit der Faust auf den Tisch und erklärte, dass diese Technologie bereits existiere und das Unternehmen sich extrem angreifbar mache, wenn es sie nicht entwickelte. Das machte die Skeptiker hellhörig.

voestalpine verfolgte die Wasserstoffidee tatsächlich weiter, auch wenn sie nicht als eindeutiger Gewinner aus der Challenge hervorgegangen war. Doch einige Vorstandmitglieder hatten sich bereits Gedanken gemacht, wie der Konzern dem Klimawandel begegnen könnte. In der Nightmare Competitor Challenge hatten die Teilnehmer einen gangbaren Weg skizziert, und der Input der Externen hatte dabei eine wichtige Rolle gespielt. Im April 2018 schloss sich voestalpine einem Industriekonsortium an, das Schwergewichte wie Siemens und Verbund (der größte Energiekonzern Österreichs) umfasste, mit dem Ziel, die weltgrößte Pilotanlage zur Produktion von „grünem" Wasserstoff zu errichten.[45] Damit hat sich voestalpine auf den Weg zur Dekarbonisierung der Stahlproduktion gemacht.

Angesichts der steigenden Notwendigkeit zur Bekämpfung des Klimawandels und schärferer Umweltauflagen in den kommenden Jahren ist das keine schlechte Leistung. Der Schritt wirkt sich zwar kaum auf die kurzfristigen Ergebnisse aus, kann langfristig aber entscheidend sein. Herzstück des Projekts ist der weltgrößte Protonen-Austausch-Membran-Elektrolyseur mit einer Kapazität von 6 Megawatt. Er wurde von Siemens entwickelt, um plötzliche Spitzen in der Energieerzeugung auszugleichen und überschüssige Energie zu speichern. Der damalige CEO Wolfgang Eder beschrieb das Projekt mit den Worten: „„Die voestalpine (…) stellt mit dieser Wasserstoffpilotanlage endgültig die Weichen in Richtung Erforschung echter ‚Breakthrough'-Technologien.' (...) Langfristiges Ziel sei es, von Kohle bzw. Koks (...) in den Produktionsprozessen zur Anwendung von „grünem" Wasserstoff zu gelangen. Großindustriell einsetzbar werden diese Prozesse realistischer Weise frühestens in etwa zwei Jahrzehnten sein."[46] Noch ist es früh, das zu sagen, aber was als Nightmare-Competitor-Workshop begonnen hat, könnte Europas führende Stahlproduzenten in Zukunft nachhaltig verändern.

## Die Komplexität des Digitalen meistern

Die IMP Nightmare Competitor Challenge kann helfen, jegliche Art von zukünftigen Disruptoren zu antizipieren. Viele Unternehmen setzen das Tool aber vor allem ein, um der Komplexität digitaler Innovationen zu begegnen. Laut dem Ökonomen Martin Weitzman hängt Wachstum nicht von unserer Fähigkeit ab, Ideen zu entwickeln, sondern davon, immer neue *Kombinationen* von Ideen zu finden. „Wissen", schreibt er, „kann infolge eines kombinatorischen Feedbackprozesses auf sich selbst aufbauen."[47] Je mehr wir wissen, desto mehr Kombinationen von Ideen sind möglich. Solche rekombinanten Innovationen findet man häufig bei digitalen Technologien, da sich diese schnell weiterentwickeln und praktisch unendlich viele Kombinationen potenziell wertvoller Lösungen oder Geschäftsmodelle ermöglichen. So ist es nicht unüblich, dass neue Marktteilnehmer oder etablierte Unternehmen erfolgreiche Geschäftsmodelle an neue Kontexte anpassen. Fragen Sie Risikokapitalgeber nur einmal, wie häufig sie schon Pitches beigewohnt haben, die mit den Worten „Wir sind das Uber der ..." begannen. Weitzman schreibt weiter: „Der Kern des Wirtschaftslebens scheint sich zunehmend auf die immer intensivere Verarbeitung immer zahlreicherer Anfangsideen zu funktionierenden Innovationen zu verlagern. (...) In den Frühphasen der Entwicklung ist das Wachstum durch die Anzahl der neuen Ideen begrenzt, später nur noch durch die Fähigkeit, diese zu verarbeiten."[48]

In der Vergangenheit mussten Unternehmenslenker lediglich wissen, welche bestehenden und neuen Technologien, Produkte und Lösungen es in ihrer Branche gab, und ihre Wettbewerber und deren Strategien im Blick behalten. In einer digitalen Welt genügt das bei Weitem nicht mehr. Heute müssen Entscheiderinnen und Entscheider auch intensiv nach neuen, vielversprechenden Geschäftsmodellen suchen, die bestehende mit neuen Ideen kombinieren.

Und sie müssen diese Geschäftsmodelle schneller finden und umsetzen als die Konkurrenz. Dabei kann die IMP Nightmare Competitor Challenge in Verbindung mit dem IMP Trend Radar aus Kapitel 6 helfen. Mit dem IMP Trend Radar suchen Sie den Horizont systematisch nach neuen Trends ab, die die Grundlage für zukünftige Geschäftsmodelle bilden können. Und sobald Sie diese Trends identifiziert haben, können Sie mithilfe der IMP Nightmare Competitor Challenge zügig vielversprechende Rekombinationen entwickeln, die Unternehmen so dringend brauchen.

Ein Unternehmen, das drohte, durch diese Rekombinationen herausgefordert zu werden, war WS Audiology, ein führender Hörgerätehersteller mit einer über hundert Jahre alten Tradition. Das Unternehmen wollte Open Strategy nutzen, um der Disruption durch Konzerne wie Amazon, Apple und Google zu entgehen, die alle im Begriff waren, eine neue Produktklasse sogenannter „Hearables“ zu entwickeln – eine Kombination aus Hörgerät und Kopfhörer. Und wenn wir schon beim Thema Kombinationen sind: Die Tech-Giganten arbeiteten auch daran, diese Technologie mit Sensoren auszustatten, die alle erdenklichen Gesundheitsdaten erfassen würden, etwa den Pulsschlag und die täglich zurückgelegten Schritte. Einem Medienbericht zufolge wollte keines dieser Unternehmen „ins Hintertreffen geraten, sollte es eines Tages möglich sein, einen vielseitig einsetzbaren In-Ear-Computer zu entwickeln, der es seinen Besitzern erlaubt, das Handy in der Schublade zu lassen“[49]. Solch ein Gerät hätte enormes Verkaufspotenzial, unter anderem weil es dazu beitragen könnte, das Stigma, das Hörgeräten häufig anheftet, zu beseitigen. Laut dem Bericht schaffen sich weniger als 20 Prozent der US-Amerikanerinnen und -Amerikaner, die ein Hörgerät bräuchten, auch tatsächlich eines an – aus Angst vor den gesellschaftlichen Vorurteilen gegenüber Hörgeräteträgern. Das stellt einen riesigen potenziellen Markt für die Tech-Giganten dar, den sie durch die Kombination und Rekombination früherer Innovationen erschließen könnten.

Doch wie sollte WS Audiology diese gewaltige Bedrohung abwehren und die vielversprechendsten Rekombinationen identifizieren, wenn der Großteil der relevanten Technologien in anderen Bereichen entwickelt wurde und das Unternehmen diese nicht wirklich verstand? Wie uns der für Innovation und Strategie zuständige Manager erklärte, stellte Open Strategy in dieser Situation den einzigen Ansatz dar, mit dem das Unternehmen „auf die externen Veränderungen und Einflussfaktoren in Verbindung mit den neuen Technologien reagieren“ könne.[50] Da das Unternehmen selbst keine Expertise in den Bereichen Hardware, Big Data, Audiologie und Geschäftsmodellentwicklung besaß, trommelte es ein Dutzend externer Spezialistinnen und Spezialisten zusammen, darunter Branchenexperten, Profis aus angrenzenden Branchen und sogar Mitarbeiter potenzieller Wettbewerber, um gemeinsam ein IMP Trend Radar zu erstellen und eine IMP Nightmare Competitor Challenge durchzuführen. Die Teilnehmenden umfassten Vertreterinnen und Vertreter aus Unternehmen wie Microsoft, IBM Watson, Intel, Sennheiser und Infineon sowie führenden Forschungseinrichtungen wie dem MIT und der University of Nottingham. Auch einige Führungskräfte aus der Start-up-Branche waren anwesend.

In einem ersten Schritt entwarf das Team ein IMP Trend Radar unter Berücksichtigung von technologischen, verbraucher- und marktbezogenen, regulatorischen, gesellschaftlichen und ökonomischen Entwicklungen. Auf diese Weise identifizierte die Gruppe 61 hypothetische Trends, die sie anschließend in drei potenzielle Branchenszenarien überführte. Eines dieser Szenarien lautete wie folgt: Hearables zählen ähnlich wie smarte Kopfhörer in Zukunft zu den am häufigsten genutzten klassischen Hörgeräten und schaffen einen ganz neuen Marketing- und Vertriebskanal. Betroffenen mit leichten bis moderaten Hörschäden bieten Hearables die gleiche Funktionalität wie einst Hörgeräte. Sie dominieren den Hörgerätemarkt. Klassische Hörgeräte stellen dagegen ein Nischenprodukt für stark Hörgeschädigte dar und konkurrieren mit medizinischen Geräten wie Cochlea-Implantaten. Audiologen behandeln nur noch Betroffene mit medizinischen Hörschäden, während Patienten mit mildem oder moderatem Hörverlust ihre Hörgeräte bei Amazon, Best Buy oder anderen Audiotechnik-Anbietern kaufen.

Für jedes der drei Szenarien sollte dann jeweils ein Team aus internen und externen Experten Lösungen entwickeln und sich dabei von der Frage leiten lassen: „Welche Art von Geschäftsmodell würde ein Nightmare Competitor betreiben, um WS Audiology vom Markt zu drängen?“ Es kamen mehr als 300 grob skizzierte Ideen zusammen, aus denen die Teams zunächst 22 Nightmare Competitors entwickelten und diese im nächsten Schritt auf sechs eingrenzten. Zu jedem dieser sechs arbeiten sie ein Geschäftsmodell aus. Diese wurden dann in einem finalen Pitch vorgestellt, und das Topmanagement wählte den Gewinner aus.

Der Nightmare Competitor entpuppte sich als Silicon-Valley-artiges Start-up, das Super-Hör-Apps entwickelt, die Tontechnik und digitale Fähigkeiten miteinander verknüpfen. Mit einem Headset, das mit dieser App bedient würde, könnten sich Menschen im Flugzeug unterhalten, ohne von den Turbinengeräuschen gestört zu werden. Wollten sie dagegen Musik hören, würde das Gerät alle Umgebungsgeräusche ausblenden. Die Vision des Unternehmens lautete, „erweiterte Kommunikation" zu ermöglichen mit dem Ziel, „das Stigma klassischer Hörgeräte zu überwinden". Diese Geräte könnten ihre Besitzer tatsächlich von dem Schamgefühl befreien, nicht mehr richtig hören zu können, und sich zu einem Modeartikel entwickeln. Dann wären die Enkel neidisch auf den coolen Opa mit seinen hippen Hearables. Keine Frage: Es war ein revolutionäres Geschäftsmodell, das die Hörakustikbranche auf den Kopf stellen könnte.

Laut Benedikt Heuer, bei WS Audiology verantwortlich für den Bereich Innovation und Strategie, waren die Geschäftsmodelle der Nightmare Competitors äußerst wertvoll, weil sie dem Unternehmen halfen, eine Technologielandschaft zu verstehen, die sich unter normalen Umständen als zu komplex dargestellt hätte. „Zunächst einmal haben uns der offene Ansatz und der Einbezug Externer geholfen, unseren Horizont zu erweitern und auf Basis einer strukturierten Analyse der Zukunft die Themen und Gebiete zu erkennen, die auf uns zukommen. (…) Dadurch waren wir in der Lage, in verschiedenen Bereichen Trends zu identifizieren und diese jeweils richtig zu beschreiben."[51] Das IMP Trend Radar und die Nightmare Competitor Challenge halfen den Verantwortlichen auch, die möglichen Auswirkungen der wichtigsten Trends auf das Geschäft durchzuspielen. Einigen Akteuren bei WS Audiology waren gewisse Erkenntnisse aus den Übungen zwar nicht neu, sie hatten sie aber nie im Unternehmen besprochen. Das machten erst die beiden Tools möglich, und das Unternehmen arbeitete sie weiter zu Geschäftschancen aus.

Was für Heuer jedoch am bedeutendsten war: Die Tools versetzten WS Audiology in die Lage, detaillierte Szenario-Planungen für den Umgang mit potenziellen Disruptoren vorzunehmen. „Das ist das Tolle an dem Konzept", so Heuer. „Sie erarbeiten kein Konzept für WS Audiology, sondern eines, das WS Audiology herausfordert. (…) Auf dieser Basis haben wir dann ein detailliertes Konzept für eine mögliche Antwort entwickelt. Das war für uns alle ein entscheidender Schritt, und jetzt sind wir bestens auf dieses Szenario vorbereitet." Wie bereits erwähnt, arbeitet WS Audiology derzeit an Produkten, die das Unternehmen zum Nightmare Competitor seiner Wettbewerber machen sollen. Die Einzelheiten dazu liegen aktuell noch unter Verschluss. Insofern: Verfolgen Sie die Branchennachrichten, und wundern Sie sich nicht, wenn Sie in einigen Jahren coolen älteren Herren mit hippen Geräten im Ohr begegnen.

## Fazit

Wenn Sie nicht wissen, was strategisch das Richtige ist, hilft der Gedanke sich im Sinne eines „disrupt yourself" damit auseinanderzusetzen, wie andere Sie angreifen. Das machen Militärs in Form von aufwendigem Wargaming seit Langem. Und seit Kurzem auch führende Unternehmen, indem sie Externe hinzuziehen, um der Disruption ihrer Branche zuvorzukommen. Häufig sind Führungskräfte jedoch selbst nicht in der Lage potenzielle Disruptionen zu erkennen. Einerseits weiß man nicht, was man nicht weiß. Andererseits sind Führungskärfte oft „biased": Sie gehen von Hypothesen aus, die so nicht (mehr) haltbar sind oder lassen Gedanken, die Sie für unmöglich halten einfach nicht zu. Dadurch gehen Unternehmen zugrunde, die eigentlich eine reelle Chance haben, die Disruption zu überleben oder sogar selbst zu gestalten.

Die IMP Nightmare Competitor Challenge lässt Sie mehr über Ihren schlimmsten Wettbewerber erfahren, um dann zu überlegen, wie Sie ihn „ausschalten" können. Durch den Einbezug externer Akteure gelingt es, kognitive Barrieren zu überwinden und eine lebendigere, offenere Diskussion anzustoßen, die ansonsten häufig nicht möglich ist. Open Strategy ist nicht immer angenehm – wer möchte sich schon in einem Alptraum wiederfinden? Doch immer mehr Unternehmen erkennen, dass sie einen echten Alptraum verhindern können, wenn sie durch Antizipation dem Bedrohlichen das Bedrohliche nehmen und den destabilisierenden Umbrüchen in ihrer Branche einen Schritte voraus sind.

**Fragen zur Reflexion:**

- Hätte ein Silicon-Valley-Start-up Interesse daran, Ihre Branche auf den Kopf zu stellen?
- Wenn Sie noch einmal bei Null anfangen könnten: Wie würden Sie Ihr Geschäftsmodell heute konzipieren?
- Was motiviert Sie, morgens aufzustehen: die Chance, Träume zu verfolgen, oder die Angst, dass Ihr Unternehmen abgehängt wird? Denken Ihre Kolleginnen und Kollegen genauso? Können Sie diese Energie nutzen, um alle von einer neuen Geschäftsidee zu überzeugen?
- Hand aufs Herz: Wie motiviert sind die Verantwortlichen in Ihrem Unternehmen *wirklich*, die Gefahren der Disruption abzuwehren?

# Kapitel 8
# Überlegene Geschäftsmodelle entwickeln

Sie fahren in Ihrem schicken Kleinwagen mit 70 km/h entspannt über eine Bundesstraße. Plötzlich rumpelt ein 40-Tonner an Ihnen vorbei. Der Lkw ist riesig und die Fahrerkabine so weit oben, dass Sie das Gesicht des Fahrers nicht sehen können. Als Sie die sich drehenden Räder und die blank polierten Radkappen betrachten, kommt Ihnen ein beunruhigender Gedanke: Was, wenn der Anhänger mit seiner schweren Ladung plötzlich umkippt? Er würde Ihren Kleinwagen komplett unter sich begraben. Sie drosseln das Tempo und lassen den Lkw vorbei.

Waren Sie jetzt übervorsichtig? Nicht wirklich. 2017 kamen in den Vereinigten Staaten fast 5.000 Personen durch Lkw-Unfälle ums Leben, und Zehntausende wurden verletzt.[1] In einigen Fällen waren die Fahrer zu schnell, übermüdet oder abgelenkt. Es gibt jedoch noch einen weiteren, weniger offensichtlichen Grund: mangelhaft gesicherte Fracht. Ist die Ladung nicht stark genug befestigt, kann sie sich lösen und herunterfallen, was den Anhänger unter Umständen zum Umkippen bringt. Ist sie dagegen zu stark befestigt, kann sie Schaden nehmen. Eine echte Zwickmühle für die Fahrer, deren Aufgabe es ist, die Fracht zu sichern. In den meisten Fällen (bis zu 70 Prozent) ist die Ladung nicht akkurat gesichert, was zu Unfällen führen kann. Tatsächlich geht etwa ein Viertel aller Schwerlaster-Unfälle auf mangelhaft gesicherte Ladung zurück. Dadurch entstehen in Deutschland jährlich Transportschäden in Höhe von 1,2 Milliarden Euro (das ist zumindest die Summe, die Speditionen ihrer Versicherung melden).[2]

Es gibt jedoch eine Lösung. Die BPW Gruppe, die technologische Lösungen und Services für das gewerbliche Transportwesen anbietet, hat ein intelligentes, App-basiertes System zur Ladungssicherung und -überwachung entwickelt. Der „i.Gurt" wird am Zurrgurt befestigt und hat die Aufgabe, „die richtige Vorspannkraft des Zurrgurtes [anzuzeigen] und während der Fahrt laufend [zu überwachen]"[3]. Sinkt diese Vorspannkraft unter einen bestimmten Wert, wird der Fahrer per Smartphone informiert. Dieser kann den Gurt dann wieder festzurren, bevor es zu einem Unfall kommt. Da der i.Gurt den gesamten Transportprozess überwacht, kann er im Falle eines Unfalls und bei Frachtschäden auch dabei helfen, den Unfallhergang nachzuvollziehen.[4]

Erstanwender des i.Gurt sind begeistert. Die App hat zwei deutsche Innovationspreise gewonnen, und das Unternehmen rechnet mit einem Return on Investment in weniger als drei Jahren.[5] Der i.Gurt verspricht Speditionsunternehmen deutliche Kosteneinsparungen und wird eine entscheidende Rolle in autonomen Fahrsystemen spielen.[6] Der Vertrieb des i.Gurt bedeutete jedoch radikale Änderungen im Geschäftsmodell von BPW. Seit Anfang des 20. Jahrhundert stellt das Unternehmen Komponenten für das Transportwesen her, darunter Achsensysteme, Lagertechnik und Federungssysteme, Bremssysteme und Flottenmanagementlösungen für Lkw-Betreiber, und hat so ein erfolgreiches 1,5 Milliarden starkes Geschäft aufgebaut. Der i.Gurt ist die erste digitale Lösung und technologische Produktinnovation von BPW und verändert dadurch die Positionierung und Umsatzmodelle des Unternehmens signifikant. Im Vergleich zu den anderen BPW-Produkten ist der i.Gurt relativ günstig und wird direkter und forcierter über verschiedene digitale Kanäle vertrieben. Für die Vermarktung hat sich BPW mit einem potenziellen Mitbewerber zusammengetan – eine vollkommen neue Praxis für das Unternehmen.

Wie ist es einem traditionellen Maschinenbauunternehmen gelungen, solch ein erfolgreiches Geschäftsmodell zu entwickeln? Sie ahnen es bereits: BPW hat sich Open Strategy zunutze gemacht. Dabei hat das Unternehmen allerdings nicht nur neue Ideen generiert, den Horizont nach Trends abgesucht und potenzielle Disruptoren identifiziert. Ja, es hat gemeinsam mit IMP die Idee des i.Gurt entwickelt, ist aber noch einen Schritt weitergegangen und hat mithilfe verschiedener Open-Ideation-Methoden potenzielle Geschäftsmodelle entwickelt – einschließlich Angebotsformulierung, konkreter Marketingpläne, Wertschöpfungsprozessen für Produktion, Verkauf und Distribution sowie Finanzplänen und -projektionen. In diesen Workshops, an denen interne und externe Akteure teilgenommen haben, sind mehrere Geschäftsmodelle entstanden, die dann in einem mehrstufigen Auswahlprozess verfeinert wurden, bis das Topmanagement am Ende den finalen Gewinner bestimmt hat.

Vielleicht überrascht es Sie, dass sich die Verantwortlichen so sehr auf die Geschäftsmodellentwicklung konzentriert haben und dabei auch noch Externe einbezogen haben. Obwohl Unternehmen Geschäftsmodelle seit Mitte der 1990er Jahre als „ganzheitliche Beschreibung der wichtigsten Geschäftsprozesse eines Unternehmens" betrachten, verwenden sie nicht gerade viel Zeit auf die Innovation bestehender Modelle und beziehen schon gar keine externen Spezialisten ein.[7] Dabei wäre es so wichtig, sich intensiver mit Geschäftsmodellen zu beschäftigten, da es den Verantwortlichen häufig schwerfällt, eine grobe strategische Richtung in konkrete Pläne und funktionierende Geschäfte zu überführen.[8] Sie übernehmen zwar neue Technologien oder Produkte, hinterfragen dabei aber eher selten die Logik der zugrunde liegenden Geschäftsmodelle. Unternehmen, die ihre Geschäftsmodelle überarbeiten, sind jedoch profitabler.[9]

Wie uns Markus Kliffken, Mitglied im Vorstand von BPW, erzählte, hatte das Unternehmen beachtliche Expertise im Bereich digitale Technologien aufgebaut, da man frühzeitig erkannt hatte, dass das Kerngeschäft irgendwann stagnieren würde. Das Unternehmen hatte in der Vergangenheit bereits häufiger versucht, digitale Angebote auf Basis von Sensoren und Tracking-Apps zu entwickeln, allerdings mit wenig zufriedenstellenden Ergebnissen. „Uns gelang es einfach nicht, diese Lösungen zu vermarkten", so Kliffken. „Es hat nie funktioniert. Denn es geht nicht nur um die richtige Technologie. Sie müssen auch in der Lage sein, im neuen Markt Fuß zu fassen."[10]

Die Verantwortlichen bei BPW hatten erkannt, dass sie nicht alle Einzelheiten dessen, was sie für die erfolgreiche Vermarktung eines digitalen Angebots bräuchten, verstanden, und beschlossen deshalb, den Prozess der Geschäftsmodellentwicklung zu öffnen. „Wenn Sie in einem bekannten Geschäft tätig sind, müssen Sie das Geschäftsmodell nur optimieren", so Kliffken. „Wenn Sie aber komplett neues Terrain betreten und etwas radikal Neues tun wollen, sozusagen ein ‚Killer Business' aufbauen, müssen Sie eine Menge Barrieren überwinden. Und das erfordert einen offenen Ansatz."[11] Laut Kliffken wäre BPW „ohne die Öffnung des Prozesses nie in der Lage gewesen, [den i.Gurt] zu vermarkten und ein neues Geschäftsmodell darum herum aufzubauen".[12]

Wenn Sie bereits einen vielversprechenden strategischen Kurs festgelegt haben, vielleicht mithilfe eines Open-Strategy-Tools, sollten Sie in einem nächsten Schritt externe Akteure bitten, gemeinsam mit Ihnen ein umfassendes Geschäftsmodell zu entwickeln. Wie wir noch sehen werden, ist die Open-Strategy-Methode, die BPW dafür genutzt hat – der Business Model Logic

Contest – ein effizientes, wirksames und relativ günstiges Tool, mit dem sich auch die Umsetzung des fertigen Geschäftsmodells leichter gestaltet. Viele Unternehmen entwickeln großartige Ideen, die dann an mangelhaften Geschäftsmodellen scheitern. Indem Sie sich eingestehen, dass Ihr Wissen über den neuen Markt unvollständig ist, und Externe in die Geschäftsmodellentwicklung einbeziehen, erhöhen Sie Ihre Chancen, auch im Kleinen alles richtig zu machen und Erfolge zu erzielen.

## Geschäftsmodellinnivationen – eine harte Nuss

Warum fällt es den Verantwortlichen häufig so schwer, innovative Strategien in erfolgreiche Geschäfte zu überführen? Manche Unternehmen verstehen ihre bestehenden Geschäftsmodelle nicht besonders gut – also was gut funktioniert und was nicht – und wissen deshalb nicht, wie sie ein neues Modell entwickeln sollen, das diese Fehler beseitigt. Häufig sind sie auch so auf Annahmen, Regeln und Praktiken in Verbindung mit dem bestehenden Modell fixiert, dass dies ihr Verständnis behindert. Sie tun sich schwer, über das hinauszugehen, was sie bereits wissen und tun, und entwickeln deshalb keine neuen Wertschöpfungsprozesse, Marketingtaktiken oder Vertriebskanäle, die ein neues Model erfolgreich machen würden.[13]

Das Ergebnis sind häufig scheinbar scharfsinnige, innovative Modelle, die aus finanzieller Sicht allerdings nicht funktionieren. Für die Kunden mag neuer Mehrwert entstehen, das Unternehmen erzielt jedoch keinen Gewinn.[14] Viele digitale, plattformbasierte Services standen vor diesem Problem: Skype hat zum Beispiel durch sein Angebot immensen Mehrwert geschaffen und zählte 2010 660 Millionen Kunden. Viel schwieriger war es dagegen, Mehrwert für das eigene Unternehmen zu generieren: Den kostenpflichtigen Premium-Service von Skype nutzen lediglich 8 Millionen Kunden. Während wir an diesem Buch arbeiten, ist noch nicht abzusehen, ob das Unternehmen ein tragfähiges Erlösmodell finden wird (um dieses Problem muss sich nun allerdings Microsoft kümmern; die Skype-Gründer haben finanziell ausgesorgt).[15] Ein anderes Beispiel ist AirBerlin, das ausgewählte Angebote einer Full-Service-Airline zu günstigen Preisen anbot. 2010 verzeichnete das Unternehmen ein rasantes Wachstum, was darauf hindeutete, dass es Mehrwert für seine Kunden schuf. Durch das Billigangebot machte AirBerlin jedoch Verluste.[16] Letztlich verfügte das hybride Geschäftsmodell über kein stimmiges Konzept zur langfristigen Umsatz- und Gewinnerzielung.

Unternehmen sind manchmal gut beraten, bahnbrechende Technologien gerade *nicht* zu verfolgen, wenn sie nicht in der Lage sind, sie als rentables, tragfähiges Geschäft zu betreiben. Wie Peter Drucker festgestellt hat, besteht „der erste Schritt einer Wachstumsstrategie (…) nicht in der Entscheidung, wo und wie man wachsen will, sondern in der Entscheidung, was man weglässt“[17]. Das gilt besonders für Innovationen. Im Jahr 2000 übernahm der Mobilfunkanbieter Orange für 142 Millionen US-Dollar das Unternehmen Wildfire Communications, das eine frühe Form der Technologie entwickelt hatte, aus der später Amazons Sprachassistent Alexa hervorgehen würde. Die Technologie war zwar solide, doch der Markt war noch nicht reif dafür, weshalb Orange das Geschäft von Wildfire schließlich einstellte.[18] Die Liste lässt sich fortsetzen: Blackberry verfügte beispielsweise über ein vielversprechendes Smartphone-Produkt, schaffte es jedoch nicht, ein erfolgreiches Geschäftsmodell zu entwickeln. Das gelang schließlich Apple mit dem iPhone, indem der Konzern das Telefon mit iTunes, dem App Store und einem riesigen Netzwerk an App-Entwicklern verknüpfte.

Häufig erkennen Unternehmen auch nicht, wann es Zeit für ein neues Geschäftsmodell ist. Sie halten an bestehenden Modellen, Prozessen und Praktiken fest, selbst wenn sie bahnbrechende technologiegestützte Produkte oder Services auf den Markt bringen wollen. Dabei werden sie häufig von dem Irrglauben geleitet, dass sie das Neue einfach auf das Alte draufsetzen müssten, und der Rest ergäbe sich von selbst. So einfach ist es nur leider häufig nicht. 2011 hätte niemand mit halbwegs klarem Verstand bezweifelt, dass Google die technologischen Fähigkeiten und das Know-how besitzt, ein neues Produkt zu entwickeln. Doch als das Unternehmen Google+ auf den Markt brachte, blieb der Erfolg aus. Google hatte Google+ anfänglich als reine Erweiterung seines Suchgeschäfts betrachtet, also als wesentlichen Bestandteil seines bestehenden Geschäftsmodells.[19] Die Konsumenten fragten sich allerdings, warum sie Google+ nutzen sollten, wenn ihnen bereits jetzt die Zeit für andere Social-Media-Tools fehlte. Für sie stellte die Kombination aus Suchfunktion und sozialem Netzwerk keinen Mehrwert dar. Um diesen zu schaffen, hätte Google einen neuartigen Ansatz im Marketing, Vertrieb und Erlösmodell verfolgen müssen, anstatt das neue Angebot einfach in sein bestehendes Geschäftsmodell zu pressen.[20]

Wenn Managerinnen und Manager neue Geschäftsideen verfolgen, fragen sie häufig als Erstes: „Wo platzieren wir das im Unternehmen?“[21] Laut Clayton M. Christensen, Thomas Bartman und Derek Van Bever, die gescheiterte Geschäftsmodelle untersucht haben, neigen Unternehmensverantwortliche dazu, neue Geschäftsideen in alte Organisationsstrukturen zu pressen. Damit wollen sie wo immer möglich bestehende betriebliche Fähigkeiten und Ressourcen nutzen, um so die Effizienz zu steigern.[22] So setzen sie zum Beispiel auf das bestehende Vertriebsteam, um ein neues und andersartiges Angebot zu verkaufen oder kooperieren mit bestehenden Zulieferern, obwohl die Lieferkette anderes erfordert.[23] Oder sie spielen die Notwendigkeit eines neuen Geschäftsmodells herunter, aus Angst, das neue Modell könnte das alte kannibalisieren. Es ist jedoch schwierig, Mehrwert und Einnahmequellen zu generieren, wenn man alte Ideen über ihr Haltbarkeitsdatum hinaus verwendet. Unternehmen, die das versuchen, überleben am Ende nur in der Erinnerung.[24] Nur wenn Unternehmensverantwortliche sich auf das Risiko von Ineffizienz und Kannibalisierung einlassen, kann die Transformation zu neuen Produkten und Services gelingen.

Bei der Frage, warum Unternehmen ihre Geschäftsmodelle nicht ausreichend innovieren, spielen die kognitiven Barrieren, die wir bereits kennengelernt haben, eine Rolle. Damit Innovation gelingt, müssen sich Führungskräfte von ihren Denkmustern und der vorherrschenden Branchenlogik lösen. Sie dürfen weder auf herkömmliche Positionierungen und Angebote zurückgreifen noch sich auf bewährte Erfolgsrezepte und bestehende Ressourcen- und Prozesskombinationen verlassen. Dabei kann es helfen, den Prozess der Geschäftsmodellentwicklung zu öffnen. Studien der Universität St. Gallen zeigen, dass 90 Prozent der erfolgreichen Geschäftsmodelle nicht komplett neu sind, sondern Elemente bestehender Modelle aus anderen Branchen miteinander kombinieren. [25] Damit erfolgreiche Rekombinationen möglich sind, müssen die Verantwortlichen allerdings wissen, welche Geschäftsmodelle jenseits ihres Unternehmens und ihrer Branche existieren. Um dieses Wissen zu erschließen und Ansätze zu berücksichtigen, die sie sonst nicht in Betracht ziehen würden, sollten Unternehmen externe Akteure in die Geschäftsmodellentwicklung einbeziehen. Doch auch die Partizipation interner Expertinnen und Experten ist wichtig. Sie sind mit den Fähigkeiten und der Kultur des Unternehmens vertraut und stellen dadurch sicher, dass das neue Modell auch praktikabel ist. Zudem können sie internen Widerständen frühzeitig begegnen und dafür sorgen, dass das neue Modell nicht als zu fremdartig wahrgenommen wird.

Der offene Ansatz hilft Unternehmen, Elemente bestehender Geschäftsmodelle zu neuartigen Verbindungen zu kombinieren – und zwar auf zwei Arten: Erfolgreiche Unternehmen entwickeln neue Geschäftsmodelle häufig, indem sie ähnliche oder analoge Szenarien aus der Vergangenheit identifizieren und Lösungen, die dort funktioniert haben, auf die aktuelle Situation übertragen. Stehen sie vor unbekannten Problemen, erinnern sie sich an ähnliche Situationen[26] und kombinieren dann in kreativer Weise verschiedene Geschäftsmodellbestandteile neu miteinander[27]. Einige der spannendsten und kreativsten Geschäftsideen basieren auf Analogien.[28] So dienten etwa Supermärkte – ein Einzelhandelsformat, das in den 1930er Jahren entstand – vielen Unternehmenslenkern als Analogie. Zum Beispiel Charlie Merrill, der sich bei der Gründung des Finanzsupermarkts Merrill Lynch von Supermärkten inspirieren ließ. Oder Charles Lazarus, der Toys R Us in den 1950ern international bekannt machte. Und schließlich der Staples-Gründer Thomas Stemberg, der sich die Frage stellte: „Können wir das Toys R Us des Bürozubehörhandels werden?“[29]

Durch eine Öffnung des Prozesses können Unternehmensverantwortliche noch umfangreicher, tiefgehender und praxisorientierter in Analogien denken.[30] Externe Perspektiven helfen dabei, eine Vielzahl von analogen Situationen zu generieren und diesen passende Geschäftsmodellbestandteile zu entnehmen, wodurch die Qualität des finalen Modells deutlich steigt. Werden Menschen mit einer Analogie aus einem für sie fremden Bereich konfrontiert, erhöht sich ihre Problemlösefähigkeit Studien zufolge um 10 bis 30 Prozent. Bei zwei Analogien aus zwei ihnen fremden Bereichen sind es bereits 80 Prozent.[31] Durch das Einbinden Externer, die detailliertes Wissen auf einem Gebiet besitzen, können Unternehmenslenker auch ihr eigenes Wissen über bestimmte Analogien erweitern und so die Geschäftsmodellbestandteile, die sie übernehmen wollen, noch gezielter auswählen. Wichtig ist auch zu überlegen, wie nützlich eine Analogie für die gegenwärtige Situation ist. Manche Situationen scheinen oberflächlich betrachtet nicht sehr ähnlich zu sein, weisen bei genauerer Betrachtung aber strukturelle Gemeinsamkeiten auf. Andere wiederum erscheinen auf den ersten Blick ähnlich, sind es aber nicht. Den Umfang und die Tiefe der Analogien können Sie vergrößern, indem Sie gleichermaßen interne wie externe Akteure zum IMP Business Model Logic

Contest einladen. Und indem Sie diesen dann systematisch mit Ihren Mitarbeiterinnen und Mitarbeitern durchgehen, lassen sich komplexe Geschäftsfälle herunterbrechen, um zu ermitteln, wie praxistauglich die Analogie im konkreten Fall tatsächlich ist.

Die Einbindung Externer hat noch einen weiteren Vorteil: Sie hilft Ihnen, nicht nur Analogien in benachbarten Bereichen zu identifizieren, sondern auch in solchen, die absolut nichts mit Ihrem Geschäft zu tun haben. Sehr viele Unternehmensverantwortliche beschränken sich bei ihren Rekombinationen auf Bestandteile, die sie bereits kennen – ein Phänomen, das der Biologie Stuart Kauffman mit seiner Theorie des angrenzend Möglichen (adjacent possible) beschreibt.[32] Dagegen entstehen erfolgreiche Geschäftsmodelle häufig in einem Prozess, den Evolutionsbiologen als „Exaptation" bezeichnen, die Nutzbarmachung einer Kompetenz oder Eigenschaft für einen Zweck, für den sie ursprünglich nicht gedacht war – häufig mit beeindruckenden Ergebnissen. Wussten Sie, dass Dinosaurier ursprünglich Federn ausgebildet haben, um mögliche Partner anzulocken und sich vor Kälte zu schützen, sie die Federn am Ende aber zum Fliegen genutzt haben?[33] Ebenso sollten Unternehmen überlegen, wie sie ihre bestehenden Fähigkeiten auf neue Märkte übertragen[34] oder völlig neue Anwendungsgebiete für bestehende, ausgereifte Technologien finden können. Letzteres nennt der ehemalige Forschungs- und Entwicklungsleiter von Nintendo, Gunpei Yokoi, „laterales Denken"[35]; IMP spricht von „gegenseitiger Befruchtung". Auch hier hilft die Zusammenarbeit von externen Akteuren und internen Mitarbeitern Unternehmen dabei, ihre bestehenden Fähigkeiten und Kompetenzen zu verstehen (Beitrag der internen Akteure) und gleichzeitig radikal neue Anwendungsmöglichkeiten für diese Fähigkeiten über Unternehmens- und Branchengrenzen hinaus zu identifizieren (Beitrag der Externen).

Das zeigt der Fall von autarq, ein innovatives Unternehmen im Bereich der Photovoltaik.

Photovoltaik ist ein Wachstumsmarkt. Der Taktgeber dafür sind der Klimawandel und die Notwendigkeit die Erderwärmung einzudämmen. Aktuell deckt Photovoltaik (PV) mit 51 Terawattstunden etwa neun Prozent des deutschen Bruttostromverbrauchs. 2010 waren es gerade einmal zwei Prozent[36]. Und doch ist eine PV-Anlage auf dem eigenen Dach nicht jedermanns Sache. Manche empfinden sie optisch störend. Für verwinkelte Dachflächen eignet sie sich nicht. Und bei teilweiser Beschattung gibt es bisweilen erhebliche Leistungsverluste. Solardachziegel sehen besser aus. Sie können auf fast jedes Dach verlegt werden. Und durch Parallelschaltung arbeiten die Ziegel unabhängig voneinander – d. h. die Leistung fällt im Gegensatz zu Solarmodulen nur im beschatteten Bereich ab[37]. Bei vergleichbarer Leistungsfähigkeit sind sie aber noch etwas teurer als PV-Anlagen. Dennoch ein attraktiver Markt: etwa 500 Millionen Dachziegel werden pro Jahr in Deutschland verbaut, 200 Millionen davon könnten Solardachziegel sein[38]. Erste Anbieter von Solarziegeln tummeln sich im Markt und versuchen Fuß zu fassen. Darunter auch der Elektroautohersteller Tesla. Das Geschäft wirklich in Gang zu bringen erweist sich aber als nicht so einfach. 2012 tritt Cornelius Paul als Gründer von autarq mit der Vision an, Technologieführer in diesem Markt zu werden. Das Nutzenversprechen: Eine attraktive Form der Solarnutzung auf dem Einfamilienhausdach. Funktionierende Technik gepaart mit Ästhetik und einem guten ökologischen Gewissen. Was prima Vista einleuchtend klingt, funktioniert leider nicht „auf Anhieb“. Technologisch kommt er voran. Aber der Markterfolg bleibt aus. Das Geschäftsmodell erweist sich nicht als tragfähig. Hier kommt – fast zehn Jahre später – „open Strategy“ ins Spiel. Der Einstieg erfolgt über ein offenes „kill-the-concept“ Format. Es geht um ein respektvolles „Draufhauen“. Im Sinne eines „Zurück-auf-Los“ werden die zentralen Hypothesen, auf denen das Geschäftsmodell fußt, in Frage gestellt. Geht es wirklich darum, die letzte Meile zum Kunden zu beherrschen? Verlangt der Markt tatsächlich „Alles-aus-einer-Hand“-Lösungen? Ist autarq alleine in der Lage das Marktpotential zu heben? Und erzeugt der Ziegel im Markt einen ausreichenden Nachfragesog?

Über die IMP Experts Community holt man jene „an einen Tisch“, die entlang der Wertschöpfungsstufen für einen Markterfolg zusammenwirken müssen: Vertreter von autarq, Solateure, Ziegelhersteller, Energieversorger, Dachdecker und private, wie öffentliche Kunden. „Open Strategy“ erweitert einmal mehr die Perspektive und hilft autarq gegen den eigenen „Bias“ anzukommen. Dabei hilft auch der „frische“ Blick von Kai Buntrock, der als neuer CEO von außen mit ins Strategieteam stößt. Das strukturierte Hinterfragen stellt so manches auf den Kopf und mündet in eine neue Geschäftslogik. Diese setzt a) auf Fokus, b) auf ein konsequentes Besetzen von Nischen und c) auf das Zusammenspiel von Wertschöpfungspartnern.

Der Fokus schwenkt konsequent auf B2B. Die Nische sieht man bei Dächern mit „schwieriger Topografie", zunächst bei zahlungskräftigen Kunden, denen ein Beitrag zur Energiewende ein echtes Anliegen ist, dass sie sich auch etwas kosten lassen (können) („sogenannter Tesla-Effekt"), um sich dann von dort in Richtung „main stream" zu bewegen, sowie bei Gebäuden mit Denkmalschutzauflagen, womit auch Kommunen und Städte als Kunden stärker in den Blickpunkt rücken. Das Nutzenversprechen wird erweitert. Im Mittelpunkt steht eine technisch leistungsfähige, stabile, sichere, aber einfach zu realisierende Lösung, mit klaren Zuständigkeiten und Abläufen – auch auf der Baustelle. So gewinnt man (auch) die Akzeptanz der Dachdecker. In Europa gibt es kein vergleichbar einfaches Konzept, so Cornelius Paul, Gründer von autarq[39]. Zugleich sucht man den Schulterschluss mit den Ziegelherstellern, dem Baustoffhandel und den Energieversorgungunternehmen, als wichtige Beeinflusser im Kaufprozess.

Das Beispiel zeigt die Brücke zwischen „open Strategy" (als Managementinnovation) und offenen, auf Vernetzung von Unternehmen basierenden Ökosystemen (als innovative, branchenübergreifende Form der Wertentstehung). Auch bei autarq mündet der offen durchlaufene Strategieprozess in eine offene Geschäftslogik, deren Erfolg nicht mehr (nur) von einem Produkt, sondern vom Zusammenspiel mehrerer Wertschöpfungspartner abhängt. Je besser jeder seine Rolle versteht und annimmt, und je wirksamer autarq die einzelnen Wertschöpfungsbeiträge steuert, umso größer wird der Markterfolg sein. Dazu gehört auch die Weiterqualifizierung von Partnern durch autarq. „Nach vielen, erkenntnisreichen Jahren nochmals die eigenen Überzeugungen auf den Prüfstand zu stellen, ist mir alles andere als leicht gefallen. Aber der kleine Schritt zurück hat sich gelohnt, denn es scheint ein großer Schritt in Richtung Markterfolg zu sein", so Cornelius Paul zu seiner Erfahrung mit dem open Strategy Ansatz.

## Business Model Logic Contest – so funktioniert's

Wir haben gesehen, warum es sinnvoll sein kann, den Prozess der Geschäftsmodellentwicklung zu öffnen, und wollen nun einmal betrachten, wie das mithilfe des IMP Business Model Logic Contest konkret gelingen kann. Der Contest hilft Unternehmen, reine Ideen in funktionsfähige Geschäftsmodelle zu verwandeln. Durchgeführt haben wir ihn das erste Mal im Jahr 2012. Damals wollte IMP ein klassisches Problem im Bereich Strategie angehen: die große Lücke schließen, die zwischen der Entwicklung einer Strategie und ihrer Umsetzung klafft. Beim Treffen strategischer Entscheidungen konzentrieren sich die Verantwortlichen typischerweise auf die Frage, wo sie sich behaupten wollen (in welcher Branche und in welchem Markt), und schieben Fragen zu den dafür erforderlichen Fähigkeiten, Ressourcen und Wertschöpfungsprozessen bis zur Umsetzung auf. Hier will der IMP Business Model Logic Contest gegensteuern, indem er Entscheiderinnen und Entscheider bereits in der Entwicklungsphase auffordert, das „Was" und das „Wie" einer Strategie zusammenzudenken, also die Mehrwertgenerierung und die damit verbundenen Prozesse sowohl von Kunden- als auch von Unternehmensseite zu betrachten. So wird sichergestellt, dass die Verantwortlichen ein Wertversprechen formulieren, das für *ihr Unternehmen* funktioniert. Dabei Geschäftsmodelle in den Blick zu nehmen erschien uns nur logisch, da sie im Detail beschreiben, wie ein Unternehmen seine Ziele nachhaltig erreichen will.[40] Zum Zeitpunkt, zu dem wir dieses Buch schreiben, hat IMP bereits mehr als 120 Open Business Model Logic Contests in 70 verschiedenen Unternehmen durchgeführt.

Das Design dieser Contests ist relativ simpel: Das Unternehmen lädt 15 bis 20 Teilnehmerinnen und Teilnehmer ein und teilt diese in Vierer- oder Fünfergruppen ein. Jedes Team sollte dabei aus internen und externen Akteuren bestehen (wobei die externen in der Regel nicht aus konkurrierenden Unternehmen kommen, um Interessenkonflikte zu vermeiden). Die Teams treten gegeneinander an und entwerfen jeweils die verschiedenen Bestandteile eines Geschäftsmodells für die neue Strategie des Unternehmens. Ziel ist es, einzigartige, schlüssige und tragfähige Geschäftsmodelle zu entwickeln, die sich nur schwer nachahmen lassen.[41] Um den Prozess in Gang zu bringen, wird jedem Team ein Coach zur Seite gestellt, der die Teilnehmerinnen und Teilnehmer auffordert, Fragen zu den einzelnen Elementen des Geschäftsmodells zu stellen und zu beantworten: zur gewünschten Positionierung, zu den zugehörigen Produkten und Dienstleistungen, den Wertschöpfungsprozessen, der Marketing- und Vertriebslogik und dem Umsatzmodell (siehe Abbildung 8.1).

***Abb. 8.1:*** *Business Model Logic Contest – Bestandteile eines Geschäftsmodells*

In einem ersten Schritt geht es um die Positionierung des Unternehmens am Markt und die Frage, wie das Unternehmen sein geplantes Angebot langfristig vom Angebot der Konkurrenz abgrenzen kann. Hierzu werden Ideen gebrainstormt. Als Nächstes definieren die Teilnehmerinnen und Teilnehmer mit Blick auf die Kundenbedürfnisse die konkreten Produkte und Dienstleistungen, die das Unternehmen anbieten könnte, um die angestrebte Positionierung zu erreichen. Ziel ist es hier, eine „Monopolstellung" in den Köpfen der Kunden einzunehmen. Dann widmen sich die Teams dem Kern des Geschäftsmodells, dem Ertragsmodell – also den Kosten und Erlösen –, und legen fest, wie das Unternehmen Geld verdienen will. In den letzten beiden Schritten – Wertschöpfungsprozesse sowie Marketing und Vertrieb – überlegen sie dann, wie das Unternehmen das Produkt oder die Dienstleistung vermarkten kann, um Kunden zu gewinnen und zu binden. Hierbei unterscheiden die Teilnehmerinnen und Teilnehmer zwischen den Kernaufgaben, die das Unternehmen selbst übernimmt, und den Zusatzaufgaben, für die es Partner hinzuziehen kann – immer unter Berücksichtigung der Kernkompetenzen des Unternehmens und dem angestrebten Mehrwert.[42]

Wie wir im Fall von BPW gesehen haben, können Unternehmen Business Model Logic Contests nutzen, um zu konkretisieren, wie sie eine neue Strategie auf Basis einer neuen Technologie am besten umsetzen. Sie können mit dieser Übung aber auch herausfinden, welche Strategien sie *nicht* verfolgen wollen. Nehmen wir einmal Folgendes an: Ihr Unternehmen ist in der Wärme- und Kälteversorgung tätig und hat eine revolutionäre neue Technologie entwickelt, die bis zu 50 Prozent effektiver ist als bisherige Systeme. In den vergangenen Jahren haben Sie mehr als 50 Millionen Euro in diese umweltfreundliche Technologie investiert und Kooperationen mit Hochschulen, Forschungslaboren und Lieferanten aufgebaut. Sie haben einen Proof-of-Concept-Prototypen entwickelt und können es nun kaum erwarten, energieeffiziente Produkte auf den Markt zu bringen. Schließlich verlangen die Kunden nach nachhaltigeren Lösungen, um ihren $CO_2$-Ausstoß zu reduzieren. Was sollten Sie tun? Das Produkt zügig auf den Markt bringen? Oder besser einen Gang herunterschalten und weitere Überlegungen anstellen?

Vor dieser Frage stand das Industriekonglomerat Mellsoft Systems 2002 (zur Wahrung der Anonymität wurden der Name des Unternehmens sowie einige weitere Details geändert). Im Rahmen einer Übernahme hatte Mellsoft Systems Lizenzen für Patente für magnetokalorische Materialien (kurz: MK-Materialien) erworben. Das sind Materialien, die sich bei Einwirkung eines Magnetfeldes erwärmen und bei Entfernen des Feldes wieder abkühlen. Der magnetokalorische Effekt ist nicht neu: Beobachtet wurde er bereits 1880 von dem deutschen Physiker Emil Warburg,[43] und 1918 erklärten der französische Physiker Pierre Weiss und sein Schweizer Kollege Auguste Piccard ihn theoretisch.[44] Bislang konnte der Effekt jedoch nur bei hohen Temperaturen erzeugt werden. Mit der Technologie von Mellsoft, die auf neuartigen magnetokalorische Materialien und effektiveren Dauermagneten beruhte, war dies nun auch bei Zimmertemperatur möglich.[45] Mellsoft erhielt die exklusiven Vermarktungsrechte für eine neue Mangan-Eisen-Phosphor-Silizium-Legierung, die in einem großen Temperaturbereich optimale magnetokalorische Eigenschaften aufweist.[46] Mithilfe dieses Materials würden sich auch in schwachen Magnetfeldern große Temperaturunterschiede erzeugen lassen. Diesen Effekt könnte Mellsoft in seinen Kühlgeräten einsetzen – und das mit nur halb so hohem Energieaufwand wie bei konventionellen Kühltechnologien und weniger Betriebsgeräuschen. Wenn man berücksichtigt, dass etwa ein Fünftel des Energieverbrauchs für die Kühlung benötigt wurde, schien die neue Technologie von Mellsoft tatsächlich äußerst vielversprechend.[47]

In den Folgejahren steckte das Unternehmen viel Geld in die Entwicklung der Technologie, und 2015 präsentierte es gemeinsam mit zwei globalen Partnern den weltweit ersten Prototypen eines magnetokalorischen Weinkühlers.[48] Dieser kompressorlose Kühler, der im Rahmen eines Pilotprojekts entwickelt worden war, produzierte weder ozonschädigende noch Treibhausgase, war energiesparend, senkte die Verbrauchskosten und verursachte weniger Betriebsgeräusche. Mellsoft plante, die MK-Technologie in den folgenden Jahren auf dem Haushaltsgerätemarkt einzuführen. Bei diesem Versuch stellten die Verantwortlichen jedoch fest, dass es gar nicht so einfach war, herkömmliche, kompressorbasierte Geräte zu ersetzen. Der Grund: Die Kompressortechnologie war so ausgereift, dass hochwertige Kompressoren für Kühlgeräte sehr günstig waren. Sie kosteten häufig nur 18 oder 19 Euro pro Gerät. So gut die MK-Technologie auch war, Mellsoft hatte Schwierigkeiten, den Kunden den höheren Preis schmackhaft zu machen.

Da die Verantwortlichen etwas ratlos waren und sich fragten, ob die neue Technologie vielleicht auch jenseits des Haushaltsgerätemarktes Anwendung finden könnte, wandten sie sich an IMP. Gemeinsam führten wir mehrere Open Business Model Logic Contests unter Einbezug externer Akteure durch. Dabei stellte IMP eine Expertengruppe zusammen, der Wissenschaftlerinnen und Wissenschaftler der Frauenhofer-Gesellschaft und verschiedener technischer Universitäten angehörten sowie Verantwortliche großer etablierter Player im Energiesektor und in der Wärme- und Kältetechnik und Vertreter von Start-ups, die Produktkühler für Labore entwickelten oder in der Sensorik-Branche tätig waren. Auch einige Mellsoft-Mitarbeiterinnen und Mitarbeiter waren anwesend. In einem ersten Schritt identifizierte die Gruppe 25 mögliche Anwendungen für die MK-Technologie und grenzte diese im weiteren

Verlauf auf 7 ein – und zwar in den Bereichen Verfahrensindustrien, Transport und Logistik, Batteriekühlung/E-Mobilität sowie Abwärmenutzung für die Energieproduktion. Unter Berücksichtigung technischer und wirtschaftlicher Aspekte – beispielsweise erreichbare Kosten im Verhältnis zum gestellten Leistungsniveau, Kundenprobleme, für die es bislang keine Lösungen gibt, sowie Marktattraktivität – untersuchten die Teilnehmerinnen und Teilnehmer dann drei potenzielle Entwicklungsbereiche genauer und wählten am Ende zwei aus, für die sie jeweils ein detailliertes Geschäftsmodell entwarfen: Bekämpfung von Produktpiraterie sowie Raum- und Gebäudekühlung.[49]

Wie sich zeigte, kann der magnetokalorische Effekt tatsächlich helfen herauszufinden, ob ein Luxusprodukt oder Geldscheine bzw. -münzen gefälscht wurden. Im Gespräch mit Vertretern der Deutschen Bank, Luxusgüterherstellern und anderen Experten zeigte sich jedoch, dass die Technologie in diesem Bereich auf absehbare Zeit nicht rentabel sein würde. Was die Raum- und Gebäudekühlung betraf, wiesen Experten darauf hin, dass es sich wirtschaftlich nicht lohnen würde, ein solches Angebot zu entwickeln, da die eingesetzte Technologie bereits effizient war. Dann schien sich eine neue Möglichkeit aufzutun: Klimaanlagen für wertvolle historische Gebäude im Stadtzentrum bereitstellen, da die Installation konventioneller Kompressoren aufgrund von Gebäudeschutzvorschriften häufig nicht möglich war. Dafür müsste Mellsoft allerdings mit Engineering-Unternehmen zusammenarbeiten. Diese wiesen jedoch darauf hin, dass die Kosten zu hoch wären, um das Produkt zu einem erschwinglichen Preis anbieten zu können, und lehnten eine Kooperation deshalb ab.

Am Ende beschloss Mellsoft, die MK-Technologie erst einmal nicht zu vermarkten. Angesichts der hohen Summen, die das Unternehmen investiert hatte, war das eine bittere Entscheidung; sie war jedoch notwendig. Im Rahmen des Business Model Logic Contest waren die Verantwortlichen mit frischen, objektiven Außenperspektiven in Kontakt gekommen und konnten dadurch Verzerrungen überwinden, die sie andernfalls vielleicht dazu verleitet hätten, die Technologie weiterzuverfolgen, auch wenn das für das Unternehmen wenig Sinn gemacht hätte. Der Business Model Logic Contest war praktisch der Reality Check, den sie brauchten, um ein Großprojekt mit vielen internen Stakeholdern aufzugeben. Studien zufolge ist der Umgang mit gescheiterten Investitionen mitunter ebenso wichtig für den Unternehmenserfolg wie die Fähigkeit, auf das richtige Pferd zu setzen, vielleicht sogar wichtiger.[50] Die

Entscheidung, detaillierte Businesspläne zu entwickeln, bevor man sich in neue Märkte vorwagt, und dies in Form eines offenen Prozesses zu tun, hat Mellsoft vielleicht davor bewahrt, Millionenbeträge in weitere potenzielle Angebote zu investieren, nur um am Ende festzustellen, dass diese genauso wenig rentabel waren wie die ersten Vorstöße im Elektrogerätebereich.

## Wofür Sie Business Model Logic Contests noch einsetzen können

Wenn Unternehmen ein Geschäftsmodell umsetzen, das im Rahmen eines Business Model Logic Contest entwickelt wurde, heißt das nicht automatisch, dass es auch Erfolg haben wird. Doch selbst wenn das konkrete Modell scheitert, war das Unterfangen nicht umsonst. Diese Erfahrung hat der Sportartikelhersteller adidas 2017 gemacht. Das Unternehmen führte damals einen viertägigen Business Model Logic Contest durch, um zu entscheiden, wie die hochtechnologischen Speedfactory-Produktionsanlagen, die adidas im Rahmen eines Pilotprojekts errichtet hatte, strategisch ausgerollt werden sollten. Die neuen Anlagen hatten extrem kurze Durchlaufzeiten, sie ermöglichten eine kundenspezifische Produktfertigung nach Maß, eine höhere Produktqualität, eine datengestützte Nachfrageprognose sowie Co-Creation und trugen zu einer gesteigerten Markenwahrnehmung bei.[51] Da das Unternehmen zu diesem Zeitpunkt noch unsicher war, welche Go-to-Market-Strategie es verfolgen sollte, wandte es sich an IMP. Gemeinsam wollte man eine Reihe von Fragen zu den Speedfactories beantworten, etwa welche Geschäftsmodelle denkbar wären und wie diese die Branche verändern könnten. Adidas schlug vor, auch Kreative von außerhalb hinzuzuziehen, da diese keine vorgefertigten Meinungen darüber hatten, wie Sportschuhe produziert und vertrieben werden sollten.

Zum Contest lud das Unternehmen ein Dutzend adidas-Mitarbeiterinnen und Mitarbeiter von mehreren weltweiten Standorten ein, die über unterschiedliche Hintergründe verfügten, sowie ein Dutzend externe Expertinnen und Experten. In den ersten zwei Tagen generierte die Gruppe neue, radikale Ideen für die Speedfactories und grenzte diese anschließend auf einige vielversprechende Konzepte ein. In den verbleibenden zwei Tagen überführten die Teams die besten vier Ideen dann in detaillierte Businesspläne – unter Berücksichtigung der in Abbildung 8.1 dargestellten Geschäftsmodellbestandteile. Anschließend bewertete eine Expertenjury die einzelnen Bestandteile jedes Modells. Auch die Mitarbeiterinnen und Mitarbeiter der Zentrale konnten die Präsentationen verfolgen und remote ihre Stimme abgeben, indem sie mit ihren Smartphone einen QR-Code einscannten. Schließlich wählte das Topmanagement das siegreiche Geschäftsmodell aus. Dieses sah vor, in den Speedfactories vollständig wiederverwertbare Turnschuhe zu produzieren. Damit reagierte adidas auf Nachhaltigkeitstrends und ein steigendes Umweltbewusstsein. Die Idee war, ein Kreislaufprodukt herzustellen, bei dem nicht mehr gebrauchte Schuhe gesammelt, ihre Plastikbestandteile wiederverwendet und die Sneaker in Form eines Abomodells vertrieben werden sollten.

Das Ganze war ein wirklich spannendes, kreatives und äußerst ambitioniertes Vorhaben – und es würde nicht einfach werden: Einige Ideen hatten das Potenzial, das Kerngeschäft und die bestehenden Praktiken von adidas auf den Kopf zu stellen. Und tatsächlich kündigte das Unternehmen 2019 an, seine beiden Pilot-Speedfactories zu schließen und die Komponententechnologien an seine etablierten Zulieferer in Asien zu übertragen, um deren Effizienz zu steigern.[52] Doch der Business Logic Contest war nicht umsonst gewesen: 2019 stellte adidas eine erste Testserie des Futurecraft Loop vor – der erste hundertprozentig recycelbare Performance-Laufschuh und dem Unternehmen zufolge einer der ersten Konsumartikel überhaupt, der vollständig wiederverwertet werden kann.[53] Vertrieben werden sollte er in Form eines Abomodells – ganz so, wie es das siegreiche Geschäftsmodell aus dem Business Logic Contest vorgesehen hatte.[54]

2020 kündigte adidas an, seinen Plastikmüll zu reduzieren und „innerhalb der nächsten zehn Jahre gar keinen Plastikmüll mehr zu produzieren und in absehbarer Zeit vollständig wiederverwertbare Produkte zu fertigen“.[55] Um die Kunststoffherstellung nachhaltiger zu gestalten und den Futurecraft Loop in größeren Stückzahlen herzustellen, würde adidas weiterhin auf die Speedfactory-Technologie und das damit verbundene Know-how setzen, auch wenn dieses nun bei seinen asiatischen Zulieferern angesiedelt war.

Allgemein kann man sagen, dass die Speedfactory und die Open-Strategy-Übung den Konzern dazu bewogen haben, sich Gedanken über die zukünftige Innovation seines Produktionsprozesses zu machen. Während sich adidas zu Anfang auf die Produktpersonalisierung und die Fähigkeit, sich an veränderte

Kundenbedürfnisse anzupassen, konzentriert hatte, wiesen die Open-Strategy-Überlegungen in eine andere Richtung: mithilfe der Speedfactory-Technologie neue Geschäftschancen im Bereich Wiederverwertung und Nachhaltigkeit erschließen.[56] Open Strategy hatte dem Unternehmen offensichtlich geholfen, sich auf wahrscheinliche zukünftige Trends vorzubereiten. Und auch wenn adidas nicht versucht hätte, das siegreiche Geschäftsmodell umzusetzen, hätte es die Mitarbeiterinnen und Mitarbeiter dennoch dazu ermutigt, über neue Geschäftsmöglichkeiten nachzudenken. Das wiederum könnte die Umsetzung neuer Geschäftsmodelle in der Zukunft erleichtern, wie auch immer diese dann aussehen werden.

## Fazit

Open Strategy eignet sich nicht nur für die Ideenfindung. Sie hilft Unternehmen auch, den nächsten Schritt zu gehen und konkrete Geschäftsmodelle zu entwickeln. Mit Unterstützung interner und externer Akteure können sie Bestandteile früherer Modelle auswählen und zu einem radikal neuen Modell kombinieren. Durch die Zusammensetzung der Expertengruppe wird auch sichergestellt, dass das neue Geschäftsmodell die Fähigkeiten, Normen und Kultur des Unternehmens berücksichtigt und tatsächlich realisierbar ist. Auch die Akzeptanz für und die Umsetzungschancen des Modells innerhalb des Unternehmens lassen sich so steigern.

**IMP Business Logic Contest – Tipps zur Durchführung**

- *Die richtigen externen Experten auswählen:* Wählen Sie Personen aus, die sich mit Ressourcenallokation, Geschäftsmodellen und deren Umsetzung auskennen. Sie sollten sich für das Thema interessieren, mit Freude bei der Sache sein, Beziehungen aufbauen können und gute Netzwerker sein.
- *Das Topmanagement einbeziehen:* Um die Motivation der Teilnehmerinnen und Teilnehmer zu erhöhen, können Sie ihnen in Aussicht stellen, ihre Ideen vor dem Topmanagement präsentieren zu dürfen.
- *Den Rahmen abstecken:* Machen Sie deutlich, was das Ziel des Workshops ist und worüber die Gruppe diskutieren soll. Aus der Aufgabenstellung sollte hervorgehen, wie das Unternehmen die neue Strategie verfolgen will. Diese ist gesetzt. Es geht hier nicht mehr darum, sie infrage zu stellen oder alternative Ideen zu entwickeln.

- *Die Ideen vorstellen, die als Ausgangspunkt dienen:* Diese Ideen stammen aus den in den vorherigen Kapiteln beschriebenen Workshops und Crowdsourcing-Initiativen, die im Vorfeld des Business Logic Contest stattgefunden haben. Stellen Sie den Teilnehmerinnen und Teilnehmern alle relevanten Hintergrundinformationen zur Idee zur Verfügung, damit sie ein detailliertes Geschäftsmodell ausarbeiten können. Aber Vorsicht: Zu viele Informationen können die Experten unnötig beeinflussen und in ihrer Kreativität einschränken.
- *Zeit mit der Umsetzung lassen:* Nehmen Sie sich nach Abschluss des Workshops Zeit, das Geschäftsmodell zu verfeinern, zum Beispiel indem Sie Bestandteile verschiedener Modelle miteinander kombinieren. Hier können Mitarbeiterinnen und Mitarbeiter, die am Contest teilgenommen haben, wertvolle Unterstützung liefern.

Der Business Logic Contest fordert Unternehmensverantwortliche auf, die Umsetzung der Strategie von Anfang an mitzudenken. In der Praxis scheinen Ideenfindung und Implementierung allzu häufig getrennt voneinander betrachtet zu werden. Während der Ideenfindung konzentrieren sich die Verantwortlichen in der Regel auf Wettbewerber und Märkte und während der Implementierung auf Fähigkeiten, Ressourcen und Wertschöpfungsprozesse. Die Arbeit am Geschäftsmodell zwingt sie dazu, beides miteinander zu kombinieren: die Kundenseite und die Wertschöpfungsseite. So erhalten sie einen Strategieplan, der direkt einsatzbar ist und gute Chancen hat, ein unschlagbares Geschäftsmodell hervorzubringen.

**Fragen zur Reflexion:**

- Neigen Sie und Ihr Team dazu, sich eher auf neue Produkte oder neue Technologien zu konzentrieren als auf neue Geschäftsmodelle?
- Ist Ihr bestehendes Geschäftsmodell langfristig tragbar?
- Verfügt Ihr Unternehmen intern wirklich über die Einblicke, Agilität und Schnelligkeit, die es braucht, um neue Geschäftsmodelle zu entwickeln?
- Wie gehen Sie mit Revierkämpfen um, die unweigerlich entstehen, wenn ein Geschäftsmodell sich nicht in die bestehende Organisationsstruktur einfügt?

# Kapitel 9
# Mit der „Crowd" die richtigen Strategien auswählen

Während eines Spaziergangs im Herbst 1906 wurde der 85-jährige britische Wissenschaftler Sir Francis Galton Zeuge eines Gewichtschätzungswettbewerbs. Eine große Menschenmenge begutachtete einen Ochsen und stellte Vermutungen darüber an, wie viel Fleisch das geschlachtete Tier wohl abwerfen würde. Demjenigen, der die genaueste Schätzung abgab, winkte ein Preis. „Es waren viele Amateure anwesend", erinnert sich Galton, „Beamte und Büroangestellte, die sich zwar nicht mit Pferden auskennen, aber dennoch bei Pferderennen Wetten abschließen und sich dabei auf Zeitungen, Freunde und ihre eigenen Vorlieben verlassen".[1] Der Gedanke, solch ein gewöhnlicher Pöbel besäße die Intelligenz und das Wissen, eine genaue Schätzung vorzunehmen, erschien Galton lächerlich. Bereits einige Jahrzehnte zuvor war der US-amerikanische Schriftsteller und Philosoph Henry David Thoreau zu der Überzeugung gelangt: „Die Masse erhebt sich nie zur Höhe ihres besten Mitgliedes, im Gegenteil, sie erniedrigt sich zum Niveau ihres schlechtesten."[2]

Für Galton war der Gewichtschätzungswettbewerb die perfekte Gelegenheit zu beweisen, wie dumm viele Menschen auf einem Haufen tatsächlich waren. Er besorgte sich die abgegebenen Schätzungen (787 an der Zahl), berechnete den Median und den Mittelwert und verglich diese mit dem tatsächlichen Gewicht des Ochsen. Und siehe da: Die Schätzung der Gruppe erwies sich als verblüffend genau. Der Median der Schätzungen – also der Wert, der genau die Mitte aller abgegebenen Schätzungen darstellt – betrug 1.207 Pfund und lag damit nur 9 Pfund über dem tatsächlichen Gewicht des geschlachteten Ochsen, das 1.198 Pfund betrug. Der Mittelwert aller abgegebenen Schätzungen lag bei 1.197 Pfund, also nur 1 Pfund unter dem tatsächlichen Gewicht. Einzelne Mitglieder der Gruppe mögen nicht so intelligent oder urteilsfähig sein wie studierte Experten; in Summe war das Wissen der Vielen aber genauso mächtig, wenn nicht sogar mächtiger.

In den vergangenen Jahren haben erfolgreiche Unternehmen Galtons Erkenntnis genutzt, um bessere strategische Entscheidungen zu treffen. Im Ausrüstungsverleih ist es nicht einfach, Kundenbedürfnisse, Kundenverhalten und Preise über ein breites Gebietsnetz zu prognostizieren. Diese Genauigkeit ist aber wichtig, damit Geräteverleiher effizient auf die Bedürfnisse ihrer Kunden reagieren können und möglichst wenig Kapital aufwenden müssen. 2012 machte sich Zeppelin Rental, ein Vermieter von Baumaschinen und -geräten aus München, der in sechs Ländern Europas tätig ist, das Wissen seiner Beschäftigten an über 100 Standorten zunutze, um die interne Entscheidungsfindung zu verbessern.

Das Unternehmen hatte ein soziales Prognosetool entwickelt, dieses im Intranet zugänglich gemacht und eine Reihe von Fragen identifiziert, die im Zuge der Strategiefindung beantwortet werden sollten: Welche neuen Wettbewerber werden den Markt betreten? Welche Unternehmen kommen für eine Übernahme infrage? Wie werden sich die Mietpreise in unseren Märkten in den nächsten Monaten entwickeln? Sind die Kunden bereit, mehr für umweltfreundlichere Maschinen zu bezahlen? Die Verantwortlichen öffneten das Tool für die 800 Beschäftigten des Unternehmens und ließen diese die Fragen in mehreren Phasen beantworten, die zwei bis fünf Tage dauerten. Die Mitarbeiterinnen und Mitarbeiter konnten ihre Antworten gewichten und so deutlich machen, wie sicher sie jeweils waren. Auf Basis der gewichteten Prognosen erstellte das Tool dann eine kollektive Prognose und leitete diese an das Topmanagement weiter. Je nach Genauigkeit ihrer Schätzungen erhielten die Beschäftigten Punkte, die sie sammeln und in Preise eintauschen konnten.

Laut Christoph Afheldt, Leiter Unternehmensentwicklung bei Zeppelin Rental, hat sich das Tool als so effektiv erwiesen, dass es nun regelmäßig im Strategieprozess zum Einsatz kam: Die Beschäftigten „helfen uns, Kundenbedürfnisse, Marktlagen und Trends sowie Entwicklungen bei der Konkurrenz zu analysieren und Potenziale für zukünftige Entwicklungen zu identifizieren“.[3] Ähnlich wie im Falle des Gewichtschätzungswettbewerbs erwiesen sich auch die Schätzungen der Beschäftigten von Zeppelin Rental als sehr exakt. Bei einem Vergleich der tatsächlich eingetretenen Ereignisse mit den abgegebenen Prognosen stellte das Unternehmen Crowdworx, das die soziale Prognosesoftware für Zeppelin Rental bereitgestellt hatte, Folgendes fest: Im Durchschnitt waren über 80 Prozent der aggregierten Prognosen korrekt, in manchen Fällen sogar 90 Prozent. Angesichts der hohen Unsicherheit in Verbindung mit den gestellten Fragen und den unvollständigen Informationen, die die Beschäftigten besaßen, ist das ein wirklich herausragendes Ergebnis.

Auch Sie können das Wissen der Vielen zur Prognoseerstellung und Entscheidungsfindung nutzen (siehe Abbildung 9.1). Zum Beispiel indem Sie Prognosemärkte einrichten und mit ihrer Hilfe Informationen von Beschäftigten und anderen Teilnehmern zusammentragen. Auf diesen Märkten kaufen und verkaufen die Akteure virtuelle Aktien, die zukünftige Ereignisse oder Ergebnisse darstellen. Die Aktienkurse entsprechen dabei der Wahrscheinlichkeit, mit der diese Ereignisse nach Einschätzung der Teilnehmer eintreffen. Eine einfachere Möglichkeit, Prognosen auf Basis kollektiver Intelligenz zu erstellen, sind Prognosewettbewerbe. Hier werden keine Aktien gehandelt; stattdessen wetteifern die Teilnehmer um die genaueste Prognose. Diese Tools helfen Unternehmen, das Wissen interner und externer Akteure anzuzapfen und so fundiertere und effektivere Strategien zu entwickeln, als sie das Topmanagement im stillen Kämmerlein hätte formulieren können.

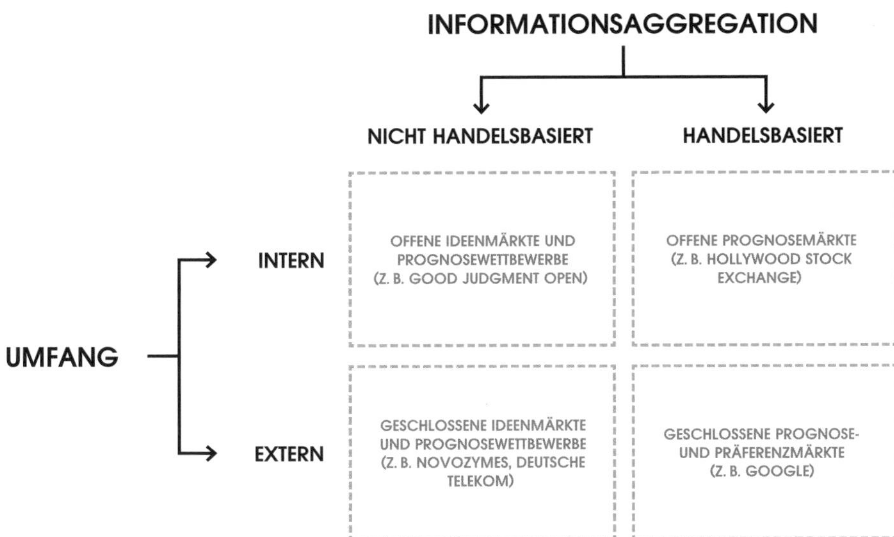


***Abb. 9.1:** Arten von Prognosen, die auf kollektiver Intelligenz beruhen*

## Das ungenutzte Potenzial von Crowdsourcing

Der Strategieprozess in Unternehmen scheint äußert geeignet für Crowdsourcing. Denn um Strategien zu entwickeln, müssen die Verantwortlichen mit Unsicherheit umgehen, mögliche Szenarien bewerten und auf Informationen aus den unterschiedlichsten Bereichen zurückgreifen. Und doch „stehen die meisten Unternehmen dieser möglicherweise exzellenten Informationsquelle nach wie vor indifferent gegenüber und zeigen sich überraschend unwillig, ihre Entscheidungsfindung durch die kollektive Intelligenz der Beschäftigten zu verbessern"[4], hat James Surowiecki 2005 beobachtet. Seitdem ist die Zahl der Unternehmen, die Prognosen auf Basis kollektiver Intelligenz erstellen, zwar gestiegen; sie werden aber immer noch nicht so häufig genutzt wie anderen Open-Source-Tools. Der „Enterprise 2.0"-Studie von McKinsey zufolge, bei der 1.700 Unternehmen weltweit befragt wurden, nutzten im Jahr 2016 30 Prozent von ihnen Prognosemärkte, um kollektives Wissen zutage zu fördern. 2009 waren es lediglich 9 Prozent gewesen.[5] Im Gegensatz dazu haben Blogs, soziale Netzwerke und Wikis Durchdringungsraten von 50 bis 70 Prozent.

Warum sind Unternehmen beim diesem Thema so zaghaft? Laut dem Ökonomen Donald N. Thompson liegt dies daran, dass sie nach wie vor glauben, nur die Eliten besäßen die Expertise. Für sie ist „der Gedanke, dass Mitarbeiter unterer Ebenen an Managemententscheidungen mitwirken könnten", völlig abwegig. Topmanager schätzen Expertise, und wenn sie unsicher sind, engagieren sie Berater"[6]. Falls Sie diese Überzeugung teilen, sei der Hinweis gestattet, dass Expertise wohl kaum ein Garant für Exaktheit ist. In seinem Buch *The Innovator's Dilemma* zeigt Clayton Christensen: Marktprognosen für disruptive Innovationen erweisen sich in den meisten Fällen als völlig falsch. Dabei hat er den Bereich Computerlaufwerke untersucht und Marktprognosen zu verschiedenen Generationen von Technologien, die ein renommiertes Marktforschungsunternehmen erstellt hatte, mit den tatsächlichen Verkaufszahlen verglichen. Dabei stellte er fest: Der *Disk/Trend Report* konnte die Verkaufszahlen von evolutionären Innovationen für bestehende Kunden und Märkte sehr gut vorhersagen – mit Abweichungen von weniger als 10 Prozent. Bei disruptiven Innovationen lag der Bericht jedoch Hunderte von Prozentpunkten daneben. Prognosemethoden, die bei inkrementellen Innovationen gut funktionieren, etwa ökonomische Modelle, Diskussionen mit Branchenexperten und Fokusrunden mit Kunden, erweisen sich im Falle neuer Märkte, Kunden oder Technologien als unzureichend.[7]

Gleichzeitig ist seit dem Gewichtschätzungswettbewerb, dem Sir Francis Galton beiwohnte, viel Zeit vergangen, und Crowdsourcing hat sich mittlerweile als zuverlässiges Prognosetool etabliert. Jahrzehntelange Forschungen haben bestätigt, was Jacob Bernoulli das „Gesetz der großen Zahlen" nannte, nämlich dass die durchschnittliche Meinung einer großen Zahl von Personen dem tatsächlichen Wert in der Regel sehr nahe kommt und stets exakter ist als die beste Schätzung eines einzelnen Mitglieds der Gruppe. Der frühere Wall-Street-Stratege und Lehrbeauftragte an der Columbia Business School Michael J. Mauboussin erklärt dies folgendermaßen: „Wir alle verfügen lediglich über unvollständige Informationen und haben eine [äußerst ungenaue Sicht auf die Welt]. Wenn wir unsere Ergebnisse jedoch aggregieren, heben sich die Fehler gegenseitig auf und wir erhalten reine Informationen."[8]

Wenn Sie schon einmal an einem Gummibärchen-Schätzwettbewerb teilgenommen haben, wissen Sie, wovon Mauboussin spricht. Eine einzelne Person wird nicht korrekt schätzen können, wie viele Gummibärchen sich im Glas befinden. Wenn man jedoch den Mittelwert aller abgegebenen Schätzungen berechnet, kommt dieser der tatsächlichen Anzahl sehr nah, normalerweise näher als die beste individuelle Schätzung. Wissenschaftliche Studien bestätigen dies. Jack Treynor war Professor für Finanzwirtschaft an der University of Southern California und ein Pionier in der modernen Investmenttheorie. Ihn beschäftigte die Frage, warum Marktpreise so exakt waren. Seine Vermutung: Der Markt spiegelt nicht etwa die genaue Schätzung einiger weniger Experten wider, sondern „die falschen Schätzungen einer großen Zahl von Anlegern, die sich unabhängig voneinander irren".[9] Treynor postulierte auch, dass „die Mechanismen, bei denen eine große Zahl fehleranfälliger Einschätzungen gebündelt wird, um einen genaueren ‚Konsens' zu erzielen, nicht auf den Finanzbereich beschränkt sind, ja nicht einmal auf die Wirtschaft allgemein."[10] Als Beweis diente ihm ein Jellybeans-Schätzwettbewerb (ähnlich dem bereits erwähnten Gummibärchen-Wettbewerb), den er in seinen Investment-Kursen durchführte: Die Studierenden sollten schätzen, wie viele Jellybeans sich im Glas befanden. Wiederholt konnte Treynor zeigen, dass der Mittelwert der Schätzungen um mehr als 97 Prozent exakt war. Folgeexperimente bestätigten diese hohe Genauigkeit.

Folgt man Treynors Logik, müsste eine große Zahl von Personen Aktienkurse besser vorhersagen können als eine kleine Gruppe professioneller Analysten, Börsenmakler und Marktforschungsunternehmen. Um das zu untersuchen, haben Michael Nofer und Oliver Hinz von der Technischen Universität Darmstadt Daten über einen Zeitraum von vier Jahren zu mehr als 10.000 Kauf- oder Verkaufsempfehlungen von Sharewise gesammelt, einer großen und diversen Online-Community, die vor allem Aktienprognosen erstellt.[11] Interessierte können sich kostenlos auf der Plattform anmelden, eine Aktie oder einen Index auswählen und mit anderen über ihre Lieblingsaktien diskutieren und ihre Einschätzungen und Prognosen teilen. Jedes Community-Mitglied kann außerdem die Kauf- oder Verkaufsempfehlungen der anderen bewerten. Als die Wissenschaftler die in der Community generierten Empfehlungen mit den Empfehlungen von Experten verglichen, stellten sie fest, dass die Community-Empfehlungen eine durchschnittliche Jahresrendite erzielten, die 0,59 Prozentpunkte über der der Experten lag. „Unterm Strich", so Nofer und Hinz, „sollten Investoren eher der kollektiven Intelligenz vertrauen als den Analysten."[12]

## Prognosemärkte sind sehr genau

Prognosemärkte sind für ihre Genauigkeit bekannt. Im Jahr 1988 trafen sich die Ökonomen George Neumann, Robert Forsythe und Forrest Nelson, die damals an der University of Iowa lehrten, auf ein Feierabendbier in einer Sportbar der Stadt. Im Verlauf des Gesprächs kam die Frage auf, warum Wahlumfragen regelmäßig so ungenau waren.[13] Einer der Männer hatte die Idee, man könnte statt Umfragen doch einen Börsenmechanismus nutzen, um den Wahlausgang vorherzusagen. Dem lag ein recht simpler Gedanke zugrunde: Bereits 1945 hatte der Nobelpreisträger Friedrich Hayek beschrieben, dass Märkte effektive Mechanismen sind, um verstreute und asymmetrische Informationen zusammenzutragen.[14] Laut der von Eugene Fama formulierten Martkeffizienzhypothese spiegeln Preise alle privaten und öffentlich zugänglichen Informationen über eine zugrunde liegende gehandelte Ware auf einem Markt wider.[15] An der Börse sagen Händler den zukünftigen Wert eines Unternehmens oder eines Geschäfts voraus. Wenn sie der Meinung sind, ein Aktienkurs sei unterbewertet, kaufen sie die Aktie; wenn sie glauben, er sei überbewertet, verkaufen sie.

Überträgt man diese Idee auf einen Prognosemarkt für Wahlen, würden Angebot und Nachfrage die Aktienkurse der Kandidatinnen und Kandidaten bestimmen. Betrachtet ein Händler die Aktie als unterbewertet (d. h., der Kandidat hat eine größere Chance, die Wahl zu gewinnen), würde er sie kaufen. Glaubt er dagegen, sie sei überbewertet (d. h., der Kandidat verliert die Wahl eher), würde er verkaufen. Auf diese Weise würden die Aktienkurse alle auf dem Markt verfügbaren Informationen aggregieren, und die kollektive Intelligenz würde den Wahlausgang vorhersagen können.

Der Iowa Electronic Market, wie die drei Ökonomen ihren Markt nannten, kam das erste Mal während der US-Präsidentschaftswahlen 1988 zum Einsatz. Etwa 800 Investoren – zum größten Teil jung, männlich und aus den ländlichen Regionen Iowas stammend – handelten Kontrakte für die wichtigsten Kandidatinnen und Kandidaten: George H. W. Bush (Republikaner), Michael Dukakis (Demokraten), Ron Paul (Libertarian Party) und Lenora Fulani (New Alliance). Der Wahlabend war spannend: Würden die Aktienkurse den Wahlsieger und die Stimmenverhältnisse unter den Kandidaten korrekt vorhersagen? Tatsächlich, und mit größerer Genauigkeit als die Umfragen von Gallup, Harris und CBS/New York Times! Während die Umfragen eine durchschnittliche Fehlerquote von 1,9 Prozent aufwiesen, waren es beim Iowa Electronic Market lediglich 0,1 Prozent.

Seitdem wird der Iowa Electronic Market für eine ganze Reihe von Prognosen eingesetzt. Bei Wahlen haben sich seine Vorhersagen als besonders exakt herausgestellt; in den meisten Fällen exakter als die großer Meinungsforschungsinstitute.[16] Auch in anderen Bereichen erfreut sich das Prognosetool großer Beliebtheit, etwa bei der Vorhersage von Konjunkturentwicklungen oder dem Erfolg von Kinofilmen.[17] Unternehmen nutzen Prognosemärkte, um zukünftige Entwicklungen vorherzusagen, auch im Zusammenhang mit ihrer Strategie. Bei Siemens etwa ermittelten die Verantwortlichen mithilfe von Prognosemärkten, ob die Beschäftigten ihre Projektmeilensteine erreichen würden. Ein österreichischer Mobilfunkanbieter setzte Prognosemärkte ein, um die zukünftigen Marktanteile aller wichtigen Wettbewerber zu bestimmen.[18] Zahlreiche Studien im Businesskontext zeigen, dass Prognosemärkte exaktere Ergebnisse liefern als Experteneinschätzungen.[19]

Wir selbst wollten wissen, wie gut Prognosemärkte die Aktienkurse von Produktinnovationen im Vergleich zu Branchenexperten vorhersagen. In den

1970ern verkauften Unternehmen weltweit ca. 8 Millionen Paar Ski jährlich. Heute sind es nur noch 3,2 Millionen. Um in einem schrumpfenden Markt zu überleben, setzen Anbieter auf Innovationen und stellen jedes Jahr neue Produktdesigns vor – häufig mit großem Tamtam. Doch sie tun sich schwer, den Bedarf an oder Marktanteil für diese Innovationen vorherzusagen. Prognosen in diesem Bereich können 50 bis 75 Prozent danebenliegen (meistens ist die Abweichung jedoch nicht so stark). „Ideal wäre es", so ein Markenmanager eines führenden Unternehmens, „wenn der Prognosefehler etwa 3 Prozent betragen würde. In den letzten Jahren lag er in unserem Unternehmen immer zwischen 5 und 15 Prozent."[20] Wir fragten uns: Könnte ein Prognosemarkt das leisten? Um dies herauszufinden, führten wir einen Prognosemarkt mit 60 Ski-Begeisterten durch, die wir über Facebook eingeladen hatten. Wir stellten ihnen Innovationen von vier Skiherstellern in vier verschiedenen Produktsegmenten vor und ließen sie über einen Zeitraum von 12 Tagen im Herbst vor Beginn der Skisaison Aktien zu den Produkten handeln. Ende Mai des darauffolgenden Jahres sahen wir uns die tatsächlichen Verkaufszahlen und Marktanteile an und stellten fest: Die Vorhersagen des Prognosemarkts waren verblüffend genau. Der mittlere absolute Fehler (MAE; mean absolute error) – unser Maß für die Genauigkeit – betrug 2,74 Prozent im ersten Produktsegment, 3,99 Prozent im zweiten Produktsegment, 4,64 Prozent im drittem und 9,09 Prozent im vierten.[21] (Der MAE gibt an, wie stark die Prognosen im arithmetischen Mittel von den tatsächlichen Werten im jeweiligen Produktsegment abweichen. Je kleiner der Wert, desto exakter die Prognose.) In drei der vier Prognosemärkte war die Schätzung genauer als die Prognosen der Unternehmen selbst. Der vierte Markt erwies sich als etwas weniger genau als die Prognosen der Unternehmen. Hier ist jedoch zu beachten, dass auf diesem Markt weniger gehandelt wurde und die Informationen deshalb weniger effizient aggregiert werden konnten.

Prognosemärkte funktionieren vor allem deshalb so gut, weil sie die Akteure im Gegensatz zu anderen Tools dazu anregen, korrekte Informationen anzugeben.[22] Bei Meinungsumfragen wird eine Auswahl von Personen zu ihrer persönlichen Meinung zu einem Thema befragt. Einige von ihnen nehmen erst gar nicht an der Umfrage teil, andere arbeiten die Fragen so schnell wie möglich ab, wieder andere wollen keine persönlichen Informationen preisgeben oder verfügen über keine verlässlichen Informationen, um eine fundierte Entscheidung treffen zu können usw. Bei der Auswertung der Ergebnisse werden die Antworten aller Teilnehmer jedoch gleich gewichtet. Anders bei Prognosemärkten. Hier nehmen die Händler diese Gewichtung selbst vor: Verfügen sie über mehr Informationen oder fühlen sie sich in einem Thema sicher, investieren sie mehr Geld und kaufen mehr Aktien.[23] Bo Cowgill, Professor an der Columbia Business School, hat die ersten Prognosemärkt von Google ausführlich untersucht und dabei festgestellt: „Wenn man Menschen anonym auf etwas wetten lässt, sagen sie, was sie wirklich denken, weil viel Geld auf dem Spiel steht. Es ist ein Gespräch, das ohne versteckte Agenda auskommt. Die Akteure kennen sich nicht, und niemand hat den Anreiz, sich bei den anderen einzuschmeicheln."[24]

## Wie Prognosemärkte funktionieren

Nun da wir gesehen haben, dass Prognosemärkte ein wirkungsvolles Tool zur handelsbasierten Informationsaggregation sind, möchten wir Ihnen zeigen, wie Sie diese durchführen.

### *1. Schritt: Das Entscheidungsproblem formulieren*

Prognosemärkte sind besonders dann effektiv, wenn die prädiktiven Faktoren, die zur Entscheidungsfindung beitragen, von Wissen abhängen, das über mehrere Abteilungen oder Standorte verteilt ist. Zu diesen Faktoren zählen beispielsweise die Prognose von Marktanteilen und technologischen Durchbrüchen, das Testen von Businessplänen, die Wahl des besten Geschäftsmodells sowie Vorhersagen zur Zukunftsstrategie von Wettbewerbern. Hierbei ist wichtig, dass die Faktoren, die Sie bestimmen wollen, konkret und spezifisch sind. Wenn Sie zum Beispiel die Erfolgschance verschiedener Geschäftsmodelle ermitteln möchten, sollten Sie nur einige wenige Modelle betrachten und die Teilnehmer in diese investieren lassen. Für unseren Prognosemarkt für die Skibranche ermittelten wir den Marktanteil neuer Produkte in vier Marktsegmenten: Renn-Skis, Tiefschnee-Skis, technologische Produkte und Skis für Frauen. Wir zeigten den Teilnehmerinnen und Teilnehmern Fotos der Skier und stellten ihnen detaillierte technische Spezifikationen zur Verfügung.

Die zu beantwortende Frage sollten Sie sehr konkret formulieren, damit die Teilnehmerinnen und Teilnehmer sie jederzeit klar beantworten können.[25] In unserem Fall lautete sie: „Wenn Sie die Gesamtverkaufsmenge der folgenden Renn-Skis in der Saison 2010/2011 in Europa betrachten, welchen Anteil (Marktanteil) werden die Skis jeweils einnehmen?“ Wir hatten detaillierte Informationen zu den Innovationen erhalten, die die vier Skihersteller im jeweiligen Segment einführen wollten. Die Teilnehmerinnen und Teilnehmer konnten virtuelle Aktien dieser Produkte handeln. Wurde ein Renn-Ski beispielsweise zu einem Kurs von 32 gehandelt, schätzten die Teilnehmer seinen zukünftigen Marktanteil auf 32 Prozent. Glaubten die Händler, der Ski besäße größeres Potenzial, kauften sie Aktien, um von der Unterbewertung am Markt zu profitieren. Erschien ihnen der Kurs zu hoch, verkauften sie.

### *2. Schritt: Die Teilnehmer gewinnen*

Grundsätzlich gilt: Mit steigender Teilnehmerzahl nimmt auch die Qualität der Vorhersagen und Entscheidungen zu. Deshalb sollten Sie so viele Händlerinnen und Händler einladen wie praktisch möglich. Diese sollten zudem unterschiedliche Hintergründe und Erfahrungen mitbringen. Wenn Sie den Erfolg eines neuen Geschäftsmodells vorhersagen wollen, sollten die Teilnehmerinnen und Teilnehmer die potenziellen Kunden, Wettbewerber, Tech-Experten usw. kennen. Als Faustregel empfehlen wir mindestens 50 Personen. Bei weniger Personen besteht die Gefahr, dass es zu Liquiditätsproblemen am Markt kommt, was zu unzuverlässigen Prognosen führt.[26] Wie auf anderen Aktienmärkten auch werden sich manche Händler als „Marginal Traders“ erweisen: Sie werden sehr aktiv kaufen und verkaufen und mehr Geld investieren, um zu versuchen, aus allen Unter- und Überbewertungen Profit zu schlagen. Dadurch erhöhen sie die Liquidität und treiben die Kurse auf das richtige Niveau.[27] Andere Akteure werden dagegen weniger handeln, über weniger Informationen verfügen und kaum Einfluss auf die Kursentwicklung nehmen.

Wenn das Entscheidungsproblem nicht die Gefahr birgt, dass Geschäftsgeheimnisse preisgegeben werden könnten, sollten Sie auch Externe einbeziehen, da diese durch ihre frischen Perspektiven und neuen Informationen die Genauigkeit der Prognose erhöhen. Den meisten Teilnehmern macht das Handeln Spaß, und durch das Hinzuziehen weiterer Personen steigen die Grenzkosten nur marginal. In unserem Skiprojekt waren alle 60 Teilnehmerinnen und Teilnehmer erfahrene und begeisterte Skifahrer, wenn man auch nicht alle als echte Experten bezeichnen konnte. Wir hatten sie über die Facebook-Seiten zweier Skihersteller sowie über eine österreichische Online-Sportplattform (Laola1.at) gefunden, die einen Artikel mit dem Titel „Welche Technologie überzeugt dich?“ veröffentlicht hatte.

### *3. Schritt: Den Markt entwerfen*

Als Nächstes müssen Sie entscheiden, wie viele Ideen Sie gegeneinander antreten lassen, welchen Handelsmechanismus Sie verwenden und wie lange die Börse geöffnet ist. Prognosemärkte funktionieren am besten, wenn maximal vier Ideen gehandelt werden. Wenn Sie mehr Ideen generiert haben, sollten Sie diese vorselektieren und anschließend auf zwei bis vier eingrenzen.[28] Was den Handelsmechanismus betrifft, entscheiden sich die meisten Veranstalter für eine Doppelauktion, bei der die Teilnehmer ihre Kauf- oder Verkaufsaufträge einreichen und die Veranstalter diese unmittelbar ausführen, solange ihnen entsprechende Kauf- und Verkaufsaufträge gegenüberstehen.[29] Sie können auch Aufrufauktionen oder eine Mischform aus Doppel- und Aufrufauktion durchführen. Hier werden die Aufträge zunächst gesammelt, und die Veranstalter führen diese dann zu einem bestimmten Zeitpunkt alle gleichzeitig aus. Doppelauktionen sind in der Regel die beste Option, da sie laufend Informationen in die Kurse einbeziehen und den Händlern so die Möglichkeit geben, unmittelbar zu reagieren.

Prognosemärkte können mehrere Monate dauern oder nur wenige Stunden.[30] Wenn die Teilnehmer Zeit brauchen, um Informationen zusammenzutragen oder wenn zusätzliche Informationen erst zu einem späteren Zeitpunkt verfügbar sind, sollte die Börse länger geöffnet haben. Ansonsten führen längere Handelsspannen jedoch zu rückläufigem Handelsvolumen, da die Zahl der Händler mit der Zeit abnimmt.[31] Marktforschungsunternehmen wie Cultivate Labs, Crowdworx und Prediki sind auf Prognosemärkte spezialisiert und können Ihnen mit den Feinheiten der Marktgestaltung helfen.

### 4. Schritt: Anreize festlegen

Zuverlässige Prognosen erhalten Sie nur, wenn die Teilnehmerinnen und Teilnehmer aktiv handeln. Manche Prognosemärkte setzen deshalb finanzielle Anreize und belohnen die Händler je nach ihrer Performance. Das dies in einigen Ländern (einschließlich den USA) jedoch als illegales Glücksspiel gilt, nutzen die meisten Unternehmen virtuelles Geld und vergeben Preise oder Geschenkgutscheine. Ebay hat den besten Tradern auf seinem Prognosemarkt zum Beispiel Gutscheine über 200 US-Dollar ausgestellt, und Google hat sein eigenes virtuelles Geld, die Goobles (Google-Rubel), eingesetzt und jedem Händler alle drei Monate 10.000 Goobles ausgezahlt. Diese konnten die Spieler vierteljährlich gegen Lose für eine interne Lotterie eintauschen. Gezogen wurden sechs Lose, die dem Gewinner jeweils 1.000 US-Dollar einbrachten. Weniger aktive Trader erhielten Geschenkgutscheine oder extra angefertigte T-Shirts.[32]

Bei den meisten strategischen Fragen sind die Aussicht darauf, zu gewinnen, und ein symbolischer Preis Anreiz genug (nehmen auch Externe teil, sind eventuell materielle Anreize nötig).[33] Im Rahmen seines Prognosemarkts hat Google festgestellt, dass die intrinsische Motivation, das Sich-gegeneinander-Messen und Anerkennung starke Motivatoren sind: Das Handelsvolumen stieg, wenn die Teilnehmerinnen und Teilnehmer ihre Performance „veröffentlichen“ konnten. Auch motivierende Worte von Vorgesetzten helfen. Den besten Trader am Ende mit echtem Geld zu belohnen kann kontraproduktiv sein, wenn die Teilnehmer während des Spiels Spielgeld verwendet haben. Manche Spieler könnten dann hohe Wetten eingehen, weil sie kein Risiko sehen (sie verlieren ja kein echtes Geld). Um das zu vermeiden, sollten Sie den Trader belohnen, der am aktivsten gehandelt hat, statt denjenigen mit den genauesten Prognosen.

### 5. Schritt: Den Handel eröffnen

Wenn es bei Ihrem Prognosemarkt nur um die Freude am Gewinnen geht, was wir empfehlen, sollten Sie Spielgeld einsetzen. Zu Beginn erhält jeder Spieler einen bestimmten Betrag. Sind Prognosemärkte Neuland für die Spieler, sollten diese im Vorfeld eine Schulung erhalten sowie einige grundlegende Informationen zum Entscheidungsproblem, zum Handelszeitraum, zur Siegerauswahl sowie zu weiteren Abläufen.

### *6. Schritt: Die Ergebnisse auswerten*

In einem einfachen Handelsmodell, bei dem nur zwei Ausgänge möglich sind, stehen die Aktienkurse für die Wahrscheinlichkeit, mit der ein bestimmtes Ergebnis nach kollektiver Einschätzung der Marktteilnehmer eintritt. Nehmen wir einmal an, Sie möchten vorhersagen, ob einer Ihrer Wettbewerber bis Ende des Jahres eine neue Technologie auf den Markt bringt. Für Ihren Prognosemarkt stellen Sie folgende Regeln auf: Wenn Ihr Wettbewerber die Technologie bis Ende 2023 auf den Markt bringt, zahlen Sie dem Aktieninhaber 100 US-Dollar, in allen anderen Fällen nichts. Sie legen den Eröffnungskurs mit 50 US-Dollar fest und bieten die Aktie zum Kauf an. Geht ein Teilnehmer davon aus, dass die Technologie mit einer Wahrscheinlichkeit von über 50 Prozent eingeführt wird, wird er die Aktie kaufen. Andernfalls wird er verkaufen. Die Aktienkurse steigen und fallen so lange, bis sich Angebot und Nachfrage einpendeln. Dieser Punkt stellt den Konsens der Händler darüber dar, mit welcher Wahrscheinlichkeit das Ereignis eintritt (siehe Abbildung 9.2). Liegt der Aktienkurs am Ende des Handelszeitraums bei 94 US-Dollar, rechnet die kollektive Intelligenz der Trader damit, dass die Technologie mit 94 Prozent Wahrscheinlichkeit eingeführt wird.

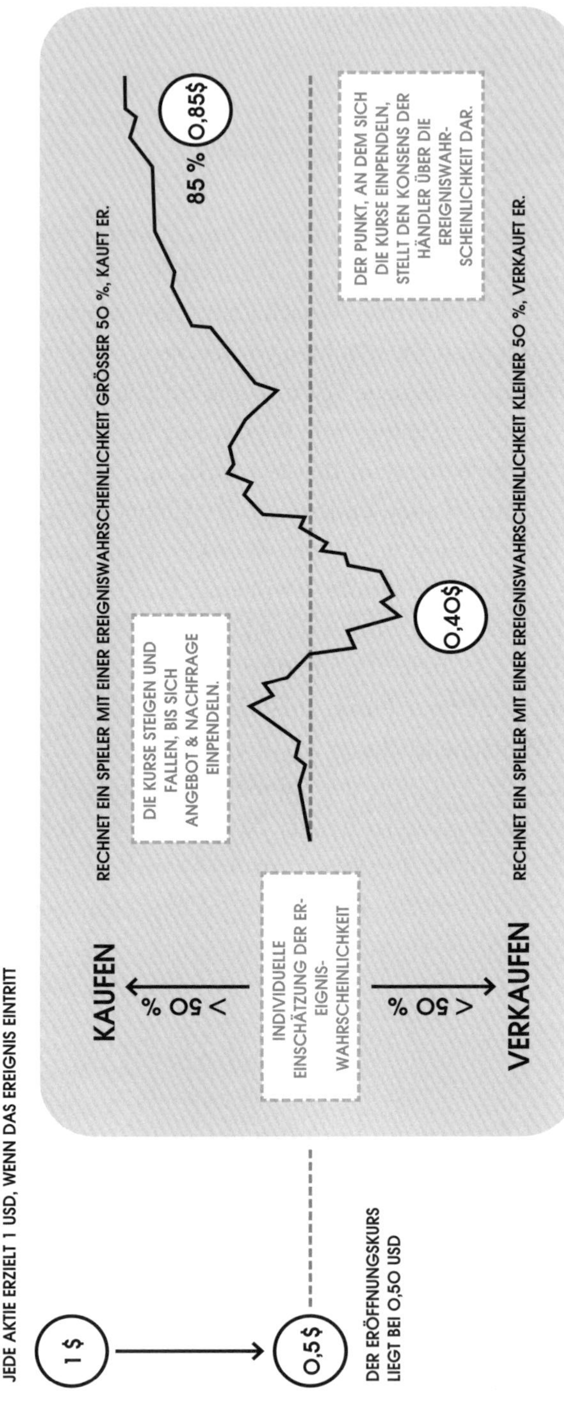


**Abb. 9.2:** *Wie Prognosemärkte funktionieren (nach Adam Mann: The Power of Prediction Markets, in: Nature News 538, Ausgabe 7625/2016), S. 308.)*

## Präferenz- oder Ideenmärkte

Prognosemärkte können für strategische Projekte sehr wertvoll sein, doch sie haben ihre Grenzen. Sie funktionieren gut, wenn Sie ein Ereignis in naher Zukunft vorhersagen möchten, um in der Gegenwart die richtigen strategischen Entscheidungen zu treffen. Wenn Sie potenzielle Ideen für Strategien (etwa Produkte, Technologien oder Geschäftsmodelle) auswählen und bewerten möchten, können Sie mithilfe eines Prognosemarkts die kollektive Intelligenz anzapfen, um die vielversprechendsten Ideen herauszufiltern. Prognosemärkte eignen sich auch zum Testen von Annahmen, auf die Sie Ihre Strategie gründen, etwa in Bezug auf Wettbewerber, technologische Durchbrüche oder gesellschaftliche Entwicklungen. Häufig geht es bei Strategie jedoch um langfristige Fragen und Ergebnisse, die sich nur schwer messen lassen. Für diese Art von Problemen eignet sich eine Variante des Prognosemarkts: der Präferenz- oder Ideenmarkt.[34]

Diese Märkte funktionieren ähnlich wie Prognosemärkte, mit dem Unterschied, dass die Teilnehmer hier Ideen vorschlagen und dann als Aktien handeln. Der Marktmechanismus erlaubt das kollektive Filtern und Bewerten der Ideen, wobei der Aktienkurs einer Idee widerspiegelt, wie die kollektive Intelligenz deren Erfolgschancen einschätzt.[35] Dieses Vorgehen erlaubt es den Veranstaltern, mehrere Ideen gleichzeitig zu entwickeln und zu bewerten. Da diejenigen, die Ideen einreichen, über den Aktienkurs unmittelbares Feedback zu ihrer Idee erhalten, setzt ein Lernprozess ein, der sich während der Kauf- und Verkaufsphase fortsetzt. Gleichzeitig sorgt das konstante Feedback über den Preismechanismus dafür, dass die Ideen optimiert, weniger gute assortiert und die besten ausgewählt werden. Studien zufolge fördert der Wettbewerbscharakter von Ideenmärkten auch den Innovationsgeist, was wiederum der Entscheidungsfindung des Topmanagements zugutekommt.

Ein großes europäisches Technologieunternehmen hat einen Ideenmarkt eingerichtet, bei dem die Mitarbeiterinnen und Mitarbeiter Ideen für neue Technologien, Produkte und Geschäftsideen einreichen konnten, die das Unternehmen in den kommenden zehn Jahren verfolgen könnte.[36] Der Markt fand in drei Phasen statt: Ideen generieren, Ideen filtern und Ideen bewerten. In der ersten Phase konnten alle Beschäftigten Vorschläge einreichen (siehe Abbildung 9.3). Um die Teilnahme zu fördern, vergab das Unternehmen für die ersten 25 Ideen Geschenkgutscheine im Wert von 30 US-Dollar. In der nächsten

Phase, in der die Ideen gehandelt wurden, zahlte es allen Teilnehmerinnen und Teilnehmern jeweils 10.000 virtuelle US-Dollar, und die zehn besten Trader erhielten zusammen ein Preisgeld von 3.000 US-Dollar (wie gesagt, alternativ können Sie auch die aktivsten statt die besten Trader belohnen). Diese Anreize wirken eher gering, doch die intrinsische Motivation und das Ansehen, das dem Gewinner winkt, reichen meist aus, um zum Mitmachen zu motivieren.

Bei dem Unternehmen aus unserem Beispiel meldeten sich 642 Mitarbeiterinnen und Mitarbeiter aus 17 Ländern für den Ideenmarkt an und reichten in einem Zeitraum von 24 Tagen insgesamt 252 Ideen ein (39 Ideen für neue Technologien, 49 für neue Produkte und 164 für neue Produkt- und Geschäftsideen). Jede Idee, die „neu für das Unternehmen" oder „neu für den Markt" war, wurde ein „Kandidat" für eine Ideenaktie. In der zweiten Phase, die eine Woche dauerte, wählten die Teilnehmerinnen und Teilnehmer gemeinsam Ideen für den Börsengang aus, indem sie Aktien der als Kandidaten ausgewählten Ideen für 5 US-Dollar pro Stück kauften. Alle Ideen, die mehr als 40.000 US-Dollar erzielten, wurden für den Börsengang berücksichtigt. Die Personen, die diese Ideen eingereicht hatten, erhielten jeweils einen Gutschein über 30 US-Dollar sowie 1.000 virtuelle US-Dollar für den Handel.

In der dritten Phase wurde dann gehandelt. Hierbei spiegelten die finalen Aktienkurse die Qualität wider, die die Gruppe der jeweiligen Idee beimaß: Im Falle der technologischen Ideen gab der Aktienkurs den Anteil des Umsatzes wider, den die Technologie in zehn Jahren beeinflussen würde. Bei den Produktideen stand der Aktienkurs für die Stückzahl, die in zehn Jahren verkauft würde. Und bei den Geschäftsideen bestand das Ziel darin, „die innovativsten Produkte und Geschäftsideen vorherzusagen".[37]

Am Ende wählte das Topmanagement einige der besten Ideen aus. Diese sollten weiterentwickelt werden. Drei unabhängige Wissenschaftlerinnen und Wissenschaftler prüften und analysierten den Markt und stellten ein Expertengremium aus Vertretern anderer Tech-, Strategie- und Risikokapitalunternehmen zusammen, das die Ideen bewerten sollte. Die Wissenschaftlerinnen und Wissenschaftler erfassten auch, wie die Teilnehmer und Topmanager den Markt bewerteten, und verglichen das Ergebnis des Ideenmarkts mit der Bewertung des Expertengremiums. Dabei kamen sie zu dem Schluss, dass ihre Studie „die Machbarkeit eines Ideenmarkts in einem realen Szenario belegt und zeigt, dass Ideenmärkte in der Lage sind, neue Produktideen und vielversprechende Technologien zu generieren, auszuwählen und zu bewerten“.[38] Andere breit angelegte Studien bestätigen, dass Ideenmärkte eine große Übereinstimmung mit der Einschätzung von Expertengremien aufweisen und ein wertvolles Tool darstellen, um verstreutes Wissen zusammenzutragen und so die strategische Entscheidungsfindung in Unternehmen zu unterstützen.[39]

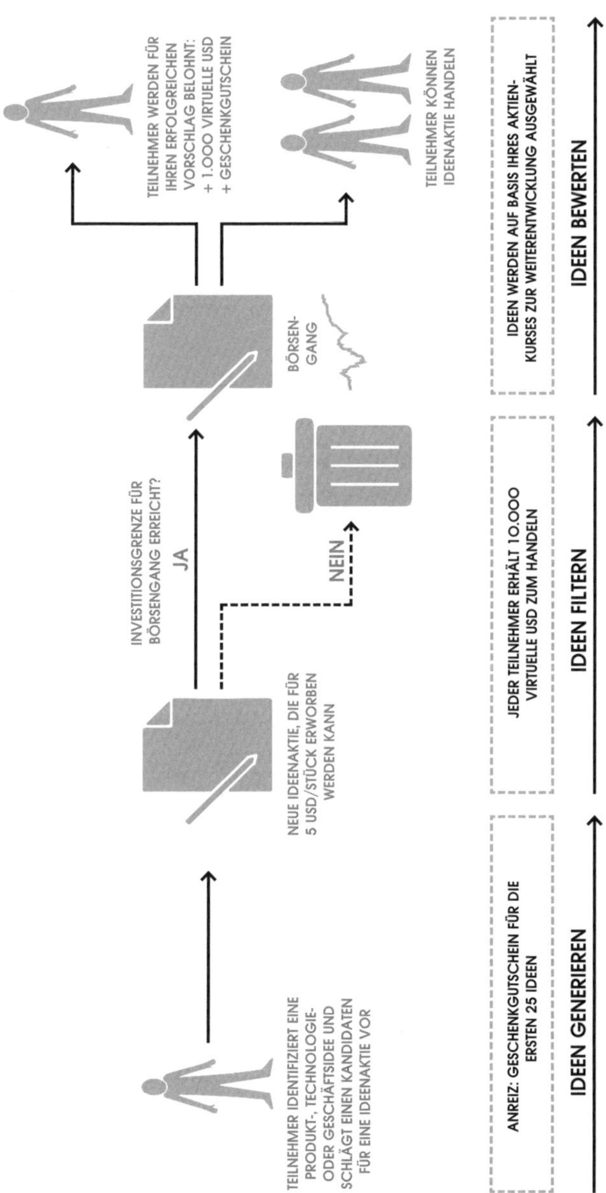


***Abb. 9.3:*** *Ideenmarkt (nach Soukhoroukova/Spann/Skiera)*

## Crowdsourcing-Prognosen und -Entscheidungen

Wenn Unternehmen von der Weisheit der Vielen profitieren wollen, müssen sie nicht unbedingt einen Marktmechanismus aktivieren. Prognosewettbewerbe sind Wettbewerbe, bei denen die Teilnehmer gegeneinander antreten, um zukünftige Szenarien vorherzusagen, ohne diese auf einem offenen Markt zu handeln. Ein Verbrauchsgüterhersteller, der zu den Fortune 100 gehört, lud mehr als 200 Mitarbeiterinnen und Mitarbeiter aus verschiedenen Abteilungen und Unternehmensebenen zu einem Wettbewerb ein, bei dem die Teilnehmer Prognosen zu elf strategisch relevanten Themen treffen konnten (zum Beispiel Verkaufsmengen über verschiedene Märkte). Je nach Genauigkeit ihrer Prognose erhielten sie Punkte.[40] Die beiden Personen mit den meisten Punkten erhielten Geldpreise, die anderen nahmen an einer Verlosung teil. Bevor die Mitarbeiterinnen und Mitarbeiter ihre Prognose abgaben, analysierten sie Hintergrundinformationen zu früheren Verkaufsmengen, potenziellen Markttaktiken und weiteren Aspekten. Die Veranstalter ermutigten sie außerdem, zusätzliche interne und externe Informationen einzuholen. In Echtzeit konnten die Teilnehmerinnen und Teilnehmer die Prognosen ihrer Kolleginnen und Kollegen einsehen und ihre eigene Vorhersage entsprechend anpassen.

Mark Lang, Professor für Marketing, und seine Mitautoren verglichen die aggregierte kollektive Prognose (der Mittelwert aller abgegebenen Prognosen) während des Wettbewerbs mit der Prognose, die das Unternehmen erstellt hatte, und den tatsächlichen Ergebnissen. Dabei stellten sie fest, dass der Wettbewerb in knapp drei Viertel aller Fälle ein exakteres Ergebnis lieferte als die herkömmlichen Prognosetools des Unternehmens. Die Fehlerquote der Vorhersagen aus dem Wettbewerb lag dabei mehr als 40 Prozent unter der Fehlerquote der Vorhersagen, die die Prognosetools des Unternehmens produziert hatten.[41] Daraus schlussfolgerten die Wissenschaftler: „Crowdsourcing ermöglicht marktorientierte Prognosen, die gleichwertig mit den mithilfe bestehender Methoden eines Unternehmens erzielten Prognosen sind oder diese sogar übertreffen. Crowdsourcing-Tools sind zudem kostengünstiger und lassen sich schneller und einfacher implementieren als viele bestehende Methoden (etwa Verbraucherumfragen).“[42]

Auch die Deutsche Telekom hat sich – nach mehreren strategischen Fehlentscheidungen in den 2000ern – im Jahr 2011 für die Durchführung von Crowdsourcing-Wettbewerben entscheiden. Die Verantwortlichen wollten eine Einschätzung zu Themen wie der zukünftigen Marktdurchdringung des Unternehmens, Preisen, Musik-Streaming und Download-Volumina gewinnen. Die Ergebnisse erweisen sich als so beeindruckend, dass die Deutsche Telekom Prognosewettbewerbe unternehmensweit implementierte. Mittlerweile testet das Unternehmen jede Woche eine neue Produktidee oder ein neues Geschäftsmodell mithilfe kollektiver Intelligenz. Dabei definiert das Team, das den Wettbewerb veranstaltet, zunächst ein Entscheidungsproblem, mit dem sich die Gruppe beschäftigen soll. Die Einladung der Teilnehmerinnen und Teilnehmer erfolgt über ein einfaches Onlinetool. (Dem liegt die Überzeugung zugrunde, dass jeder Einzelne im Unternehmen etwas zum großen Ganzen beitragen kann und dass das Zusammenführen dieses verstreuten Wissens großes strategisches Potenzial birgt.)

Sobald das Entscheidungsproblem veröffentlicht ist, haben die Teilnehmerinnen und Teilnehmer drei oder vier Tage Zeit, ihre Prognose in ein Onlinetool einzugeben. Je nachdem, wie sicher sie sich mit einer Einschätzung sind, können sie diese gewichten. Das Tool führt die einzelnen Prognosen dann zu einer kollektiven Prognose zusammen. Innerhalb einer Woche liegen die Ergebnisse vor. Sind die Ergebnisse bekannt, wird ermittelt, wie genau die einzelnen Prognosen waren, und die Beschäftigten erhalten entsprechend Punkte. Neben dem Wunsch nach Anerkennung dient dies als Anreiz für die Teilnahme. Eine weitere Motivation ist der Umstand, dass die Beschäftigten Feedback zu ihren eingereichten Ideen erhalten, sobald das Projekt beendet ist. Laut Ulrich Meyer-Berhorn, Senior Manager des Center for Strategic Projects der Deutschen Telekom, nimmt das Unternehmen die kollektiven Prognosen ernst – eine Tatsache, die auch den Beschäftigten nicht entgangen sein dürfte: Der Telekommunikationsanbieter hat „auf Basis der Ergebnisse solcher Crowdsourcing-Projekte mehrere Millionen Euro investiert".[43]

Während die meisten Unternehmen aufgrund von Geheimhaltungsbedenken ihre Prognosewettwerbe auf Beschäftigte und andere interne Akteure begrenzen, öffnen andere ihre Wettbewerbe für die breite Öffentlichkeit. Wir haben bereits das Good Judgment Project erwähnt, eine von der US Intelligence Advance Research Projects Activity (IARPA) finanzierte Initiative, die das Ziel verfolgt, verschiedene geopolitische und ökonomische Ereignisse möglichst exakt vorherzusagen.[44] In diesem Projekt hat der Politologe Philip Tetlock eine Gruppe von „Superforecasters" identifiziert, die 2 Prozent aller Teilnehmerinnen und Teilnehmer ausmachen. Ihre Prognosen waren 30 Prozent genauer als die der US-Geheimdienstler.[45] Good Judgment Inc, ein Nachfolger des Good Judgment Project, bietet heute auf seiner Prognose-Plattform Crowdsourcing-Prognose-Dienste für staatliche Einrichtungen und Unternehmen an. Es unterstützt seine Kunden dabei, das Entscheidungsproblem zu definieren, und stellt anschließend eine Gruppe von Superforecastern zusammen. So müssen Unternehmen nicht mehr ein oder zwei Fachberater engagieren, sondern können auf ein diverses Netzwerk aus Top-Prognostikern zurückgreifen, die aus verschiedenen Alters- und Berufsgruppen stammen und unterschiedliche Hintergründe mitbringen.

Die Superforecaster geben ihre Prognosen ab, machen ihre Quellen und Überlegungen öffentlich, diskutieren verschiedene Interpretationen der Daten und aktualisieren ihre Prognosen, sobald neue Informationen oder Auswertungen verfügbar sind. Nach wenigen Tagen stehen die Prognosen zur Verfügung. 2020 wurden auf diese Weise unter anderem Vorhersagen zu folgenden Fragen generiert: „Wie hoch wird der Rohölpreis am 13. August 2020 sein?", „Wann bietet British Airways wieder kommerzielle Flüge nach China an?", „Welche Partei wird im Zuge der US-Präsidentschaftswahlen 2020 die Mehrheit im Kongress haben?" und „Wie viele Corona-Fälle wird es in den USA geben?".

Prognosewettbewerbe sind bei Weitem nicht das einzige Crowdsourcing-Prognosetool, das ohne Handelsmechanismus auskommt. Auch der IMP Business Model Logic Contest, den wir in Kapitel 8 vorgestellt haben, beinhaltet ein einfaches Crowdsourcing-Tool: Nachdem die Gruppen mehrere Geschäftsmodelle entwickelt haben, stellen die Teams die einzelnen Elemente dieser Modelle in mehreren Runden vor, bevor sie am Ende die finalen integrierten Modelle präsentieren. Eine Jury aus Topmanagerinnen und Topmanagern oder ein gemischtes Gremium aus Topmanagern und externen Experten wählt anschließend die Siegeridee aus. Die Auswahl und Abstimmung erfolgen mithilfe digitaler Tools. Dabei geben die Jurymitglieder ihre Stimme nicht einfach dem in ihren Augen besten Modell, sondern sie (oder auch die Workshop-Teilnehmer oder sogar die gesamte Belegschaft) nutzen ein virtuelles Budget, das sie über eine digitale Plattform in die vielversprechendsten Geschäftsmodelle investieren. Die Teilnehmerinnen und Teilnehmer können diese Investitionsentscheidungen, die über mehrere Runden erfolgen, in Echtzeit verfolgen – eine wirklich spannende und emotionale Erfahrung.

Das US-Patent US 2006/0271455 A1 beschreibt „eine Methode und ein System zum Umgang mit geistigem Kapital". Es wurde am 26. Mai 2005 von James Richard Lavoie, Ian Mitchell, Thomas Santos und Donald L. Stanford angemeldet. Das Patent sieht ein „automatisches System und eine Methode [vor], die ein zentralisiertes Forum zur Diskussion und Bewertung von Ideen bereitstellt". Es soll dafür sorgen, dass „innovative Ideen in alle Ebenen des Unternehmens durchsickern und nicht länger top-down entwickelt und bewertet werden". Die Erfindung beinhaltet ein „Tool zur Bewertung von geistigem Kapital" mit dem Namen „Mutual Fun". Mit diesem Tool können sich Beschäftigte „über jede einzelne Innovation des Unternehmens informieren und sie bewerten und daraufhin eine wohlüberlegte Investition tätigen". Durch diese Investition erhalten alle Mitarbeiterinnen und Mitarbeiter Mitspracherecht bei der Priorisierung von unternehmerischen Innovationsvorhaben. Gleichzeitig stellen die aggregierten Investitionen der Beschäftigten ein dynamisches Barometer dar, das den wahrgenommenen Wert jeder einzelnen Innovation anzeigt. Mithilfe dieses Bewertungstools gelangt das Unternehemn auf Basis der Investitionen ihrer Beschäftigten zu einer relativen Bewertung jeder einzelnen Innovation, die in die Entscheidung, ob die Idee weiterverfolgt werden soll, einfließen kann. So erhalten die Beschäftigten beispielsweise einen fixen Betrag an echtem oder virtuellem Geld, das sie in die im Bewertungstool gelisteten Ideen investieren können. Das Patent wurde nicht verlängert, das System ist jedoch weiterhin im Einsatz – nämlich bei Rite-Solutions, einem prämierten Unternehmen für Softwareentwicklung, Systemtechnik, Informationstechnologie und Lernlösungen mit Sitz in Middletown, Rhode Island. Das 200 Mitarbeiter starke Unternehmen, das unter anderem Wissenschaftlerinnen, Techniker, IT-Fachleute und Experten für Cybersicherheit beschäftigt, unterstützt zum Beispiel die US Navy dabei, ihre führende Position im Unterwasserkampf zu verteidigen. Zudem arbeitet Rite-Solutions mit Unternehmen aus dem Gesundheits- und Finanzwesen daran, leistungsfähigere Arbeitsplätze zu gestalten, und hilft weiteren Unternehmen, Personal und Prozesse zu optimieren. Vor Kurzem erhielt Rite-Solutions einen Auftrag von der Naval Undersea Warfare Center Division Newport über 71,5 Millionen US-Dollar. Nicht schlecht für ein Unternehmen mit 200 Beschäftigten. Rite-Solutions ist bekannt für seine innovative Kultur, die sich die „kollektive Kreativität" des Unternehmens zunutze macht.

CNBC und die New York Times haben bereits über die Innovationskultur des Unternehmens berichtet, und die Stanford Graduate School of Business hat ein fallbasiertes Lehrprojekt zu Rite-Solutions veröffentlicht. Jim Lavoie ist einer der Gründer des Unternehmens. Nachdem er 30 Jahre lang in einem streng strukturierten, hierarchischen Umfeld gearbeitet hatte, wollte er ein Unternehmen gründen, das von allen „Denkverboten befreit ist und sich stattdessen die intellektuelle Vielfalt aller Organisationsmitglieder zunutze macht mit dem Ziel, jeden Tag etwas Neues zu erfinden"[46]. Dieses Unternehmen sollte auf zwei Grundüberzeugungen von Lavoie basieren. Erstens: „Kein Einzelner ist so klug wie alle zusammen." Gute Ideen können von überall und von jedem kommen. Und zweitens: Die Hierarchie ist „ein Mysterium der Wissensökonomie des 21. Jahrhunderts", das Innovationen verhindert, statt sie zu fördern. „Die Herausforderung besteht darin", so Lavoie, „einen Mechanismus zu entwickeln, der Innovation auf eine Weise ‚operationalisiert', die ermutigt und Spaß macht, sodass regelmäßig gute Ideen entstehen; und zweitens ein neues Organisationsmodell zu installieren, das einerseits genügend Kontrolle ermöglicht, damit das Unternehmen verantwortlich und profitabel arbeiten kann, und andererseits ausreichend Flexibilität zulässt, damit geniale, innovative Ideen sich im gesamten Unternehmen verbreiten können – das ist alles!!"[47] Die Gründer von Rite-Solutions, Joe Marino, Linda Lavoie und Jim Lavoie, haben die Leitprinzipien ihres Unternehmens im Gründungsdokument festgehalten: „Rite-Solutions wird eine intelligente Community sein, die größer ist als die Zahl ihrer Mitglieder und klüger als alle ihre Mitglieder zusammen. Um das zu erreichen, setzen wir auf Teamwork, Vertrauen und die intellektuelle Vielfalt unserer Mitglieder (…) Wir werden ein Team aus Expertinnen und Experten zusammenstellen, die nicht notwendigerweise über dieselben Talente verfügen müssen, mit deren gebündelter Kompetenz sich jedoch eine große Bandbreite von technischen Probleme lösen lässt. Unser Ziel ist es, die ‚kollektive Kreativität' des Unternehmens zu heben, um für alle Beteiligten Verbesserungen zu erreichen."[48] Im Zentrum der mitarbeiterzentrierten Kultur von Rite-Solutions steht Mutual Fun®, ein System, das Jim Lavoie zufolge der Börse nachempfunden ist und alle Beschäftigten einlädt, im Rahmen eines freundlichen, vertrauensschaffenden sozialen Forums Ideen auf einem virtuellen Aktienmarkt anzubieten.[49] Hat eine Mitarbeiterin oder ein Mitarbeiter eine Produkt- oder Geschäftsidee, füllt die Person einen vorläufigen Börsen-„Expect-Us" aus. Bei Bedarf erhält sie dabei Unterstützung von Profis, um einen ansprechenden Marktauftritt vorzubereiten. Anschließend bietet ein Broker die Idee als Aktie allen Beschäftigten an. Nun beginnt der Spaß: Alle Beschäftigten verfügen über 10.000 US-Dollar „Meinungskapital", mit dem sie die Aktie bzw. Idee kaufen können. Über eine Diskussionsfunktion können sie sich über die einzelnen Vorschläge austauschen. Kommt die Idee in die „Top 20", erhält sie grünes Licht und das Unternehmen investiert Zeit und Geld in sie. Nun sind talentierte Mitarbeiterinnen und Mitarbeiter aufgefordert, an der Realisierung mitzuwirken. So entsteht hoffentlich ein neues Geschäft. Eine der ersten Ideen, die auf diese Weise auf den Weg gebracht wurde, war Rite View, eine 3-D-Visualisierungssoftware, die ähnlich wie ein Videospiel funktioniert und Marineleute und Verantwortliche der inneren Sicherheit darin schulen soll, Entscheidungen im Ernstfall zu treffen. Joe Marino, einer der Gründer von Rite-Solutions, war zwar wenig überzeugt von der Idee, doch auf Mutual Fun stieß sie auf große Begeisterung. Also wurde die Software entwickelt und an die US Navy lizensiert. Schon bald machte sie 30 Prozent des Gesamtumsatzes von Rite-Solutions aus. Rite View ist immer noch auf dem Markt und zählt zu den wichtigsten Produkten des Unternehmens.

Mutual Fun ist ein faszinierendes Tool zur Nutzbarmachung kollektiver Intelligenz. Es ist jedoch nur ein Teil der Geschichte. Hinter dem Tool stehen drei Grundprinzipien, auf die die Gründer ihr Unternehmen aufgebaut haben. Zwei Jahrzehnte später bilden diese Prinzipien immer noch die Kernbausteine der Unternehmenskultur: „Arbeit sollte mehr Spaß machen (Grundlage unseres F.E.W.-Prinzips). Wir wollen eher eine Community sein als ein Unternehmen (die besser zu Erfahrungen in anderen Lebensbereichen passt). Gute Ideen können überall entstehen (keiner ist klüger als der andere), deshalb streben wir ein Organisationsdesign an, das nicht der klassischen Befehlsstruktur folgt." Der Weg zu einem offenen Unternehmen kann lang sein, erfordert er doch radikale Änderungen in der Kultur und den Systemen. Jim Lavoie hat sich zwar 2015 aus dem Unternehmen zurückgezogen, spricht aber weiterhin über seine Erkenntnisse und Erfahrungen zu der Frage, wie man ein Unternehmen aufbaut, das auf diesen Prinzipien basiert. In einem Blog auf der Website von Rite-Solutions beschreibt er, welche Voraussetzungen ein Unternehmen erfüllen muss, in dem alle Beschäftigten zum gemeinsamen Erfolg beitragen. „Ich erhalte häufig Anfragen zum Thema Innovation. Die Leute wollen dann wissen, was unser Unternehmen so besonders macht. Die Antwort überrascht sie häufig. Es gibt kein geistiges Eigentum und kein Geheimrezept. Wir glauben lediglich daran, dass wir durch gute Beziehungen zu unseren Mitarbeiterinnen und Mitarbeitern die *kollektive Kreativität* der gesamten Organisation erschließen können", schreibt er. Um das zu erreichen, empfiehlt er acht Schritte: 1. *Sich kümmern:* Bauen Sie bedeutsame, emotionale Beziehungen zu Ihren Mitarbeiterinnen und Mitarbeitern auf. Gelegenheiten dazu gibt es viele. Bei Rite-Solutions erhalten neue Teammitglieder eine Geburtsurkunde, die viele Informationen über das „Neugeborene" enthält (etwa Spitzname, Ausbildung, bisherige Wohnorte, Hobbys, Interessen und Talente). Diese Urkunde wird in Umlauf gebracht, sodass alle Personen, die in Zukunft mit der Person zusammenarbeiten, wissen, wie sie am besten mit ihr in Beziehung treten können. 2. *Vertrauen schaffen:* Als Nächstes geht es darum, Vertrauen herzustellen und sich zu öffnen. „Indem wir unsere Aufgabe, unsere Pläne und unsere Herausforderungen mit anderen teilen, wissen diese, wie sie uns am besten unterstützen können. Gibt es kein Vertrauen, bleibt die Beziehung rein transaktional (und das ist nicht das Ziel). Die Verantwortlichen an der Spitze müssen sich öffnen und zeigen, dass sie den Mitarbeiterinnen und Mitarbeitern die ‚Geheimnisse' des Unternehmens anvertrauen", erklärt Lavoie. 3. *Fragen stellen:* Die Verantwortlichen müssen begreifen, dass „keiner klüger ist als der andere" und dass es Personen gibt, die auf vielen Gebieten eine höhere Problemlösefähigkeit besitzen als sie selbst. Deshalb sollten sie Fragen stellen, dabei aber nicht nur den Extrovertierten zuhören, die sich zuerst zu Wort melden, sondern auch den „leisen Genies". Fragen kostet Lavoie zufolge nichts; wenn man allerdings nicht zuhört, sind die Kosten „ENORM". 4. *Zuhören:* Fragen zu stellen, aber nicht zuzuhören, bringt nichts. Es führt nur dazu, dass die Beschäftigten irgendwann aufhören nachzudenken und Ideen auszutauschen. Deshalb sollten Sie ein System installieren, das systematisch zuhört. Mutual Fun ist das Zuhör-Programm von Rite-Solutions. 5. *Menschen einbinden:* Wenn Ihre Mitarbeiterinnen und Mitarbeiter Ideen oder Projekte vorschlagen, sollten Sie diese in einzelne Schritte zerlegen. Große Ziele sind häufig weit weg und schwer zu erreichen. Werden sie jedoch in kleinere Etappen heruntergebrochen, sehen die Beschäftigten ihren Fortschritt. „Diese Schritte können von einem engagierten und zuverlässigen Mitarbeiter (oder einem kleinen Team) bearbeitet werden, der das Gefühl haben möchte, wichtig zu sein und der sich freut, daran mitzuwirken, ein in seinen Augen gutes Ziel zu erreichen. 6. *Menschen wertschätzen:* Würdigen Sie den Mitarbeiter oder das Team, zum Beispiel indem Sie gemeinsame Treffen nach Feierabend organisieren, Geschenkgutscheine vergeben oder die Person öffentlich für ihr Engagement loben. Ein einfaches Dankeschön kann viel bewirken. 7. Den *Spaß am Denken fördern:* Mit spielerischen Elementen sorgen Sie dafür, dass die Ideenentwicklung und die gemeinsame Entscheidungsfindung mehr Spaß machen. Mutual Fun ist solch ein kollaboratives, börsenartiges Spiel, das innovatives Denken fördert. 8. *Langfristige Relevanz ermöglichen:* „Schenken Sie Ihren Beschäftigten zum Eintritt in den Ruhestrand keine goldene Armbanduhr, sondern zeigen Sie ihnen, dass sie weiterhin wichtig sind. Schließlich verfügen sie über langjähriges Wissen und kennen das Unternehmen bestens", so Lavoie. Nutzen Sie diesen riesigen Schatz an geistigem Kapital auch weiterhin.

**Praxistipps: Die Teilnehmer einladen**

Wenn Sie die in diesem Kapitel vorgestellten Tools einsetzen, sollten Sie sorgfältig überlegen, ob Sie lediglich interne Akteure einbeziehen oder den Teilnehmerkreis erweitern. Hierbei helfen Ihnen die folgenden Fragen:[50]

- *Wie verstreut ist das Wissen, das Sie zum Treffen einer guten Entscheidung brauchen?* Je vielfältiger Ihre Informationsquellen sind, desto bessere Prognosen und Entscheidungen erhalten Sie. Begrenzen Sie den Teilnehmerkreis nur dann auf interne Akteure, wenn diese divers genug sind und über ausreichend Wissen verfügen bzw. sich dieses problemlos beschaffen können.
- *Handelt es sich um ein verzwicktes oder einfaches Entscheidungsproblem?* Einfache Probleme sind klar umrissen und strukturiert, und häufig gibt es die eine beste Lösung. Um diese zu finden, können Sie jeden hinzuziehen, der über ausreichend Expertise verfügt. Die meisten strategischen Fragen sind jedoch verzwickt: Sie haben mehrere Ursachen, lassen sich schwer umreißen, es gibt nicht die eine richtige Lösung, sie betreffen mehrere Stakeholder, sie sind komplex und haben keinen Präzedenzfall.[51] Eine enggefasste Gruppe von Expertinnen und Experten wird sich schwertun, verzwickte Probleme zu lösen, da ihnen die Vielfalt an Perspektiven, Wissen und Expertise fehlt. Hier sollten Sie den Teilnehmerkreis so weit wie möglich öffnen.
- *Könnte es Legitimierungsprobleme geben?* Wenn der Erfolg einer Strategie von der Unterstützung verschiedener Stakeholder abhängt, sollten Sie externe Akteure beteiligen. Ihre breite Expertise wird der Strategie mehr Legitimität verleihen.
- *Bestehen Geheimhaltungsbedenken?* Wie wir gesehen haben, birgt die Partizipation vieler externer Akteure die Gefahr, dass vertrauliche Informationen an die Öffentlichkeit gelangen. Wägen Sie hier sorgfältig ab, welche Informationen Sie zur Verfügung stellen.

## Fazit

Friedrich Nietzsche sagte einmal: „Der Irrsinn ist bei Einzelnen etwas Seltenes, aber bei Gruppen die Regel.“[52] Wenn es um das Vorhersagen zukünftiger Ereignisse geht, stimmt das nicht, wie wir in diesem Kapitel gesehen haben. Die kollektive Intelligenz mit geeigneten Tools anzuzapfen kann Unternehmen im Strategieprozesses helfen, die besten Ideen zu identifizieren und kluge Entscheidungen zu treffen. Ob es um strategische oder taktische Entscheidungen geht oder darum, welche Technologien, Produktideen, Strategien oder Geschäftsmodelle Sie weiterverfolgen: Prognosemärkte, Ideenmärkte oder Prognosewettbewerbe können hier wertvollen Input liefern.

Während der ersten beiden Phasen des Strategieprozesses stellt Open Strategy sicher, dass die strategischen Ideen und die darauf aufbauenden Strategiepläne die betrieblichen Realitäten berücksichtigen, damit die Umsetzung gelingt. Dennoch müssen sich Unternehmen ganz speziell der Implementierung widmen, vor allen in großen Unternehmen, in denen die Verantwortlichen keinen regelmäßigen persönlichen Kontakt zu den Mitarbeiterinnen und Mitarbeitern der Basis pflegen können. Unsere Umfrage unter Topmanagerinnen und Topmanagern legt nahe, dass Open Strategy auch bei der Strategieumsetzung hilft: 72 Prozent sagten, der offene Ansatz habe die Kommunikation und das Verständnis der Strategie gefördert, und 70 Prozent gaben an, Open Strategy habe die Unterstützung für strategische Maßnahmen erhöht. Im nächsten Kapitel stellen wir Ihnen mit Strategy Jams und sozialen Netzwerken zwei Tools vor, die Ihnen helfen, eine Brücke zwischen Unternehmensspitze und Beschäftigten zu schlagen, und die die erfolgreiche Umsetzung deutlich wahrscheinlicher machen.

**Fragen zur Reflexion:**

- Fällt Ihnen ein strategisches Problem ein, für dessen Lösung Sie auf sehr verstreutes Wissen zurückgreifen müssen und für das sich ein Crowdsourcing-Ansatz anbieten würde?
- Haben sich strategische Prognosen in der Vergangenheit als zu wenig exakt herausgestellt? Welcher Schaden ist dadurch entstanden?
- Wenn Sie bereits Fachexperten zur Beantwortung strategischer Fragen herangezogen haben: Waren ihre Prognosen bislang verlässlich? Welche blinden Flecke haben sich gezeigt?

- Angesichts der Tatsache, dass Ihre Mitarbeiterinnen und Mitarbeiter zusammen klüger sind als der klügste Experte: Wie würden Sie diejenigen belohnen, die die meisten (nicht notwendigerweise die zutreffendsten) Prognosen abgeben, wissend dass die Qualität der kollektiven Intelligenz steigt, je mehr Personen sich beteiligen?

# Kapitel 10
# Strategien erfolgreich umsetzen

Umweltnachrichten können einen wirklich deprimieren. Jede Woche lesen wir vom fortschreitenden $CO_2$-Anstieg, der Zerstörung des Regenwaldes, abschmelzenden Permafrostböden, Wüstenbildung und anderen Formen der Naturzerstörung. Doch es gibt auch positive Meldungen. Eine große ökologische Erfolgsgeschichte der letzten Jahre geht auf eine Initiative zur Rettung des Regenwaldes auf der Insel Borneo in Südostasien zurück. Zwischen 1980 und 2000 hat Borneo mehr Holz produziert als Afrika und der Amazonas zusammen, und in den letzten 50 Jahren ist auf der Insel eine Fläche von Regenwald zerstört worden, die größer ist als England und Wales. Und doch ist die illegale Abholzung zwischen 2007 und 2012 in einem Gebiet, dem Gunung Palung National Park, um 68 Prozent zurückgegangen – Tendenz steigend.[1]

Zu verdanken ist diese Wendung einer radikal neuen Strategie, die die Gruppe Alam Sehat Lestari (ASRI) entwickelt hat, was auf Indonesisch „in harmonischem Gleichgewicht" bedeutet.[2] Die Gründerin der Initiative, Kinari Webb, hatte Borneo in den 1990er Jahren als junge Studentin besucht und mit den Holzfällern gesprochen. Dabei fand sie heraus, dass diese sich praktisch keine medizinische Versorgung leisten konnten und deshalb die Bäume fällten. Für Menschen, die in der Nähe des Regenwaldes leben, konnte ein medizinischer Notfall ein ganzes Jahreseinkommen verschlingen. Die Einwohner der Insel wollten die Bäume nicht unerlaubt fällen, sie hatten jedoch keine andere Wahl. Ohne das Holzfällen wäre ihre Not groß. „Ein Mann, den ich kannte, (…) hat einmal 60 Bäume gefällt, um einen Kaiserschnitt zu bezahlen"[3], erinnert sich Webb.

Nachdem sie ihr Medizinstudium beendet hatte, gründete Webb gemeinsam mit anderen Engagierten die Gruppe ASRI, sozusagen als Krankenversicherung und Naturschutzinitiative in einem.[4] Nach diesem System mussten die Dörfer, die sich nicht an der illegalen Abholzung beteiligten, 70 Prozent weniger für die Gesundheitsversorgung der gesamten Community zahlen. Die Bewohnerinnen und Bewohner konnten ihre medizinischen Behandlungen auch in Naturalien wie Gülle oder Setzlingen bezahlen oder ihre Arbeitskraft anbieten. Die Gülle wurde für ein Projekt zur ökologischen Landwirtschaft genutzt, in dem die Menschen lernten, Pflanzen nachhaltig ohne teuren Dünger anzubauen, und mit den Setzlingen forsteten die Umweltschützer den Wald wieder auf.

Was hat diese einfallsreiche Lösung mit Open Strategy zu tun? Ziemlich viel. Wenn Unternehmen neue Strategien im Rahmen herkömmlicher geschlossener Prozesse umsetzen, erfolgt dies meist top-down. Das Topmanagement entwickelt die Strategie und schickt sie dann „fertig verpackt" durch die Hierarchie nach unten – häufig verbunden mit dem Auftrag, dass die Führungskräfte der Zwischenebenen ihre Teams über die Strategie informieren und diese sie dann umsetzen sollen. ASRI hat seinen Strategieprozess dagegen geöffnet und die Strategie gemeinsam mit den Dorfbewohnerinnen und -bewohnern optimiert und umgesetzt. „Ich wusste nicht, wie man die grassierende illegale Abholzung stoppen kann", so Webb, „aber eines wusste ich sicher: Ich würde die Lösung nicht finden. (…) Diejenigen, die alle Zusammenhänge verstanden und wussten, wie man das Problem lösen könnte, waren ganz offensichtlich diejenigen, die am meisten darunter litten."[5]

Webb wandte ein Prinzip an, das sie „Radical Listening" (radikales Zuhören) nannte, und wollte von den Einheimischen wissen: „Ihr seid die Beschützer dieses wundervollen Regenwaldes, der für die ganze Welt von Bedeutung ist. Wie könnte die Weltgemeinschaft euch für eure Arbeit angemessen danken?"[6] Webb rechnete damit, dass ganz unterschiedliche Antworten zusammenkommen würden, doch nach 400 Stunden des Zuhörens kristallisierte sich eine Konsensmeinung heraus: „Sie sagten, um den Wald zu schützen und die Abholzung zu stoppen, was sie wirklich beabsichtigten, bräuchten sie Zugang zu einer hochwertigen, bezahlbaren Gesundheitsversorgung und Schulungen im ökologischen Landbau."

Könnten sich die Betroffenen eine Gesundheitsversorgung leisten, wären sie nicht länger gezwungen, große Summen von Bargeld aufzubringen, an das sie auf schnellem Wege nur durch das illegale Baumfällen kamen. Gleichzeitig hätten sie die Chance, mithilfe ökologischer Anbaumethoden ein regelmäßiges Einkommen zu erwirtschaften, ohne die Wälder weiter brandroden zu müssen, und sie bräuchten dafür keine teuren chemischen Dünger und Pestizide. Gemeinsam mit den Einheimischen verfeinerte ASRI ein System, das Gesundheitsversorgung, Landwirtschaft und Naturschutz zu einem Belohnungssystem verband und sich die lokale Tradition des gemeinschaftlichen Handelns zunutze machte. Infolgedessen ging nicht nur die illegale Abholzung zurück; auch der Gesundheitszustand der Community-Mitglieder verbesserte sich. So sank zum Beispiel die Säuglingssterblichkeit innerhalb von fünf Jahren von 3,4 Sterbefällen pro 100.000 Haushalte auf 1,1 Sterbefälle. 2016 erhielt ASRI für seine Arbeit den Whitley Gold Award, einen der renommiertesten Naturschutzpreise der Welt.[7]

Auch Unternehmen profitieren bei der Strategieumsetzung sehr davon, wenn sie ihre Frontline-Beschäftigten im Rahmen eines offenen Prozesses in die Entwicklung oder Optimierung dieser Strategie einbeziehen. Das Topmanagement gewinnt auf diese Weise ein besseres Verständnis für die Bedürfnisse und Sorgen der Mitarbeiterinnen und Mitarbeiter an der Basis und kann die Strategie an die betrieblichen Realitäten anpassen, die die Frontline-Beschäftigten am besten kennen. Und was noch wichtiger ist: Die Mitarbeiterinnen und Mitarbeiter stehen eher hinter der Strategie und sind eher bereit, sie umzusetzen. Wissenschaftliche Studien zeigen, dass sich Menschen eher für Ideen oder Lösungen verantwortlich fühlen, die sie mitentwickelt haben.[8] Dieses Verantwortungsgefühl (man spricht hier auch von Psychological Ownership) motiviert sie, stärker an der Zielerreichung mitzuwirken.[9] Das zeigt auch die folgende Studie, in der eine Gruppe kanadischer Ärztinnen und Ärzte untersucht wurde, die seit Kurzem ein neues IT-System zum Einsehen von Laborergebnissen und radiologischen Dokumente nutzten. Die Wissenschaftler fanden heraus, dass die Medizinerinnen und Mediziner durch die Mitwirkung an der Entwicklung und Optimierung des Systems ein Verantwortungsgefühl entwickelten, das großen Einfluss darauf hatte, wie nützlich sie das System fanden und wie häufig sie es einsetzten.

Unternehmen, die ihre Strategien im Rahmen eines klassischen Strategieprozesses entwickeln, scheitern häufig an der Umsetzung. In unserer Umfrage unter Topmanagerinnen und Topmanagern führten mehr als 40 Prozent der Befragten das Scheitern ihrer Strategien auf die glücklose Umsetzung zurück. Andere Studien haben herausgefunden, dass viele Beschäftigte die Strategien, die sie umsetzen sollen, nicht verstehen und sich ihnen noch weniger verpflichtet fühlen. Jetzt könnte man meinen, die Verantwortlichen diskutierten die Strategien eben nicht ausreichend. Dem ist jedoch nicht so: Die große

Mehrheit der mittleren Führungskräfte ist der Meinung, das Topmanagement spreche ausreichend häufig über Strategie.[10] Das Problem besteht eher darin, dass diese Gespräche nicht hängenbleiben, weil sich die Mitarbeiterinnen und Mitarbeiter ausgeschlossen fühlen.

Open Strategy löst dieses Problem, indem sie die Beschäftigten in die Strategieentwicklung einbezieht, sodass diese sich für die Strategie verantwortlich fühlen. In unserer Umfrage unter mehr als 200 Top-Führungskräften gaben 72 Prozent an, dass Open Strategy die Kommunikation der und das Verständnis für die Strategie verbessert habe, und 70 Prozent waren der Meinung, der offene Ansatz habe die Unterstützung der Beschäftigten für strategische Initiativen erhöht.

Wie Open Strategy in der Strategieimplementierung im Rahmen der Digitalen Transformation eingesetzt werden kann, zeigt der deutsche Heizungs- und Klimaspezialist Viessmann. Max Viessmann, zunächst CDO und jetzt CEO des Unternehmens, setzt auf Kommunikation, Transparenz und Mitarbeitereinbindung. In der ersten Phase der Digitalisierungsstrategie lag der Schwerpunkt auf Kommunikation. Jeden Freitag sprach Viessmann in Meetings mit 20 bis 30 Mitarbeiterinnen und Mitarbeitern über das WARUM der Digitalisierung. So erreichte er mit zwei Kollegen mehr als 1.500 Mitarbeiterinnen und Mitarbeiter. Diese Freitagsmeetings wurden in der zweiten Phase in Thank God it's Monday Meetings verwandelt – für bis zu 500 Teilnehmerinnen und Teilnehmer[11]. Max Viesmann dazu: „Ich glaube, du musst einfach eine Bühne für einen offenen Austausch schaffen. Beispielsweise habe ich mit Beginn meiner Tätigkeit als Chief Digital Officer das TGIM-Meeting eingeführt, das sogenannte „Thank God it's Monday"-Meeting, in dem ich mich mittels Livestream eine Stunde vor die versammelte Mannschaft hingestellt und angeboten habe, dort offen Inhalte zu präsentieren und alle möglichen Fragen zu beantworten. Das wirkt jetzt trivial, weil du in einem Early-Stage-Unternehmen deine All-Heads-Meetings auch hast. Aber bei 11.500 Mitarbeitern ist das eine andere Herausforderung. Ich glaube das hat signifikant dazu beigetragen, dass diese Ängste auch öffentlich artikuliert wurden. Es hat ein wenig gedauert, bis wir da maximale Transparenz hatten, aber mittlerweile sind wir an einem Punkt, dass es in Summe sehr gut funktioniert."[12] Nun wurden Workshops für praktisch alle der 12.000 Mitarbeiterinnen und Mitarbeiter zu Design Thinking angeboten. Dabei ging es um Themen wie „Wie können wir uns und unsere Kunden von der Digitalen Transformation" profitieren? 150 Ideen wurden generiert, die in 40 Projekte mündeten. Das Managementteam traf sich alle zwei Wochen in einem für alle einsehbaren verglasten Raum zu sogenannten „Collaboration Sessions". Teams hatten dort 10 Minuten Zeit ihre Projekte zu präsentieren und zu verdeutlichen, wo die Umsetzungsprobleme lagen. Mit der Vi2Go App konnte jeder einzelne Mitarbeiter Ideen für Digitalisierungsprojekte einbringen und über das Digital Element und Education Programm hatten alle einen Zugang zu Videos über verschiedenste Digitalisierungsthemen (z. B. Wie kann ich IoT meinen Kindern erklären). Schließlich wurden die TGIM Meetings in Q&A Sessions umgewandelt und einzelne Teams in den Business Units trieben die Themen Innovation, Data-Insights oder Organisationsentwicklung voran[13]. „Diese Themen werden ganz bewusst von den Business-Units vorangetrieben. Die Transformation soll nicht gegen die Belegschaft stattfinden, sondern mit ihr"[14], erklärt Max Viessmann. Max Viessmann sieht sein Unternehmen als „nahbares und anfassbares Familienunternehmen"[15] klar im Vorteil, wenn es darum geht Mitarbeiter mitzunehmen: „Es gibt viele etablierte Unternehmen, die in ihren Strukturen sehr von oben nach unten geführt sind. Das regt den Mitarbeiter nicht dazu an, neue Grenzen auszuloten. Es ist weniger die Angst vor Fehlern als die starren Strukturen, die man sich über Jahrzehnte geschaffen hat, die Mitarbeiter davon abhalten, freier zu denken. Das brechen wir gerade radikal auf. Denn heute muss man die Freiräume schaffen, damit schnell Entscheidungen dezentral getroffen werden können. Da haben viele industriell geprägte Unternehmen noch einen weiten Weg zu gehen."[16]

Sehen wir uns einmal an, wie führende Unternehmen ihre Mitarbeiterinnen und Mitarbeiter mithilfe eines leistungsstarken Tools in den Strategieprozess eingebunden und ihre Strategien fest im Unternehmen verankert haben. Wir stellen Ihnen auch einige Techniken vor, mit denen Sie Ihre laufenden Strategiediskussionen öffnen und aufrechterhalten können.

## Was Strategy Jams bewirken können

Kennen Sie den berühmten Drucker-Ausspruch „Kultur isst Strategie zum Frühstück"? Damit wollte Drucker sagen, dass Strategie nur eine Chance auf Erfolg hat, wenn die Menschen wirklich hinter ihr stehen und sich für sie einsetzen. Mit einem Strategy Jam stellen Sie genau das sicher. Ein Strategy Jam ist ein moderiertes Onlineformat, bei dem Großgruppen üblicherweise über einen Zeitraum von zwei bis drei Tagen über Strategien diskutieren. Sie können sich das wie eine Konferenz vorstellen, bei der die Beteiligten dem Unternehmen helfen, die effektivsten Strategien zu finden, und dabei ihre eigene Fähigkeit, diese erfolgreich umzusetzen, stärken.

Um zu zeigen, wie wirkungsvoll Strategy Jams sein können, sehen wir uns zunächst ein Extrembeispiel an, bei dem Komplexität und fehlende Strukturen die organisatorische Ausrichtung auf die Strategie und deren Umsetzung besonders erschweren: die Sicherheitspolitik von NATO und EU. Michael Ryan, der frühere Deputy Assistant Secretary of Defense der Vereinigten Staaten[17], ist einer der weltweit einflussreichsten Sicherheitspolitiker. Auf die Frage, wie es gelingt, sich auf eine kohärente Strategie zu einigen, erklärte er, dass die Verantwortlichen innerhalb der NATO und der EU „einen Punkt finden müssen, an dem sich ihre Interessen treffen, wobei keine Seite ihre Vorstellungen zu hundert Prozent umsetzen kann, aber doch zu einem großen Teil. Je größer das Problem, desto mehr Staaten müssen sich beteiligen."[18] Und in diesen Staaten seien jeweils ganz unterschiedliche Gruppen aktiv: „Politische Parteien, verschiedene Regierungsorganisationen, verschiedene Regierungen mit ihrem jeweiligen Einfluss, verschiedene Institutionen mit ihrem jeweiligen Einfluss, es müssen eine ganze Reihe von Themen abgewogen werden – da kommt viel zusammen."[19]

In solch einem Kontext einen Konsens zu finden ist eine wirklich anspruchsvolle Aufgabe. Deshalb hat sich Ryan nach kreativen Lösungen umgesehen. 2008 traf er Leendert van Bochoven, der bei IBM für den Geschäftsbereich Global Defence and Intelligence zuständig ist, auf einer Konferenz im bayrischen Garmisch-Partenkirchen. Als sich die Konferenz dem Ende neigte, wollte van Bochoven wissen: „Wie stellen wir auch in Zukunft sicher, dass alle Beteiligten ihre Expertise einbringen und wir unsere Ansichten vergleichen können, um daraus einen wirklich synergetischen Vorwärtskurs zu entwickeln?" Das war ein gelungener Sales Pitch für IBM, denn die offensichtliche Lösung bestand in einer IBM-Technologie, mit der sich Stategy Jams durchführen lassen.

Diese Technologie, eine Diskussionsplattform ähnlich dem sozialen Netzwerk Yammer, erlaubt es einer großen Gruppe von Interessensvertretern, über einzelne Politikfelder zu diskutieren, Ideen zu entwickeln und daraus Strategien abzuleiten. Nach dem Strategy Jam identifizieren die Verantwortlichen mithilfe verschiedener Analysetools die wichtigsten Trends und Debatten. So lassen sie zum Beispiel alle gegensätzlichen Argumente zu den am häufigsten diskutierten Themen herausfiltern. Dieses Vorgehen unterscheidet sich deutlich von der Art und Weise, wie Politikerinnen und Politiker normalerweise arbeiten, berücksichtigt man die Komplexität und Vielfalt der beteiligten Akteure. „Normalerweise arbeiten wir mit den Menschen, die wir am besten kennen", erklärt Ryan, „und konzentrieren uns dabei auf unser Thema. Später erklären wir es allen, und sie sind begeistert". Dieser Ansatz funktioniere jedoch nicht.

Nehmen wir Covid-19, das das transatlantische Sicherheitsbündnis in der jüngsten Vergangenheit vor große Herausforderungen gestellt hat. Das Problem drängte, der richtige Kurs war nicht absehbar, und persönliche Treffen gestalteten sich schwierig. Da Ryan bereits Erfahrungen mit Strategy Jams gesammelt hatte, sah er darin eine gute Möglichkeit, um in der aktuellen Situation voranzukommen. 2020 initiierte ein kleines Team von Entscheidungsträgern aus NATO und EU gemeinsam mit Vertretern sechs angesehener Thinktanks mehrere Arbeitsprozesse, lud wichtige Stakeholder ein und gab den Auftakt zu einem 48-stündigen Strategy Jam. Daran nahmen etwa 2.800 Personen teil, darunter 160 Regierungspolitikerinnen und -politiker, militärische Führer und andere hochrangige Expertinnen und Experten. Die Teilnehmerinnen und Teilnehmer veröffentlichen Kommentare und tauschten ihre Gedanken aus. Im Durchschnitt loggte sich jede Person fünfmal ein, um Beiträge der anderen zu lesen oder zu kommentieren.

Im Verlauf des Strategy Jam kristallisierte sich ein Bündel von Prioritäten heraus, darunter der Wunsch, eine Antwort auf den „Drachenbär-Effekt" zu entwickeln, wie die Teilnehmer die Falschinformationen aus China und Russland bezeichneten. In 24 Prozent der Beiträge ging es um den wachsenden Einfluss Chinas und Russlands während der Corona-Pandemie, und 20 Prozent beschäftigten sich mit Desinformationen und Fake News allgemein. Das mag auf den ersten Blick nichts Außergewöhnliches sein, doch die Politik bewegt sich normalerweise sehr langsam. Mithilfe des Jams zeichnete sich jedoch zügig ein Konsens ab, auch wenn einige Staaten prinzipiell vor einer Zusammenarbeit zurückschreckten und sich Großbritannien nur wenige Monate zuvor wenig besorgt darüber gezeigt hatte, dass das chinesische Telekommunikationsunternehmen Huawei am Aufbau des britischen 5G-Netzwerks beteiligt war. Dennoch teilten die teilnehmenden Staaten mehr oder weniger die Auffassung, dass die Falschinformationen aus China und Russland eine Bedrohung darstellten. „Mithilfe des Jams konnten wir 2.000 aktive Teilnehmende und 160 Top-Regierungsvertreter zusammenzubringen und unsere Ansichten, Erfahrungen und Ideen zu der Frage, was wir der Politik der Chinesen und Russen ganz konkret entgegensetzen könnten, zügig auszutauschen."

Und tatsächlich arbeiten EU und NATO seit dem Strategy Jam noch enger zusammen. In der Überlegung ist die Gründung einer EU-Einheit, die ausländische Direktinvestitionen, vor allem aus China, unter sicherheitspolitischen Gesichtspunkten überwachen soll. Zudem will das Verteidigungsbündnis den Umgang mit Falschinformationen, der bislang eher national oder bilateral erfolgte, kollaborativer und ganzheitlicher gestalten. Auch hier legte die Gruppe ein beachtliches Tempo an den Tag: Zwischen den Vorbereitungstreffen und der Veröffentlichung der ersten Ergebnisse aus dem Jam vergingen lediglich vier Wochen. Im politischen Kontext entspricht das einer Umsetzung in Lichtgeschwindigkeit. Und das alles hat ein einziger Strategy Jam möglich gemacht!

Wenn ein Strategy Jam die Konsensfindung in einem so komplexen und schwerfälligen Bereich wie der Politik erleichtern kann, kann er das im Unternehmenskontext erst recht. Das Beispiel von Barclays, das wir in der Einleitung vorgestellt haben, zeigt, wie Strategy Jams die Strategieumsetzung in Unternehmen begünstigen können. Auch IBM hat gute Erfahrungen mit dem Tool gemacht: Das Unternehmen hat bereits mehrere erfolgreiche interne Strategy Jams veranstaltet, darunter auch einen Jam mit 150.000 IBM-Beschäftigten und 67 Partnerunternehmen, der wohl der bislang größte überhaupt gewesen sein dürfte. Große Tech-Unternehmen wie IBM generieren eine Menge innovativer Ideen, viele von ihnen versanden jedoch, weil die Verantwortlichen sie nicht in ausreichendem Maße weiterentwickeln. Der große Strategy Jam, den IBM durchgeführt hat, machte es möglich, dass sich Mitarbeiterinnen und Mitarbeiter aus unterschiedlichen Unternehmensbereichen, die an ähnlichen Ideen arbeiteten, aber nicht erkannten, dass sich diese im Rahmen abgestimmter strategischer Initiativen besser zusammenführen ließen, miteinander vernetzen konnten. Laut Liam Cleaver, der für die Durchführung des Jams verantwortlich war, identifizierte IBM im Verlauf der Veranstaltung zehn Geschäftsideen, die später in der „Smarter Planet"-Initiative des Unternehmens aufgingen. Einige Jahre nach ihrem Start erzielten diese Vorhaben knapp 750 Millionen US-Dollar Umsatz.[20] In diesem Fall hatte der Strategy Jam keine bahnbrechenden neuen Ideen zutage gefördert, sondern verschiedene Ideen miteinander vernetzt und so den Weg zu einer tragfähigen Strategie geebnet.

## Strategy Jam – so funktioniert's

Ein Strategy Jam umfasst sechs Phasen, die wir in Abbildung 10.1 dargestellt haben.

### *1. Schritt: Konkrete Ziele definieren*

Da es in dieser Phase darum geht, Ideen in Maßnahmen zu überführen, sollten Sie sich auf möglichst konkrete Projekte konzentrieren, anstatt große, abstrakte Ideen zu diskutieren. Definieren Sie ein greifbares Bündel an Problemen, mit dem sich die Beschäftigten auseinandersetzen sollen. So erhalten Sie nicht nur nuancierte und ausgefeilte Lösungsvorschläge, die Ihnen helfen, die Strategie zu konkretisieren, sondern binden auch alle Betroffenen in die Umsetzung ein.

### *2. Schritt: Den Jam strukturieren*

Richten Sie im Vorfeld des Jams Arbeitsgruppen aus Topmanagern und Linienmitarbeitern ein, und beauftragen Sie diese damit, konkrete Diskussionen oder Arbeitsprozesse zu entwerfen, die mit dem übergeordneten Thema des Jams zusammenhängen. Sie können sich den Jam wie eine Online-Konferenz vorstellen: ein 30- bis 50-stündiges virtuelles Treffen, bei dem sich die Teilnehmerinnen und Teilnehmer an verschiedenen Arbeitsgruppen beteiligen und sich über die Strategie des Unternehmens austauschen. Bereiten Sie den Jam wie eine Konferenz vor, werben Sie intern für die Teilnahme, und statten Sie alle Frontline-Beschäftigten mit einem Computer oder Tablet aus, auch wenn diese die Geräte in ihrer täglichen Arbeit nicht nutzen (in einer Fabrik können Sie zum Beispiel eine Ad-hoc-Workstation in einem Pausenraum einrichten). Identifizieren Sie die Meinungsführer, die Sie einbinden möchten, um während des Jams Dynamik zu erzeugen. Auch ihr Strategieteam sollte anwesend sein, verfügt es doch über die Expertise und die Daten, um produktive Diskussionsstränge planen zu können.

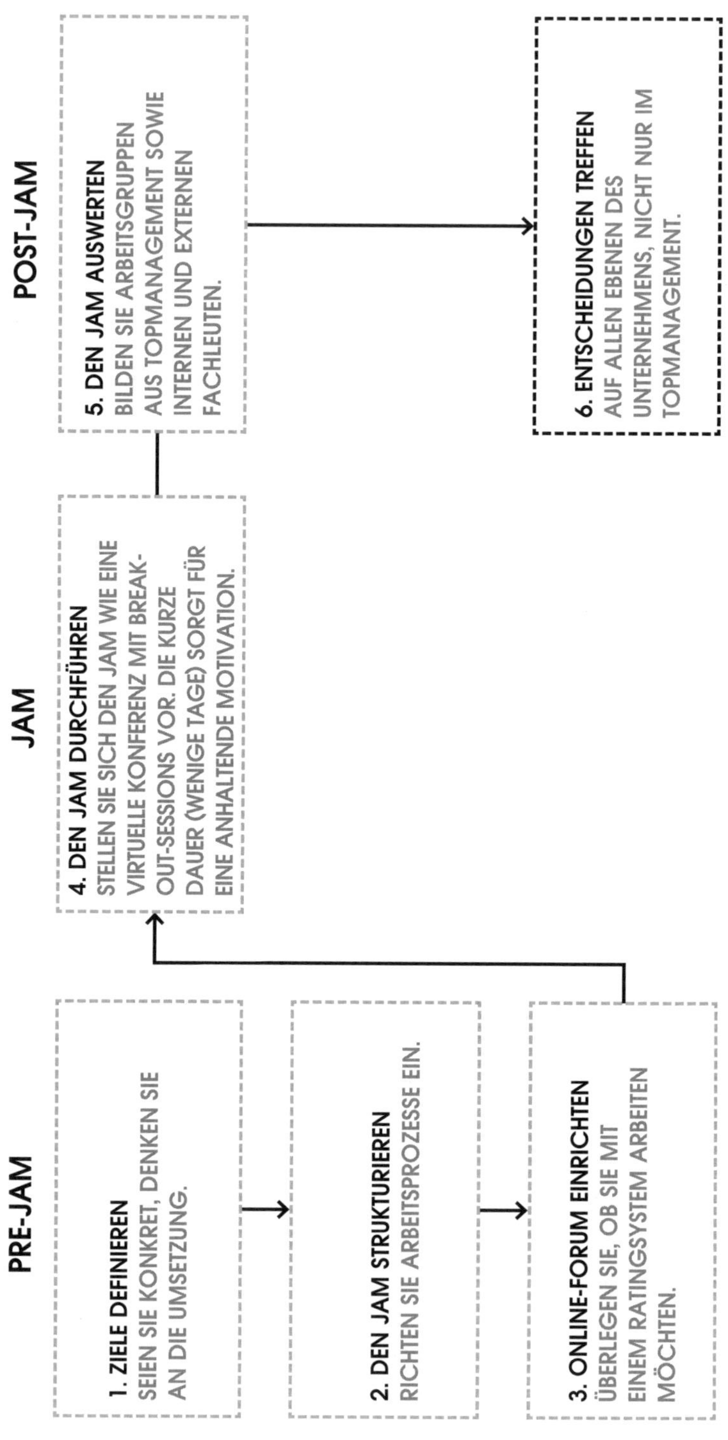


***Abb. 10.1:*** *Die sechs Phasen eines Strategy Jam*

### *3. Schritt: Ein Online-Forum einrichten*

Zum Einrichten eines Online-Forums für Ihren Strategy Jam können Sie auf verschiedene Drittanbietertools zurückgreifen. Für Großgruppen mit mehreren zehntausend Personen bietet IBM ein Set an Analysetools, mit denen sich große Datenmengen auswerten lassen. Diese helfen nicht nur bei der Durchführung des Jams, sondern auch im Nachhinein, wenn Sie umfangreiches Datenmaterial sichten müssen, um daraus Erkenntnisse abzuleiten. Bei Bedarf können Sie besonders beliebte Beiträge veröffentlichen oder hervorheben, um so die Diskussion zu fokussieren. Aber Vorsicht: Hier besteht die Gefahr, dass bestimmte Themen die Diskussion dominieren und kleinere Arbeitsgruppen dadurch weniger Zulauf erhalten. Moderatorinnen und Moderatoren können hier Abhilfe schaffen, indem sie die Teilnehmer auf wichtige Themen hinweisen und gleichzeitig mehrere Diskussionen zu ähnlichen Themen zusammenführen.

### *4. Schritt: Den Jam durchführen*

Planen Sie für den Jam 36 bis 48 Stunden ein. Dieser kurze Zeithorizont verleiht der Veranstaltung Dringlichkeit und ermöglicht es außerdem Teilnehmerinnen und Teilnehmern aus unterschiedlichen Zeitzonen, Beiträge zu posten und Antworten zu erhalten. Durch die kurze Zeitspanne steigt zudem die Wahrscheinlichkeit, dass die Eingeladenen ihre tägliche Arbeit unterbrechen und motiviert zur Veranstaltung erscheinen. Damit die Beschäftigten den Jam ernst nehmen, sollten auch Vertreterinnen und Vertreter des Topmanagements anwesend sein. Setzen Sie diese Personen strategisch ein, indem Sie sie nacheinander teilnehmen lassen, um die Motivation aufrechtzuerhalten. In manchen Fällen wissen Sie sicher, wer welche Themen beitragen und damit für entsprechendes Interesse sorgen wird. Nutzen Sie dies, um die Teilnehmer bei der Stange zu halten. Im Kern sind Strategy Jams dazu da, Menschen zu mobilisieren und dazu zu bringen, sich intensiver als bisher mit der Strategie des Unternehmens auseinanderzusetzen. Moderatorinnen und Moderatoren können nicht nur mehrere Diskussionsstränge zusammenführen, sondern auch die laufende Diskussion für neu hinzugekommene Teilnehmer zusammenfassen. Da menschliche Moderatoren unmöglich mehrere Tausend Posts verfolgen können, sollten Sie bei größeren Jams auf Analysetools von Tech-Anbietern zurückgreifen, die die Beiträge zügig sortieren und auswerten können.

### *5. Schritt: Den Jam auswerten*

Nach Beendigung des Jams gilt es, die Teilnehmerbeiträge und andere gewonnene Daten auszuwerten. Stellen Sie hierfür ein Team aus (Top-)Führungskräften und Fachleuten zusammen. Sie können auch überlegen, ein Gremium aus internen und externen Experten hinzuzuziehen. Analysieren Sie einzelne Beiträge sowie Inhalte, die die Moderatoren oder Freiwillige – bzw. bei größeren Jams Textmining-Tools – als besonders interessant oder beachtenswert markiert haben. In bestimmten Fällen können Sie auch die Führungskräfte damit beauftragen, die Diskussionsstränge zu analysieren, die ihren Fach- oder Verantwortungsbereich betreffen. Versuchen Sie, beliebte Ideen zu identifizieren und zu verstehen, wie diese mit der Strategie zusammenhängen und bei der Umsetzung helfen können. Achten Sie dabei besonders auf neue Ideen hinsichtlich der Umsetzung, auf die Sie sonst nicht gekommen wären.

### *6. Schritt: Investitionsentscheidungen treffen*

In diesem Schritt geht es darum, die Strategie mithilfe der Ergebnisse aus dem Jam zu finalisieren. Manchmal tätigen Unternehmen infolge eines Strategy Jam umfangreiche Investitionen oder gründen neue Geschäfte. Nach dem großen Strategy Jam von IBM mit 150.000 Teilnehmerinnen und Teilnehmern aus dem Jahr 2008 kündigte der CEO an, das Unternehmen werde 100 Millionen US-Dollar in die Hand nehmen und zehn neue Geschäftsvorhaben auf den Weg bringen. In anderen Fällen helfen Strategy Jams den Verantwortlichen, die Strategie und die Konturen ihrer Umsetzung besser zu interpretieren. So machte der Jam bei Barclays zum Beispiel deutlich, was die Digitalstrategie des Unternehmens ganz konkret für die einzelnen Bereiche bedeutete, und verlieh dem Vorhaben neue Energie.

Ein Strategy Jam kann einer Strategie auch neuen Schwung verleihen, wenn ihre groben Konturen bereits sichtbar sind. Als der weltgrößte Büromöbelhersteller Steelcase 2017 eine neue Strategie entwickelte, konzipierte und implementierte das Topmanagement gemeinsam mit dem Strategieteam eine übergeordnete Kommunikationsstrategie, die klassische Elemente wie E-Mailings und Townhall-artige Unternehmensversammlungen umfasste. Doch die Verantwortlichen gingen noch einen Schritt weiter: Sie entwickelten einen

Open-Strategy-Prozess, der die Strategie zum Leben erwecken und die 13.000 Beschäftigten des Unternehmens hinter dieser versammeln sollte.

Thomas Cook, bei Steelcase zuständig für Strategie und Unternehmensentwicklung, erinnert sich, wie das Topmanagement „begann, sich Gedanken über die Umsetzung [der Strategie] zu machen, [wissend dass] es dabei nicht um das geht, was auf dem Papier erarbeitet wurde, sondern um die Summe der konkreten Maßnahmen, die man ergreift. Zu diesem Zeitpunkt hatten wir alles theoretisch festgehalten, doch die Frage war: Wie können wir daraus etwas Reales machen? Wir waren offen für neue Ideen und wussten, dass es da draußen viele großartige Ideen gibt und wir sicherlich nicht alles berücksichtigt hatten (…) Es war also wirklich ein wechselseitiger Dialog."[21] Cook hatte von dem Strategy Jam, den IBM veranstaltet hatte, gelesen und wollte mithilfe der internen Kommunikationsplattform seines Unternehmens ein ähnliches Event durchführen. Die Beschäftigten waren bereits mit der Plattform vertraut, und sie zu nutzen wäre günstiger, als Drittanbietertools einzusetzen.

Cook und sein Team organisierten den Strategy Jam anhand dreier tragender Säulen der Unternehmensstrategie. Jede Säule umfasste mehrere wichtige Initiativen, und zu Beginn des Jams erstellte das Team für jede dieser Initiativen einen separaten Diskussionsstrang. Im weiteren Verlauf starteten die Mitarbeiterinnen und Mitarbeiter dann weitere Diskussionsstränge. Während des Jams plagten Cook und sein Team zwei gegensätzliche Gedanken: „Wir befürchteten einerseits, dass die Plattform aufgrund der regen Beteiligung zusammenbrechen könnte", erklärte er. „Andererseits fragten wir uns: Was, wenn niemand mitmacht und das Ganze einer Geisterstadt gleicht?"[22]

Um der zweiten Sorge vorzubeugen, identifizierten die Verantwortlichen einflussreiche Personen im Unternehmen – sowohl Führungskräfte als auch Beschäftigte, die für ihre Überzeugungskraft bekannt waren – und bezogen sie in die Vorbereitung ein. Diese Influencer bewarben die Veranstaltung intensiv und hängten an verschiedenen Standorten Plakate auf. Da Steelcase etwa 5.000 Arbeitskräfte in seinen Werken beschäftigte, die keinen direkten Zugang zu Computern hatten, baten Cook und sein Team die Schichtleiter, mit diesen Personen zu sprechen und ihre Gedanken zusammenzutragen.

Als der Jam, der auf 36 Stunden angelegt war, live ging, brach die Plattform tatsächlich zusammen, weil zu viele Personen gleichzeitig versuchten, sich anzumelden (sie hatten alle versucht, ein Video aufzurufen, in dem der CEO die

Beschäftigten zum Jam begrüßt). Das Problem konnte jedoch schnell behoben werden, und in den verbleibenden 31 Stunden tauschten sich die Teilnehmerinnen und Teilnehmer intensiv aus. Um die Motivation aufrechtzuerhalten, veröffentlichten das Kernteam und die Influencer stündliche Updates und stießen laufend neue Themen an. Zudem ermutigten die Veranstalter Vertreterinnen und Vertreter aus dem Topmanagement, sich im richtigen Moment zuzuschalten und die Diskussion durch ihre Freude am Sich-miteinander-Messen anzuregen.

Diese Führungskräfte wetteiferten um die besten Überschriften für Blogartikel, um möglichst viele Klicks zu generieren. Den Beschäftigten bot der Jam die Möglichkeit, sich hervorzutun und ihre Sichtbarkeit im Unternehmen zu erhöhen (ein Mitarbeiter wurde infolge des Jams zum Beispiel zum ersten Ansprechpartner für alle Fragen rund um KI). Obwohl das Topmanagement die wichtigsten strategischen Eckpunkte bereits kommuniziert hatte, kamen während des Jams weitere Ideen auf – und auch weitere Details, die die Verantwortlichen bei der Umsetzung der Strategie würden berücksichtigen müssen. Wie Christian Wiese aus dem Kernteam erklärte, sorgte der Jam dafür, dass sich alle Beschäftigten gleichzeitig mit der Strategie auseinandersetzten. Welch ein Kontrast zu dem sonst üblichen Rollout, bei dem das Topmanagement die Informationen wasserfallartig nach unten durchreicht.[23]

Eine recht lebhafte Diskussion während des Jams drehte sich um Erfahrungen im Co-Design. In Kooperation mit einem seiner Kunden, einer US-amerikanischen Universität, hatte Steelcase einen Schreibtisch mit einem ausklappbaren Fernsehbildschirm entwickelt. Das Unternehmen standardisierte dieses Design anschließend und bot es mit Einverständnis der Hochschule anderen Kunden an. Nachdem sich die Teilnehmerinnen und Teilnehmer im Jam über dieses Thema ausgetauscht hatten, beschlossen die Verantwortlichen, einen neuen Geschäftszweig ins Leben zu rufen, der sich auf das Bereitstellen von Co-Design-Erlebnissen konzentrierte. Das neue Produkt ist vor allem ein Vertriebstool, mit dem Steelcase wichtige Kunden anspricht. „Wir nutzen es strategisch zur Akquise von Top-Kunden“, erklärt Cook. „Hätten wir das Tool nicht, würden sich diese vielleicht nach anderen Anbietern umschauen. (…) Es schien, als bräuchten wir diese Kompetenz unbedingt, um uns von unseren Mitbewerbern abzuheben und diese wichtigen Kunden zu gewinnen. Dabei ging es uns vor allem darum, die Bedürfnisse der oberen Ebenen zu verstehen, ihre kulturellen Bedürfnisse usw., und wie wir mit ihnen arbeiten und ihnen ein unvergessliches Erlebnis bieten könnten." Im Zuge des Jams erkannte das Unternehmen, dass dies ein „stärker wachsender Trend war, als wir angenommen hatten, und dass die Erfahrung, Seite an Seite mit dem Kunden zu arbeiten, wirklich wichtig war und es nicht allein um das Endprodukt ging. Diese Kompetenz erlaubt es uns, die Kunden noch enger an uns zu binden und einzigartige Lösungen für sie zu schaffen."

Doch der Jam förderte nicht nur Ideen wie diese zutage, sondern verhalf der Strategie auch zu einer nie dagewesenen Aufmerksamkeit. Etwa ein Viertel der gesamten Belegschaft und die Hälfte aller Büroangestellten nahmen teil und posteten insgesamt 4.000 Beiträge.[24] „Nach dem Jam", so Wiese, „kannten alle [die Strategie ...], wussten, in welche Richtung das Unternehmen unterwegs war", fühlten sich „persönlich für die Strategie verantwortlich und hatten ihr eigenes Narrativ dazu entwickelt".[25] Cook zufolge half der Jam den Verantwortlichen dabei, „den Beschäftigten zu zeigen, wie sie durch ihren Beitrag dieser Wachstumsstrategie zum Erfolg verhelfen können"[26]. Nach Abschluss des Jams nutzten die Bereichsleiter die gewonnenen Daten und Einblicke, um daraus detaillierte Investitions- und strategische Maßnahmenpläne abzuleiten. Und siehe da: Diese Pläne deckten sich mit der Wahrnehmung der Beschäftigten, was ihre Umsetzung wesentlich vereinfachte. Infolge des Jams stieg der Umsatz von Steelcase von 3 auf 3,7 Milliarden US-Dollar, und der Nettogewinn hat sich mehr als verdoppelt. 2020 erzielte das Unternehmen das bestes Ergebnis seit 20 Jahren[27] – eine unmittelbare Folge des strategischen Kurses und der 2017 und 2018 getätigten Investitionen. Derzeit überlegt das Unternehmen, wie es Strategy Jams auch in Zukunft einsetzen kann, um die Strategieumsetzung weiter zu verbessern.[28]

## Wie soziale Netzwerke die Belegschaft mobilisieren können

Strategy Jams sind in der Regel prägnante, kurze Veranstaltungen, die große Gruppen von Beteiligten motivieren, sich mit einer konkreten Strategie auseinanderzusetzen. Es gibt jedoch noch eine andere Möglichkeit, die Umsetzung der Strategie zu fördern, und zwar auf *regelmäßiger* Basis: soziale Netzwerke. Soziale Netzwerke erleichtern die strategische Umsetzung in mehrerlei Hinsicht: Erstens steigern sie die Transparenz im Zusammenhang mit der Strategie und versetzen die Verantwortlichen in die Lage, strategische Informationen zügig an alle Bereiche und Ebenen des Unternehmens zu kommunizieren. Zweitens ermöglichen sie eine intensive Kommunikation in beide Richtungen: Die Beschäftigten tauschen regelmäßig strategisch relevante Informationen aus, sie knüpfen Kontakte und arbeiten enger zusammen. Das stärkt das kollektive Verantwortungsgefühl für die Strategie. Mitarbeiterinnen und Mitarbeiter sprechen in sozialen Netzwerken auch über ihre Hobbys und andere persönliche Dinge. Diese Gespräche mögen zwar nichts mit der Strategie zu tun haben, sie sind aber dennoch wichtig, da sie Interesse wecken und die Beschäftigten motivieren, mitzumachen, sich zu vernetzen und Wissen zu teilen. Je enger sich die Mitarbeiterinnen und Mitarbeiter einander verbunden fühlen, desto eher tauschen sie sich auch über berufliche Themen, Prozesse und Praktiken aus.[29] Dadurch entstehen eine vertrauensvolle Arbeitsatmosphäre und gegenseitiges Verständnis, was wiederum die gemeinsame Sinnstiftung, die gegenseitige Unterstützung und das gemeinsame Handeln fördert – Grundvoraussetzungen für eine erfolgreiche Strategieumsetzung.

Das Beispiel des spanischen Telekommunikationsriesens Telefónica zeigt anschaulich, wie soziale Netzwerke die Umsetzung unterstützen können. 2009 begann eine Gruppe von Beschäftigten des Unternehmens, sich auf der sozialen Plattform Yammer über das Thema Customer Engagement auszutauschen. Schon bald beteiligten sich mehrere tausend Personen, und jeden Monat kamen über 2.000 weitere hinzu. Das ist besonders beeindruckend, wenn man bedenkt, dass das soziale Netzwerk weder vom Topmanagement beworben noch offiziell verwaltet wurde. Inspiriert von dieser Entwicklung beschloss die Unternehmensspitze 2013, Yammer zur Vorbereitung des anstehenden Vorstandstreffens einzusetzen, einer zweimal im Jahr stattfindenden Strategietagung, bei der die obersten Führungskräfte aller weltweiten Standorte zusammenkamen. Bislang hatte das eineinhalbtägige Treffen immer hinter verschlossenen Türen stattgefunden, was ihm in den Augen der Beschäftigten eine fast mystische Aura verlieh. Ziel der Veranstaltung war es, den Top-Führungskräften die zukünftigen Strategien des Unternehmens vorzustellen, damit diese die Pläne dann an die Beschäftigten ihrer Standorte und Funktionsbereiche kommunizieren konnten.

Doch nun hatte der Vorstand beschlossen, drei Monate vor dem eigentlichen Live-Event ein virtuelles Treffen zu veranstalten, zu dem 1.300 Führungskräfte eingeladen waren. Die eigentliche Strategietagung blieb dabei weiterhin dem Topmanagement vorbehalten. „Wir luden [die Teilnehmerinnen und Teilnehmer] ein, ihre Ideen zu teilen und die Strategie gemeinsam zu entwickeln, statt wie bisher lediglich als passive Zuhörer zu fungieren und sich unsere Pläne im Rahmen der zweitägigen Veranstaltung präsentieren zu lassen", erinnert sich Luz Rodrigo Martorell, Social-Media-Stratege des Unternehmens.[30] „Sie entwickeln die Strategie gemeinsam mit uns, sie haben Einfluss." Das Topmanagement führte die Diskussionsbeiträge zusammen und stützte sich bei seinen Überlegungen konkret auf die eingereichten Kommentare. Der CEO zitierte zum Beispiel häufig direkt daraus. Am Ende übernehmen die Verantwortlichen zwar nicht jede Idee, die Führungskräfte hatten dennoch das Gefühl, dass ihre Beiträge berücksichtigt und ernst genommen wurden. Dadurch stieg ihre Bereitschaft, sich an zukünftigen Online-Events zu strategischen Fragen noch stärker zu beteiligen.[31]

Dazu hatten sie bald Gelegenheit, zum Beispiel 2015, als Telefónica alle seine 125.000 Mitarbeiterinnen und Mitarbeiter weltweit einlud, gemeinsam mit dem Topmanagement im Vorfeld der Strategietagung über die Strategie zu diskutieren. Doch damit nicht genug: Zum ersten Mal in der Geschichte des Unternehmens konnten die Beschäftigten auch einen Teil des physischen Treffens live auf Yammer mitverfolgen. Um die Beschäftigten zur Teilnahme zu motivieren, lud Telefónica die vier Mitarbeiterinnen und Mitarbeiter, die sich am aktivsten an der Diskussion auf Yammer beteiligt hatten, zum Strategietreffen in Madrid ein. „Wir haben das soziale Netzwerk genutzt, um den Beschäftigten zu verstehen zu geben: Wir suchen nach einer neuen Haltung", erklärt Aitor Goyenechea, Director of Global Internal Communications. Das Unternehmen wollte erreichen, dass sich „alle proaktiv und intensiv an der Strategiediskussion beteiligen und ihre Ideen einbringen, um die Zukunft des Unternehmens mitzugestalten. Und mithilfe der geposteten Beiträge können wir sehen, wie groß das Verständnis und die Unterstützung für die Strategien tatsächlich sind"[32]. 2018 wechselte Telefónica zur sozialen Plattform Workplace, die noch bessere Video- und Livestream-Funktionen bot. Daraufhin übertrug das Unternehmen das Strategietreffen das erste Mal vollständig live und lud die Beschäftigten ein, sich mit ihren Ideen und Kommentaren zu beteiligen.

Seitdem verfolgt Telefónica Open Strategy noch intensiver. Im Juli 2019 wollte der CEO José María Álvarez-Pallete über das interne soziale Netzwerk von den Beschäftigten wissen, wie das Unternehmen noch besser werden könnte. Die Mitarbeiterinnen und Mitarbeiter reichten knapp 1.000 Vorschläge ein.

Aus ihnen kristallisierte sich heraus, dass das Unternehmen eine neue Strategie brauchte. Das Topmanagement reagierte, und im November 2019 begann Telefónica mit der größten strategischen Neuausrichtung seiner Geschichte.[33] Im darauffolgenden Jahr erwies sich das soziale Netzwerk während der Corona-Pandemie als wichtiges Tool, um mit den Beschäftigten in Kontakt zu bleiben. Álvarez-Pallete bat die Mitarbeiterinnen und Mitarbeiter, Ideen und Vorschläge einzureichen, wie das Unternehmen am besten mit der Krise umgehen könnte. Dieser Aufruf und die sich anschließende zweitägige Diskussion zeigten Wirkung: Das Zugehörigkeitsgefühl der Beschäftigten stieg um 25 Prozent.

Das unternehmenseigene soziale Netzwerk für den Strategieprozess zu nutzen hat sich für Telefónica voll ausgezahlt. „Wenn unsere Mitarbeiterinnen und Mitarbeiter sich über unser internes soziales Netzwerk an der Diskussion beteiligen, verinnerlichen sie die Strategien viel besser und sind wesentlich motivierter, sie umzusetzen“, fasst es Rodrigo Martorell zusammen. „Die Strategieentwicklung und -umsetzung wird so wesentlich einfacher, weil die Menschen sich als Teil des Prozesses fühlen.“[34] Bei Telefónica werden strategische Entscheidungen seitdem nicht mehr von oben nach unten durchgereicht, sondern gemeinsam mit den Beschäftigten erarbeitet. Und diese nutzen das soziale Netzwerk des Unternehmens eifrig weiter: 2019 verzeichnete die Plattform mehr als 11,5 Millionen Interaktionen, darunter Beiträge, Kommentare, Reaktionen und Chatnachrichten. Das sind durchschnittlich 42.000 Interaktionen pro Tag.

Soziale Netzwerke sind nur ein digitales Tool, die führende Unternehmen nutzen, um ihre Beschäftigten in den Strategieprozess einzubinden. 2008 begann das Open-Source-Softwareunternehmen Red Hat, das der führende Anbieter von Linux-Software ist, sich mit den Mitarbeiterinnen und Mitarbeitern über seine Strategie auszutauschen. Dazu nutzte das Unternehmen verschiedene Engagement-Tools wie Online-Chats, Blogs und Wikis.[35] Wie Jackie Yeaney, damals Executive Vice President of Strategy and Corporate Marketing, erklärt, „mussten sich alle im Unternehmen für die Strategie verantwortlich fühlen, damit diese erfolgreich umgesetzt werden konnte. Die Beschäftigten mussten eine wichtige Rolle bei der Entwicklung und Umsetzung spielen.“[36] Als die Mitarbeiterinnen und Mitarbeiter ihre Kommentare und Vorschläge posteten, führten mehrere Teams diese zu strategischen Prioritäten zusammen, entwickelten diese Prioritäten weiter und wählten schließlich einige für die Umsetzung aus. Über die Entwicklung und Umsetzung der strategischen Prioritäten mussten die Teams dem Topmanagement berichten. Durch die Öffnung des Strategieprozesses wurde die Umsetzung einfacher, und „die Kreativität, die Verantwortungsbereitschaft und (…) das Engagement der Beschäftigten stieg"[37], fasste ein Beobachter die Erfahrung zusammen. Jim Whitehurst, der CEO von Red Hat, wird nicht müde zu betonen, dass Open Strategy dem Unternehmen hilft, zügig zu wachsen und die Investoren zu beeindrucken.[38]

Wenn Sie einen großen Teil Ihrer Beschäftigten um Input bitten, besteht die Gefahr, dass die Diskussion aus dem Ruder läuft. Einzelne Mitarbeiterinnen und Mitarbeiter könnten die Plattform dazu nutzen, sich und ihre Projekte in den Mittelpunkt zu stellen, wodurch das eigentliche Thema, die Auseinandersetzung mit der Strategie, und die Beiträge der anderen in den Hintergrund geraten würden.[39] Das kann zu Konflikten und verbalen Attacken führen, die die Stimmung vergiften. Infolgedessen könnten die übrigen Mitarbeiterinnen und Mitarbeiter das Interesse verlieren oder sich ganz von der Plattform zurückziehen.

Um das zu verhindern, können Unternehmen durch klare Verhaltensregeln eine Atmosphäre der psychologischen Sicherheit schaffen. Wie die Verantwortlichen bei Telefónica bestätigen können, ist das Entfernen verletzender oder beleidigender Beiträge manchmal nötig; es sollte aber stets das letzte Mittel der Wahl sein. Schließlich geht es bei diesen Netzwerken ja gerade darum, die eigenen Ideen und Meinungen offen äußern zu können; eine Zensur könnte die Beteiligten schnell vergraulen. Wie beim Crowdsourcing auch sollten Sie versuchen zu antizipieren, welche Themen die Teilnehmerinnen und Teilnehmer aufwerfen oder unterstützen werden, und anerkennen, dass manche davon bei den Verantwortlichen nicht gerade auf Begeisterung stoßen. Hier gilt: Wenn „brisante" Themen aufkommen, lassen Sie diese zu, und schalten Sie sich an geeigneter Stelle in die Diskussion ein. Eine Führungskraft, die für Xchanging, einen britischen Anbieter von Geschäftsprozess- und Technologiedienstleistungen tätig ist, sagte hierzu: „Sie können die Leute nicht erst an der Diskussion beteiligen und dann sagen, ‚Nun, ihr könnt natürlich mitreden, aber nur, wenn ihr sagt, was wir hören wollen'. Wenn Sie ihnen eine Stimme geben, müssen Sie ihnen auch zuhören. Ich denke, wir haben ihnen eine Stimme gegeben, und wir lernen gerade, ihnen zuzuhören."[40]

Manchmal kann es auch von Vorteil sein, wenn sich die Beteiligten nicht nur über strategische Fragen austauschen. Wie IMP in seinen physischen Workshops beobachtet hat, waren viele Teilnehmerinnen und Teilnehmer erpicht darauf, Kontakte zu anderen interessanten Personen zu knüpfen. Das gilt in gewisser Weise auch für interne soziale Netzwerke. Die Beschäftigten wollen nicht nur mehr über die Strategie erfahren und ihre Ansichten dazu äußern, sondern auch ihre Kolleginnen und Kollegen besser kennenlernen. Einige kennen sich vielleicht nur namentlich, andere hatten bereits am Rande miteinander zu tun, doch bislang gab es nie Gelegenheit, sich einmal wirklich auszutauschen.[41]

Zu guter Letzt müssen Unternehmen ihre internen und externen Akteure ernst nehmen und die Zeit und Energie, die diese investieren, wertschätzen. Dazu gehört, ihnen mitzuteilen, was mit ihren Beiträgen geschehen ist und welche Maßnahmen ergriffen wurden. Mitarbeiterinnen und Mitarbeiter müssen das Gefühl haben, dass ihr Input zählt und dass ihre Vorschläge nicht einfach in irgendeinem bürokratischen schwarzen Loch verschwinden. An dieser Stelle tun sich Unternehmen jedoch schwer, wie das Beispiel eines deutschen Automobilherstellers zeigt. Dort war eine Initiative im sozialen Netzwerk des Unternehmens im Zuge eins Wechsels an der Spitze und Verschiebungen in den strategischen Prioritäten im Sande verlaufen. Dem Unternehmen war es nicht gelungen, ausreichend Personal zur Verfügung zu stellen, um die Diskussionsbeiträge der Beschäftigten zu sichten und darauf zu reagieren. So reichten die Mitarbeiterinnen und Mitarbeiter weiterhin Ideen ein und diskutierten diese, erhielten aber kein Feedback von oben. Sie wussten auch nicht, ob und wie ihre Ideen bewertet, weiterentwickelt oder implementiert wurden. Das sorgte für Frustration, und die Teilnahme ging zurück. Am Ende wurde die Initiative eingestellt.

Wie können die Verantwortlichen nun aber den Input der Beschäftigten würdigen und ihnen das Gefühl geben, dass sie wichtig sind? Am besten, indem sie sich selbst an der Diskussion beteiligen. Die aktive Unterstützung aus dem Topmanagement ist bei jeder strategischen Initiative, die die Mitarbeiterinnen und Mitarbeiter mobilisieren soll, wichtig. Der CEO von Telefónica, José María Álvarez-Pallete, hat sich ganz bewusst aktiv an der Strategiediskussion beteiligt – mit Erfolg: „Die Leute wollten es erst nicht glauben, weil er ja der Mann an der Spitze ist, und fragten mich: ‚José María hat meinen Beitrag gelikt – war er das wirklich selbst oder seine Mitarbeiter? Ich kann das gar nicht glauben'", erzählt Luz Rodrigo Martorell. „Doch José María gab regelmäßig Feedback, postete Kommentare und beteiligte sich persönlich an der Diskussion. Zudem bündelte er mehrere der eingereichten Ideen. Und so erkannten die Beschäftigten bei Telefónica nach und nach, dass es tatsächlich ihr Chairman und CEO war, der da mit ihnen chattete und ihren Input ernst nahm."[42]

**Praxistipps: Wie Online-Diskussionen zum Thema Strategie gelingen**

- *Den Grad der Öffnung bestimmen:* Bei vielen Online-Plattformen können Sie festlegen, ob Sie nur interne Mitarbeiterinnen und Mitarbeiter teilnahmen lassen, oder die Diskussion auch für ausgewählte externe Akteure öffnen. Geht es um strategische Themen, sollten Sie den Teilnehmerkreis auf diese Gruppen beschränken. Als warnendes Beispiel dient hier Elon Musk, der in einem Tweet Pläne zur Privatisierung von Twitter öffentlich machte und damit für große Aufregung sorgte.
- *Den sozialen Faktor betonen:* Lassen Sie eine breite Themenvielfalt zu, und halten Sie die Teilnehmerinnen und Teilnehmer dazu an, aussagekräftige Profile zu erstellen, damit sich die Mitglieder kennenlernen können.
- *Verhaltensregeln festlegen:* Stellen Sie klare Regeln für die Teilnahme auf. So wissen alle, wie sie sich auf der Plattform zu verhalten haben, und es kommt seltener zu unangebrachtem Verhalten. Sie können auch regelmäßige Schulungen und Workshops zum produktiven Umgang mit sozialen Netzwerken anbieten.
- *Transparenz schaffen:* Machen Sie deutlich, was die Teilnehmerinnen und Teilnehmer von der Diskussion erwarten können und was mit ihren Beiträgen geschieht.
- *Virtuell und physisch miteinander verknüpfen:* Wie wir bei Telefónica gesehen haben, funktionieren soziale Netzwerke besonders gut, wenn sie mit einem klassischen Event wie einer Strategietagung gekoppelt werden. Das Topmanagement kann so Kontakte zu den Beschäftigten knüpfen und ihnen das Gefühl vermitteln, dass sie an der Strategieformulierung auf höchster Ebene mitwirken.
- *Die Diskussion aufmerksam verfolgen:* Um wertvolle Ergebnisse zu erhalten, sollten Sie die Diskussionen und die Stimmung auf der Plattform aufmerksam verfolgen und eingreifen, sobald sich die Teilnehmer zu sehr vom eigentlichen Thema entfernen.

- *Ressourcen zuweisen:* Ein soziales Netzwerk zu betreiben und die große Zahl an Beiträgen zu managen kann zeitaufwendig sein. Richten Sie deshalb ein Team ein, das sich um die Organisation der Plattform kümmert und die Beiträge moderiert.
- *Sich selbst an der Diskussion beteiligen:* Einen Teil der Moderation und Kontrolle können Sie an Ihr Team abgeben. Dennoch ist es wichtig, dass Sie sich als Top-Führungskraft auch selbst beteiligen, damit die Beschäftigten Sie als aktiven User wahrnehmen. Wenn sich die Verantwortlichen auf Kommentare aus der Online-Diskussion beziehen, wirkt sich das enorm positiv auf die Beteiligung, Akzeptanz und Zufriedenheit in der Belegschaft aus.
- *Der Ton macht die Musik:* Wenn Sie sich in die Diskussion einschalten, achten Sie darauf, wie Sie etwas sagen. Sie sollten sich weder zu formell noch zu salopp ausdrücken. Das erfordert ein wenig Übung und eine bewusste Anstrengung.

## Fazit

Unternehmen, die mit Open Strategy experimentiert haben, haben die Erfahrung gemacht, dass das Konzept nicht nur bei der Entwicklung strategischer Ideen oder der Überführung der Ideen in Businesspläne hilft, sondern auch die Umsetzung erleichtert. Und diese ist besonders dann erfolgreich, wenn diejenigen, die mit der Umsetzung der Strategie beauftragt sind – die Beschäftigten der einzelnen Unternehmensebenen –, zumindest teilweise auch an deren Entstehung mitgewirkt haben. Wenn die Umsetzung gelingen soll, geben Sie Ihren Mitarbeiterinnen und Mitarbeitern die Möglichkeit, sich mit der Strategie auseinanderzusetzen und im Rahmen eines kurzen Online-Strategy-Jam ihre Meinung dazu zu äußern. Die Möglichkeit, in einen strategischen Dialog zu treten, bringt den Beschäftigten die Strategie nicht nur näher, sondern fördert auch weitere Ideen und Aspekte zutage, die das Topmanagement bei der Umsetzung berücksichtigen sollte und die es selbst vielleicht übersehen hätte. Vor allem aber sorgt die Partizipation der Beschäftigten dafür, dass sie sich für die Strategie verantwortlich fühlen. An dieser Stelle empfiehlt es sich, noch eine Schritt weiter zu gehen: Mithilfe von internen sozialen Netzwerken und anderen Online-Tools sorgen Sie dafür, dass sich die Mitarbeiterinnen und Mitarbeiter auch weiterhin regelmäßig über strategische Fragen austauschen. Werden diese Diskussionen gut gemanagt, haben sie das Potenzial, das gesamte Unternehmen hinter der Strategie zu vereinen und den Beschäftigten zu vermitteln, wie die Strategie ganz konkret mit ihrer täglichen Arbeit zusammenhängt. Das sorgt für zusätzliche Motivation.

**Fragen zur Reflexion:**

- Warum sind Strategien in Ihrem Unternehmen bisher gescheitert? Wurden sie nicht richtig verstanden, oder fehlte die Motivation für die Umsetzung?
- Warum klingen manche Strategien auf dem Papier gut, verlaufen dann aber im Sande, sobald Sie versuchen, sie umzusetzen?
- Unterbreiten Ihre Mitarbeiterinnen und Mitarbeiter gute strategische Vorschläge, die dann jedoch irgendwo in der Schublade verschwinden?
- Wenn Sie über ein internes soziales Netzwerk verfügen: Werden hier manchmal strategische Fragen diskutiert? Wie motivieren Sie die Beschäftigten, sich daran zu beteiligen?
- Wie motiviert sind Ihre Mitarbeiterinnen und Mitarbeiter derzeit, strategische Initiativen umzusetzen? Wissen sie ausreichend über die Strategie Bescheid?

# Epilog

Die Disruption kann einem Angst machen, sie muss jedoch nicht das Ende bedeuten. Wie wir in diesem Buch gesehen haben, ist es kleinen wie großen Unternehmen gelungen, durch die Öffnung ihres Strategieprozesses der Zerstörung zu entgehen. In unserer turbulenten Welt genügt es nicht mehr, eine kleine Gruppe von Top-Führungskräften oder einige hochbezahlte Beraterinnen und Berater mit dem Entwurf der unternehmerischen Zukunft zu betrauen. Unternehmen sind heute auf die Breite und Tiefe der Einblicke einer größeren und diverseren Gruppe von Personen angewiesen. Und auch in der Umsetzungsphase brauchen sie die Unterstützung und das Engagement aller Beteiligten. Dies erreichen sie nur durch die Einbindung eines größeren Personenkreises.

Barclays ist mithilfe von Open Strategy der Übergang von klassischen Filialen zum mobile Banking gelungen. Saxonia Systems hat sich mithilfe des Konzepts zu einem erfolgreichen Anbieter von Software-Services entwickelt. Und WS Audiology hat mit Open Strategy neue Geschäftsmodelle im Bereich Hörgeräte entworfen. Sie und viele andere haben dadurch bessere Ideen und realistischere Strategien entwickelt und diese effektiv umgesetzt, ohne dabei sensible Informationen preisgeben zu müssen oder die Autorität des Führungsteams zu untergraben.

Wie wir immer wieder betont haben, ist Open Strategy nicht einfach ein Bündel an Maßnahmen, sondern eine völlig neue Management-Philosophie, die auf Transparenz, Zusammenarbeit und Diversität beruht. Für Unternehmensverantwortliche ist es heute normal, Informationen mit externen Akteuren auszutauschen. Sie kennen die Vorteile von Open Innovation, Open Source Coding, Open Science, Open Data, Open Education und Open Government. Doch diese Transparenz endet häufig an den Türen zur Vorstandsetage. Darüber hinaus herrscht in vielen Unternehmen eine unausgesprochene „geschlossene" Mentalität vor, die für Silostrukturen und Geheimniskrämerei sorgt. Um die Taktiken, die wir Ihnen in diesem Buch vorgestellt haben, bestmöglich nutzen zu können und sicherzustellen, dass sie auch noch Bestand haben, wenn das Neue und Spannende, das sie umgibt, verpufft ist, müssen Sie sich ganz auf Transparenz, Zusammenarbeit und Diversität einlassen und alles, was damit einhergeht. Deshalb haben wir im Folgenden ein paar weitere Maßnahmen zusammengestellt, die Sie ergreifen sollten, wenn Sie mit Open Strategy experimentieren:

## 1. Sich schrittweise öffnen

Keine Frage: Open Strategy ist vielversprechend. Doch auch der klassische Strategieprozess kann Unternehmen in bestimmten Situationen weiterhin gute Dienste leisten, vor allem in Kerngeschäften, die nicht unmittelbar von der Disruption bedroht sind. Anstatt also alle Geschäftsbereiche auf einmal zu öffnen, sollten Sie diese als Portfolio betrachten: Überlegen Sie, welche Ihrer Geschäftsbereiche disruptiv sind, welche durch Disruption bedroht sind und innovativer werden müssen und welche nicht unmittelbar bedroht sind. Wenden Sie Open Strategy dann zunächst nur in den disruptiven und den unmittelbar bedrohten Bereichen an. In den anderen können Sie am herkömmlichen Strategieprozess festhalten. Manchmal ist es zwar sinnvoll, sich gleich komplett von der klassischen Strategiefindung zu verabschieden, in den meisten Fällen fahren Unternehmen jedoch besser damit, Open Strategy schrittweise einzuführen. Experimentieren Sie mit den Tools, die wir Ihnen vorgestellt haben, und finden Sie heraus, welche in Ihrem Unternehmen am besten funktionieren. Mit der Zeit können Sie diese Tools dann auch auf andere Geschäfte in Ihrem Portfolio übertragen.

## 2. Neue Strukturen und Fähigkeiten aufbauen

Während Sie mit Open Strategy experimentieren, sollten Sie neue Organisationsstrukturen wie autonome Geschäftsbereiche, Vertriebsorganisationen, Kennzahlen und Key Performance Indicators aufbauen. Viel zu häufig produziert Open Strategy neue Initiativen, die prinzipiell auf Begeisterung stoßen, dann aber Widerstand auslösen, sobald die Beteiligten feststellen, dass sie mit den bestehenden Strukturen nicht kompatibel sind. Die neuen Projekte werden finanziell zu wenig gefördert und erzielen infolgedessen unterdurchschnittliche Ergebnisse. Am Ende stirbt die Initiative einen langsamen Tod – vor allem wenn sie von einem Wechsel an der Unternehmensspitze begleitet wird.

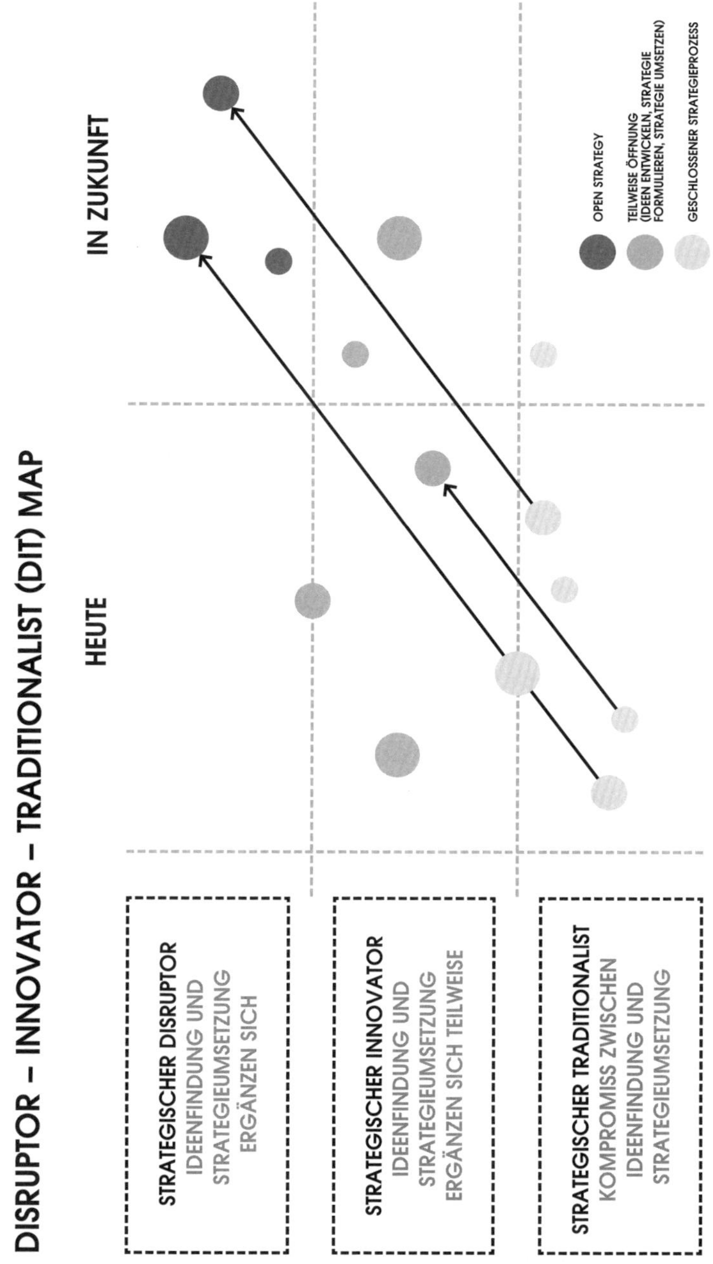


***Abb. 11.1:*** *Verorten Sie Ihr Unternehmen: Disruptor – Innovator – Traditionalist*

Radikal neue Ideen brauchen eigene Strukturen innerhalb des Unternehmens, wie Clayton Christensen betont. Werden diese Strukturen nicht geschaffen, führt dies häufig zu Kompetenzgerangel und Revierkämpfen, die vom eigentlichen Ziel ablenken. Oder die neuen Initiativen werden erst gar nicht auf den Weg gebracht, weil die Verantwortlichen der Meinung sind, dem Unternehmen fehlten die dafür nötigen Fähigkeiten.

## 3. Externe Stimmen einbeziehen

Wir haben wiederholt darauf hingewiesen, wie wichtig es ist, externe Akteure in den Strategieprozess einzubeziehen. Und wir tun es gerne noch einmal: Bahnbrechende Ideen kommen fast immer aus anderen Branchen. Wenn junge Start-ups sich als „das Uber der x-Branche" präsentieren, wollen sie damit natürlich Investoren an Land ziehen. Gleichzeitig machen die smarten Entrepreneure damit aber auch deutlich, wie sie auf ihre Idee gekommen sind: durch die Beschäftigung mit Geschäftsmodellen aus ganz anderen Kontexten. Das klingt einleuchtend, und dennoch fällt es vielen Unternehmensverantwortlichen schwer, andere davon zu überzeugen, Ideen aus anderen Bereichen in Betracht zu ziehen. Obwohl Branchengrenzen in Auflösung begriffen sind (wer hätte gedacht, dass Google einmal in der Automobilbranche mitmischt?), denken die meisten Topmanagerinnen und Topmanager immer noch innerhalb von Branchengrenzen und lassen externe Experten nicht zu Wort kommen. Um das zu vermeiden, sollten Sie im Rahmen von Open Strategy ausreichend viele externe Akteure einbeziehen, und diese sollten „laut genug" sein und die Rückendeckung von einflussreichen Personen im Unternehmen haben.

## 4. Open Strategy ist kein Schönwetter-Konzept

Open Strategy ist ein langwieriger und anstrengender Prozess. Insofern erscheint es verlockend, in alte Muster zu verfallen, sobald die Dinge schwierig werden. In konjunkturschwachen Phasen, bei Übernahmeprojekten oder in unvorhergesehenen Krisen wie der Corona-Pandemie setzen die Verantwortlichen Open Strategy häufig aus, bis der Sturm vorübergezogen ist. Das ist jedoch ein Fehler. Open Strategy entfaltet gerade dann ihre Wirkung, wenn die Disruption unmittelbar bevorsteht und der neue Kurs nicht absehbar ist. Vertrauen Sie hier auf die Weisheit der Vielen. Wie wir in Kapitel 9 gesehen haben, können große Gruppen von Personen die Zukunft besser vorhersagen als Einzelne.

## 5. Entscheidungsbefugnisse klären

Wir haben bereits am Anfang dieses Buches darauf hingewiesen: Viele Führungskräfte wollen nicht glauben, dass die Mitarbeiterinnen und Mitarbeiter wertvolle Aussagen über die Zukunft treffen können, und delegieren diesen Job deshalb lieber an Beratungsunternehmen.[1] Damit Open Strategy erfolgreich sein kann, müssen Sie jedoch verinnerlichen, dass Ihr Führungsteam und Ihre Berater nicht die einzigen Genies im Unternehmen sind. Dazu gehört auch, sich von den traditionellen hierarchischen Befehlsstrukturen zu verabschieden, denn diese gründen auf Verschwiegenheit. Aber auch wenn Sie und Ihr Team Ihre eigenen Entscheidungsbefugnisse nicht begrenzen und sich nicht völlig auf die Ergebnisse aus dem Open-Strategy-Prozess verlassen möchten, sollten Sie diesen Output zumindest als hilfreichen Beitrag anerkennen, der die finale Entscheidung zwar nicht bestimmt, aber doch beeinflusst. Machen Sie deutlich, dass die Entscheidungsbefugnis trotz Open Strategy weiterhin bei Ihnen und Ihrem Führungsteam liegt.

## 6. Das eigene Verständnis von Open Strategy vertiefen

Open Strategy basiert auf der Prämisse, dass Unternehmen mehr erreichen, wenn sie mehr Personen einbeziehen. Für die Auseinandersetzung mit der Frage, wie das Konzept konkret in Ihrem Unternehmen funktionieren kann, legen wir Ihnen die Texte ans Herz, die wir in den Literaturempfehlungen aufgelistet haben. Empfehlen Sie diese auch Ihren Kolleginnen und Kollegen, und tauschen Sie sich regelmäßig über Ihren Strategieprozess und mögliche Verbesserungsmaßahmen aus. Indem Sie und Ihr Team sich intensiver mit Open Strategy beschäftigten, gewinnen Sie mehr Sicherheit in der Frage, wie Open Strategy Ihnen helfen kann, bahnbrechende Ideen zu generieren, weiterzuentwickeln und umzusetzen. Und wenn Sie dann immer noch Fragen haben, wenden Sie sich an uns. Wir helfen gerne weiter.

Zum Abschluss noch ein letzter Hinweis: Seien Sie offen für Überraschungen. Wie Ernesto Maurer, CEO des jahrhundertealten Textilmaschinenherstellers SSM, berichtet, hat Open Strategy ihn und sein Führungsteam gelehrt, dass die traditionellen Fähigkeiten des Unternehmens nicht so bedeutend waren, wie die Verantwortlichen immer dachten. Stattdessen „gewannen plötzlich Kompetenzen an Bedeutung, denen wir im Topmanagement bislang wenig Aufmerksamkeit geschenkt hatten“[2]. Das hören wir häufig. Die Dinge, die die Verantwortlichen als Kernkompetenzen des Unternehmens betrachten, sind in Zeiten des Umbruchs häufig für dessen Unbeweglichkeit und Stillstand verantwortlich. Die Saat der Veränderung findet sich dagegen an Stellen, die gerne übersehen werden.

Säen Sie diese Saat aus, und lassen Sie sie zu neuen Geschäftsmodellen heranwachsen. Das ist anstrengend, aber es lohnt sich. Maurer und andere Unternehmenslenker verfolgen heute immer noch die Strategie, die sie im Zuge von Open Strategy entwickelt haben. Durch die Berücksichtigung externer Einblicke und Perspektiven ist es ihnen gelungen, lebhafte Strategiediskussionen anzuregen und ihr Unternehmen neu zu erfinden. Sie können das auch. Erfolgreiche Innovation ist immer eine Reise ins Ungewisse. Sie und Ihr Führungsteam müssen und sollten diese Reise jedoch nicht allein antreten. Zu lange waren die Türen zur Vorstandsetage anderen verschlossen. Ist es nicht Zeit, diese zu öffnen, zumindest ein wenig, und anderen Einlass zu gewähren?

# Literaturempfehlungen


Christensen, C./Matzler, K./Friedrich von den Eichen, St.: The Innovators Dilemma. Warum etablierte Unternehmen den Wettbewerb um bahnbrechende Innovationen verlieren, Vahlen Verlag, 2013

Dalio, R.: Principles: Die Prinzipien des Erfolgs, FinanzBuch Verlag, 2019.

Felin, T.: When Strategy Walks Out the Door, in: MIT Sloan Management Review 58, Ausgabe 1/Herbst 2016, S. 96

Gast, A./M. Zanini: The Social Side of Strategy, McKinsey Quarterly, Mai 2012, S. 1–15.

Hamel, G./M. Zanini: Das Ende der Bürokratie, in: Harvard Business Manager, Ausgabe 1/2019.

Hamel, G./M. Zanini. Humanocracy: Creating Organizations as Amazing as the People inside Them, Boston: Harvard Business School Publishing, 2020.

Hautz, J./D. Seidl/R. Whittington. Open Strategy: Dimensions, Dilemmas, Dynamics, in: Long Range Planning 50, Ausgabe 3/2017, S. 298–309.

Heffernan, M.: Uncharted: How to Map the Future, New York: Simon and Schuster, 2020.

Sull, D./D. Turconi/C. Sull/J. Yoder: Turning Strategy into Results, in: MIT Sloan Management Review 59, Ausgabe 3/2018, S. 1–12.

Whitehurst, J.: The Open Organization: Igniting Passion and Performance, Brighton, MA: Harvard Business Review Press, 2015.

Whittington, R.: Opening Strategy: Professional Strategists and Practice Change, 1960 to

Today, New York: Oxford University Press, 2019.

Whittington, R./B. Yakis-Douglas/K. Ahn: Wall Street Rewards CEOs Who Talk about Their Strategies, in: Harvard Business Review: Digital Articles, 2015, S. 2–6.

# Über IMP

IMP beschäftigt sich seit Ende der Finanzkrise mit Open Strategy, also bereits seit gut zehn Jahren. Damals waren viele Unternehmen auf der Suche nach bahnbrechenden Innovationen, die ihre Branche revolutionieren würden. Merkwürdigerweise erfolgte die Strategiefindung in diesen Unternehmen jedoch weiterhin nach demselben alten Muster, und die Verantwortlichen machten sich wenige Gedanken darüber, wie sie ihren Strategieprozess an ein neues Zeitalter anpassen könnten. Open Innovation klang zwar vielversprechend, da das Konzept den Bereich Strategie jedoch nicht unmittelbar tangierte, hatte es keine Auswirkungen auf die Positionierung, die Ressourcenverteilung und die Geschäftsmodelle von Unternehmen.

In dieser Zeit erkannte Stephan Friedrich von den Eichen: Wenn Unternehmen erfolgreiche neue Technologien und Geschäftsmodelle entwickeln und umsetzen wollten, müssten sie ihren Strategieprozess auf ganz neue Füße stellen. Stephan hatte viele Jahre als Managementberater gearbeitet. Für ihn war Open Strategy nicht einfach eine neue Managementmethode, sondern eine völlig neuartige Philosophie und Geisteshaltung, mit der Unternehmen sich externes Wissen zunutze machen könnten, um der Disruption zu begegnen. Also überlegte er gemeinsam mit Markus Anschober und dem Team von IMP wie sie Unternehmen dabei helfen können, ihren Strategieprozess neu zu erfinden und das Innovationsmanagement zu verbessern und dabei interne und externe Expertise auf eine Weise zu bündeln, die methodisch, effektiv und sicher zugleich ist.

IMP pflegte seit Langem enge Kontakte zur Wissenschaft, vor allem im Rahmen seines Network of Excellence. Diesem gehörten Praktiker, Tech-Experten, Entrepreneure sowie Wissenschaftlerinnen und Wissenschaftler (u. a. Julia Hautz und Christian Stadler) an. Diese akademischen Kontakte machte sich Kurt Matzler zunutze, um ein Forschungsprojekt zu initiieren, das das Potenzial und die Umsetzbarkeit von Open Strategy für aktive Unternehmen untersuchen sollte. Im Laufe dieses Projekts, in dem die beteiligten Unternehmen, IMP und die Wissenschaft eng zusammenarbeiteten, kristallisierten sich die Methoden und die Philosophie von Open Strategy heraus. Rückblickend erscheint es wenig verwunderlich, dass Open Strategy gerade auf diese Weise das Licht der Welt erblickte: Die Kooperation zwischen Unternehmen, Beratungsfirmen und Wissenschaftlern hat bereits häufig zu Geschäfts- und Managementinnovationen geführt. Denken Sie nur an das Konzept der strategischen Geschäftsbereiche, das McKinsey und General Electric gemeinsam entwickelt haben, an die Erfahrungskurve und die Portfolio-Matrix, die das Ergebnis einer Zusammenarbeit zwischen der Boston Consulting Group und der Luftfahrtbranche sind, oder an die Balanced Scorecard, die Robert S. Norton und David P. Kaplan gemeinsam mit zwölf führenden Unternehmen entwickelt haben.

Damit derartige Kooperationen erfolgreich sind, müssen mutige Unternehmen vorangehen und Neues ausprobieren, um herauszufinden, was funktioniert und was nicht. Unser besonderer Dank gilt den Erstanwendern von Open Strategy, von denen viele in diesem Buch Erwähnung finden. Mit ihrer Hilfe konnten wir unsere Tools und Übungen optimieren und Open Strategy zu einem wirklich revolutionären Konzept entwickeln, das bereits mehrfach ausgezeichnet wurde. Gemeinsam sind wir zu der Erkenntnis gelangt, dass Unternehmen enorm profitieren, wenn sie interne und externe Fachleute zusammenbringen und sie über Probleme nachdenken und an neuen Lösungen arbeiten lassen. Die Strategien, die dabei entstehen, sind nicht nur stärker, frischer und wirksamer; auch der Prozess der Ideenfindung und -umsetzung selbst stärkt und bereichert alle Beteiligten. Zusammenfassend lässt sich sagen, das Open Strategy Unternehmen dabei hilft, ihre Mitarbeiterinnen und Mitarbeiter für Strategien zu mobilisieren und zu begeistern, was deren Erfolgschancen deutlich erhöht. Wir laden auch Sie ein, mit den Methoden, Formaten und Werkzeugen zu arbeiten, die in diesem Buch beschrieben sind, um Ihrer Strategiearbeit eine neue, andere Logik zu geben. Das wird nicht immer einfach sein, doch die Mühe lohnt sich, denn die Ergebnisse, die sich erzielen lassen sind außergewöhnlich.

# Anmerkungen

## Einführung

1 Interview mit Ashok Vaswani, 22. Februar 2021.
2 Die Ausführungen zur Öffnung des Strategieprozesses bei Barclays basieren auf Gesprächen mit Julian Davies von Barclays am 2. Februar 2017 und Liam Cleaver von IBM am 4. August 2018.
3 Interview mit Vaswani, 22. Februar 2021.
4 Vgl. Richard Whittington: Opening Strategy: Professional Strategists and Practice Change, 1960 to Today. Oxford: Oxford University Press, 2019.
5 Vgl. Telstra: Exponential Performance: In a Millennial, Mobile and Programmatic World, 2017, https://www.readkong.com/page/exponential-performance-in-a-millennial-mobile-and-9704875.
6 Ebd.
7 Vgl. Barclays Bank: Building the „Go-To" Bank, Annual Report 2012, London; Barclays Bank: Delivering for Our Stakeholders, Annual Report 201, London, 2019.
8 Interview mit Davies, 2. Februar 2017.
9 Vgl. E. Mazareanu: Size of Global Consulting Market from 2011 to 2020, by Segment, Statista, 10. Dezember 2019, https://www.statista.com/statistics/624426/global-consulting-market-size-by-sector/und Carlos J. F. Cândido/Sérgio P. Santos: Strategy Implementation: What Is the Failure Rate?, in: Journal of Management & Organization 21, Ausgabe 2/2015, S. 237–262.
10 Vgl. Daniel Stieger/Kurt Matzler/Sayan Chatterjee/Florian Ladstätter-Fussenegger: Democratizing Strategy: How Crowdsourcing Can Be Used for Strategy Dialogues, in: California Management Review 54, Ausgabe 4/Sommer 2012, S. 44–68.
11 Neben unserer praktischen Arbeit haben wir es uns zur Aufgabe gemacht, Open Strategy in Wissenschaftskreisen zu verbreiten und weiterzuentwickeln. So fungierten wir zum Beispiel als Herausgeber für die erste Sonderausgabe eines Wissenschaftsjournals zu Open Strategy, in dem Julia Hautz Open Strategy als Bündel von strategischen Maßnahmen definiert, die mehr Transparenz und Partizipation im Strategieprozess ermöglichen und sowohl interne als auch externe Akteure einbeziehen. Unternehmen, die Open Strategy einsetzen, machen mehr strategische Information verfügbar und binden einen größeren Personenkreis in ihre strategischen Überlegungen mit ein. Siehe dazu Julia Hautz/David Seidl/Richard Whittington: Open Strategy: Dimensions, Dilemmas, Dynamics, in: Long Range Planning 50, Ausgabe 3/2017, S. 298–309.
12 Vgl. Warren Bennis/Burt Nanus: Leaders: The Strategies for Taking Charge. New York: Harper, 1985.
13 Vgl. Chris Zook/James Allen: The Founder's Mentality: How to Overcome the Predictable Crises of Growth. Brighton, MA: Harvard Business Review Press, 2016.
14 Vgl. Global Agenda Council zur Zukunft von Software und Gesellschaft: Deep Shift: Technology Tipping Points and Societal Impact, report prepared for the World Economic Forum, September 2015, http://www3.weforum.org/docs/WEF_GAC15_Technological_Tipping_Points_report_2015 .pdf.
15 Gary Hamel: Strategy as Revolution, in: Harvard Business Review 7, Juli/August 1996, S. 70.
16 Vgl. Hautz/Seidl/Whittington, 2017.

17 Vgl. Gary Hamel/Michele Zanini: Humanocracy: Creating Organizations as Amazing as the People inside Them, Brighton, MA: Harvard Business Review Press, 2020.
18 Vgl. Julia Hautz: Opening Up the Strategy Process—a Network Perspective, in: Management Decision 55, Ausgabe 9/2017, S. 1956–83 und Hautz/Seidl/Whittington, 2017.
19 Vgl. João Baptista/Alex Wilson/Robert D. Galliers/Steve Bynghall: Social Media and the Emergence of Reflexiveness as a New Capability for Open Strategy, in: Long Range Planning 50, Ausgabe 3/2017, S. 322–336.
20 Vgl. Hamel/Zanini, 2020, S. 190.
21 Diese Angaben basieren auf einer Umfrage unter 347 Führungskräften.
22 Diese Angaben basieren auf einer Umfrage unter mehr als 200 Topmanagerinnen und -managern.

## Kapitel 1

1 Vgl. General Electric: Geschäftsbericht 2001 und Geschäftsbericht 2007, Boston: General Electric, 2001, 2007. Die Angaben zum Aktienkurs basieren auf historischen Kursdaten von Yahoo Finance: https://finance.yahoo.com/quote/GE/history?period1=1262304000 &period2=1483228800 &interval=1mo &filter=history &frequency=1mo and https://finance.yahoo.com/quote/%5EGSPC/history?period1=1262304000 &period2 =148 3228800 &interval=1mo &filter=history &frequency=1mo.
2 Für weitere Informationen zum Niedergang von GE siehe Geoff Colvin: What the Hell Happened at GE?, in: Fortune, 24. Mai 2018, https://fortune.com/longform/ge-decline-what-the-hell-happened/; und Thomas Gryta/Ted Mann: GE Powered the American Century—Then It Burned Out, in: Wall Street Journal, 14. Dezember 2018, https://www.wsj.com/articles/ge-powered-the-american-centurythen-it-burned-out-11544796010.
3 Vgl. Colvin, 2018.
4 Vgl. Ben Lane: GE Books $1.5 Billion for Potential Settlement with DOJ over WMC Subprime Loans, HousingWire, 7. Mai 2018, https://www.housingwire.com/articles/43300-ge-books-15-billion-for-potential-settlement-with-doj-over-wmc-subprime-loans/.
5 Vgl. Matt Egan: Inside the Dismantle of GE," CNN Money, 1. Oktober 2018, https://money.cnn.com/interactive/news/GE-dismantling-interactive/index.html.
6 So war der Preis, den GE für den Verkauf seines Kunststoffgeschäfts an Saudi Basic Industries erzielte, mit 11,6 Milliarden US-Dollar höher als Analysten erwartet hatten und wird allgemein als exzellent eingestuft. Ebenso stellte sich die im Rahmen der Pleite von Enron erworbene Windturbinenproduktion für 358 Millionen US-Dollar als großer Erfolg heraus, der GE 20017 einen Umsatz von 10,3 Milliarden US-Dollar einspielte. Siehe dazu Colvin, 2018.
7 Colvin, 2018.
8 Interview mit Jim Ezahays, GE, 9. Januar 2019.
9 Vgl. Joe Panettieri: GE Sell Servicemax to Silver Lake, Channele2e, 13. Dezember 2018, https://www.channele2e.com/investors/private-equity/ge-sells-servicemax-to-silver-lake/.
10 Vgl. Darrell Rigby/Barbara Bilodeau: Management Tools & Trends. London: Bain & Co, 2018.
11 Vgl. Carlos J. F. Cândido/Sérgio P. Santos: Strategy Implementation: What Is the Failure Rate?, in: Journal of Management & Organization 21, Ausgabe 2/2015, S. 237–262.
12 Vgl. Jens Bergmann: Beate Uhse – Es sind die Frauen, Dummkopf, in: Brand Eins, 2014, https://www.brandeins.de/magazine/brand-eins-wirtschaftsmagazin/2014/beobachten/es-sind-die-frauen-dummkopf.

13 Vgl. Horizont Online: Beate Uhse – Warum der Erotik-Pionier Insolvenzantrag stellt, Horizont, 15. Dezember 2017, https://www.horizont.net/marketing/nachrichten/Beate-Uhse-Warum-der-Erotik-Pionier-Insolvenzantrag-stellt-163502.
14 Vgl. Lawrence G. Hrebiniak: Obstacles to Effective Strategy Implementation, in: Organizational Dynamics 35, Ausgabe 1/2006, S. 12–31.
15 Ebd.
16 Vgl. Lawrence G. Hrebiniak: Making Strategy Work: Leading Effective Execution and Change, Upper Saddle River, NJ: FT Press, 2013.
17 Vgl. Anton Troianovski/Sven Grundberg: Nokia's Bad Call on Smartphones, in: Wall Street Journal, 18. Juli 2013, https://www.wsj.com/articles/SB10001424052702304388004577531002591315494.
18 Vgl. Timo O. Vuori/Quy N. Huy: Distributed Attention and Shared Emotions in the Innovation Process: How Nokia Lost the Smartphone Battle, in: Administrative Science Quarterly 61, Ausgabe 1/2016, S. 9–51.
19 Vgl. Thea O'Connor: Was Collective Fear the Reason for Nokia's Downfall?, IntheBlack, 1. März 2017, https://www.intheblack.com/articles/2017/03/01/nokia-outsmarted-collective-fear.
20 Mehr zu den Problemen von NCR finden Sie in Alva Taylor/Constance Helfat: Organizational Linkages for Surviving Technological Change: Complementary Assets, Middle Management, and Ambidexterity, in: Organization Science 20/2009, S. 718–739 und Richard Rosenbloom: Leadership, Capabilities, and Technological Change: The Transformation of NCR in the Electronic Era, in: Strategic Management Journal 21, Oktober 2000, S. 1083–1103.
21 Vgl. E. Mazareanu: Size of Global Consulting Market from 2011 to 2020, by Segment, Statista, 10. Dezemeber 2019, https://www.statista.com/statistics/624426/global-consulting-market-size-by-sector.
22 Vgl. Michael E. Porter/Nitin Nohria: How CEOs Manage Time, in: Harvard Business Review 96, Ausgabe 4/2018, S. 42–51.
23 Vgl. Paul DiMaggio/Walter W. Powell (1983): The Iron Cage Revisited: Collective Rationality and Institutional Isomorphism in Organizational Fields, in: American Sociological Review 48, Ausgabe 2/1983, S. 147–160.
24 Vgl. Brian Wansink: Mindless Eating: Why We Eat More Than We Think, New York: Bantam, 2006.
25 Vgl. Richard H. Thaler/Cass R. Sunstein: Nudge: Improving Decisions about Health, Wealth and Happiness, New Haven, CT: Yale University Press, 2008.
26 Ebd., S. 53.
27 Ebd., S. 54.
28 Vgl. Eva Boxenbaum/Stefan Jonsson: Isomorphism, Diffusion and Decoupling: Concept Evolution and Theoretical Challenges, in: The Sage Handbook of Organizational Institutionalism, 2. Ausgabe, herausgegeben von Royston Greenwood et al., Thousand Oaks, CA: Sage, 2017, S. 2, 79–104.
29 Ebd.
30 Vgl. DiMaggio/Powell, 1983.
31 Vgl. Ariel Shapiro: Bleeding DirecTV Subscribers, AT&T Throws Five Streaming Services at the Wall, Forbes, 25. April 2019, https://www.forbes.com/sites/arielshapiro/2019/04/25/bleeding-directv-subscribers-att-attempts-to-lure-streamers/?sh=2f73d7862a9b.
32 Vgl. Kira R. Fabrizio/L. G. Thomas: The Impact of Local Demand on Innovation in a Global Industry, in: Strategic Management Journal 33, Ausgabe 1/2012, S. 42–64.
33 Michael E. Porter: Was ist Strategie?, in: Harvard Business Manager, April 2008, S. 2–17.
34 Vgl. Kevin J. Boudreau/Karim R. Lakhani: Using the Crowd as an Innovation Partner, in: Harvard Business Review 91, Ausgabe 4/2013, S. 60–69.

35 Vgl. Gladwell, M.: David and Goliath: Underdogs, Misfits and the Art of Battling Giants, New York: Little, Brown; London, Penguin 2013.
36 Vgl. https://springfield.edu/where-basketball-was-invented-the-birthplace-of-basketball.
37 https://www.entrepreneur.com/article/235348
38 Ebd.
39 Vgl. Gladwell, M.: David and Goliath.
40 Ebd.
41 Vgl. Andy Murdock: How Basic Research on Jellyfish Led to an Unexpected Scientific Revolution, UC Newsroom, University of California, 13. November 2017, https://www.universityofcalifornia.edu/news/how-basic-research-jellyfish-led-unexpected-scientific-revolution.
42 Vgl. Larry Greenemeier: Breaking Down Barriers in Science with Help from a Jellyfish: A Q&A with Martin Chalfie, in: Scientific American, 18. Oktober 2008, https://www.scientificamerican.com/article/breaking-down-barriers-martin-chalfie.
43 Ebd.
44 Vgl. Murdock, 2017.
45 Vgl. Gary Klein: Seeing What Others Don't: The Remarkable Ways We Gain Insights, New York: PublicAffairs, 2013.
46 Ebd.
47 Weitere Einzelheiten zu dieser Geschichte finden Sie in Gillian Tett: The Silo Effect: The Peril of Expertise and the Promise of Breaking Down Barriers, New York: Simon and Schuster, 2015.
48 Vgl. Quy N. Huy: Five Reasons Most Companies Fail at Strategy Executiom, Forbes, 8. Juni 2016, https://www.forbes.com/sites/insead/2016/01/08/five-reasons-most-companies-fail-at-strategy-execution/#3beb95ad3348.
49 Vgl. https://www.epa.gov/enforcement/deepwater-horizon-bp-gulf-mexico-oil-spill.
50 Vgl. Augustino Fontevecchia: BP Fighting a Two Front War as Macondo Continues to Bite and Production Drops, Forbes, 5. Februar 2013, https://www.forbes.com/sites/afontevecchia/2013/02/05/bp-fighting-a-two-front-war-as-macondo-continues-to-bite-and-production-drops/#18ddd02d458c.
51 Vgl. Tett, 2015.
52 Vgl. Lars Bo Jeppesen/Karim R. Lakhani: Marginality and Problem-Solving Effectiveness in Broadcast Search, in: Organization Science 21, Ausgabe 5/2010, S. 1016–1033.
53 Mehr dazu auf der Website von Topcoder: https://www.topcoder.com/about-topcoder/customer-stories/nasa-iss-longeron.
54 Vgl. Sunil Gupta: Driving Digital Strategy: A Guide to Reimagining Your Business, Boston: Harvard Business Press, 2018.
55 Vgl. Gary Hamel: Strategy as Revolution, in: Harvard Business Review 7, Juli/August 1996, S. 70.
56 Eine detaillierte Analyse zu der Frage, warum Polaroid der Übergang ins digitale Zeitalter nicht gelungen ist, finden Sie in Mary Tripsas/Giovanni Gavetti: Capabilities, Cognition, and Inertia: Evidence from Digital Imaging, in: Strategic Management Journal 21, Ausgabe 10–11, 2000, S. 1147–1161.
57 Vgl. Irving L. Janis: Victims of Groupthink: A Psychological Study of Foreign-Policy Decisions and Fiascoes, Boston: Houghton Mifflin, 1972.
58 Vgl. Jack Eaton: Management Communication: The Threat of Groupthink, in: Corporate Communications: An International Journal 6, Ausgabe 4/2001, S. 183–192.
59 Ebd.
60 https://www.fastcompany.com/1699330/no-business-plan-survives-first-contact-with-a-customer-the-52-billion-dollar-mistake
61 Vgl. Blank, S./Dorf, B.: The Startup Owner's Manual: The Step-by-step Guide for Building a Great Company, BookBaby 2012.

62 Teile dieses Textabschnitts sind ursprünglich erschienen in Christian Stadler: Opening Up to Transform, in: The Transformation Playbook: Insights, Wisdom and Best Practices to Make Transformation Reality, Brightline Project Management Institute, November 2019.
63 Mehr zur Führungspersönlichkeit Edzard Reuter in dieser Zeit finden Sie in Christian Stadler: Enduring Success: What We Can Learn from the History of Outstanding Corporations, Stanford, CA: Stanford University Press, 2011; Wilfried Feldenkirchen: Vom Guten das Beste: Von Daimler und Benz zur Daimlerchrysler AG, Ausgabe 1, München: Herbig Verlag, 2003 sowie Edzard Reuter: Schein und Wirklichkeit: Erinnerungen, Berlin: Siedler Verlag, 1998., Willi Diez: Verlorene Größe – Neue Horizonte. Das Ende von Daimler?, München: Verlag Vahlen, 2022.
64 Vgl. Jon L. Pierce/Tatiana Kostova/Kurt T. Dirks: Toward a Theory of Psychological Ownership in Organizations, in: Academy of Management Review 26, Ausgabe 2/2001, S. 298–310.
65 Interview mit Christian Kluge, Mitglied des Vorstands bei Daimler, 12. Dezember 2006.
66 Vgl. Stadler, 2011.
67 Vgl. Clayton Christensen/Kurt Matzler/Stephan Friedrich von den Eichen: The Innovator's Dilemma: Warum etablierte Unternehmen den Wettbewerb um bahnbrechende Innovationen verlieren, München: Vahlen Verlag, 2011.
68 Geoffrey Smith: Can George Fisher Fix Kodak?, in: Business Week, 20. Oktober 1997.
69 Vgl. Greg Satell: A Look Back at Why Blockbuster Really Failed and Why It Didn't Have To, Forbes, 5. September 2014, https://www.forbes.com/sites/gregsatell/2014/09/05/a-look-back-at-why-blockbuster-really-failed-and-why-it-didnt-have-to/und Sunil Chopra/Murali J Veeraiyan: Movie Rental Business: Blockbuster, Netflix, and Redbox, in: Kellogg School of Management Cases 1, Ausgabe 1/Januar 2017, S. 1–21.
70 Vgl. Scott E. Page: The Difference: How the Power of Diversity Creates Better Groups, Firms, Schools, and Societies, Princeton, NJ: Princeton University Press, 2008.

## Kapitel 2

1 Vgl. Jesus Diaz: Everything You Always Wanted to Know about Lego, Gizmodo, 26. Juni 2008, https://gizmodo.com/everything-you-always-wanted-to-know-about-lego-5019797.
2 Jim Whitehurst: The Open Organization: Igniting Passion and Performance, Brighton, MA: Harvard Business Review Press, 2015.
3 Vgl. Juan Miguel Campanario: Using Citation Classics to Study the Incidence of Serendipity in Scientific Discovery, in: Scientometrics 37, Ausgabe 1/1996, S. 3–24.
4 Vgl. Steven Johnson: Where Good Ideas Come From: The Seven Patterns of Innovation, Penguin UK, 2011.
5 Ebd.
6 Vgl. Miguel Pina e Cunha/Stewart R. Clegg/Sandro Mendonça: On Serendipity and Organizing, in: European Management Journal 28, Ausgabe 5/2010, S. 319–330.
7 Vgl. Paul D. Kretkowski: The 15 Percent Solution, Wired, 23. Januar 1998, https://www.wired.com/1998/01/the-15-percent-solution/.
8 Interview mit Jackie Yeaney, Vice President Corporate Strategy and Marketing bei Ellucian/Red Hat, 11. September 2017.
9 Vgl. Adam Kleinbaum: Organizational Misfits and the Origins of Brokerage in Intrafirm Networks, in: Administrative Science Quarterly 57, Ausgabe 3/2012, S. 407–452.
10 Vgl. Paul Gompers/Silpa Kovvali: The Other Diversity Dividend, in: Harvard Business Review 96, Ausgabe 4/Juli–August 2018, S. 72–77.
11 Vgl. Vivian Hunt/Dennis Layton/Sara Prince: Why Diversity Matters, McKinsey Insights, Januar 2015, https://www.mckinsey.com/business-functions/organization/our-insights/why-diversity-matters.

12 Margaret Heffernan: A Bigger Prize: How We Can Do Better Than the Competition, Upper Saddle River, NJ: PublicAffairs, 2014.
13 Vgl. Herminia Ibarra/Morten T. Hansen: Are You a Collaborative Leader?, in: Harvard Business Review 89, Ausgabe 7–8/2011, S. 68–74 und Dick Brass: Microsoft's Creative Destruction, in: New York Times, 4. Februar 2010, https://www.nytimes.com/2010/02/04/opinion/04brass.html.
14 Vgl. Mary Tripsas/Giovanni Gavetti: Capabilities, Cognition, and Inertia: Evidence from Digital Imaging, in: Strategic Management Journal 21, Ausgabe 10–11/2000, S. 1147–1161.
15 Vgl. Joseph Bradley et al.: Digital Vortex: How Digital Disruption Is Redefining Industries, Global Center for Digital Business Transformation, June 2015, https://www.cisco.com/c/dam/en/us/solutions/collateral/industry-solutions/digital-vortex-report.pdf.
16 Ebd.
17 Harry McCracken: Satya Nadella Rewrites Microsoft's Code, Fast Company, 18. September 2017, https://www.fastcompany.com/40457458/satya-nadella-rewrites-microsofts-code.
18 Vgl. Herminia Ibarra/Aneeta Rattan: Microsoft: Instilling a Growth Mindset, in: London Business School Review 29, Ausgabe 3/2018, S. 50–53.
19 Carol Dweck: Mindset: Changing the Way You Think to Fulfil Your Potential, aktualisierte Auflage, London: Hachette UK, 2017.
20 Vgl. Heather Landy : All the Books Microsoft CEO Satya Nadella Talked About at Davos, Quartz at Work (Blog), Quartz, 24. Januar 2020, https://qz.com/work/1790800/books-microsoft-ceo-satya-nadella-talked-about-at-davos.
21 Vgl. Herminia Ibarra/Anne Scoular: Führen wie ein Coach, in: Harvard Business manager, Spezial 2022, S. 44–54.
22 Vgl. Simone Stolzhoff: How Do You Turn Around the Culture of a 130,000-Person Company? Ask Satya Nadella, Quartz, 1. Februar 2019, https://qz.com/work/1539071/how-microsoft-ceo-satya-nadella-rebuilt-the-company-culture.
23 Vgl. Rasmus Hougaard/Jacqueline Carter/Kathleen Hogan: How Microsoft Builds a Sense of Community among 144,000 Employees, in: Harvard Business Review, Online-Artikel, 28. August 2019, https://hbr.org/2019/08/how-microsoft-builds-a-sense-of-community-among-144000-employees.
24 Ebd.
25 Microsoft: Satya Nadella Email to Employees on First Day as CEO, News, 4. Februar 2014, https://News.Microsoft.Com/2014/02/04/Satya-Nadella -Email-to-Employees-on-First-Day-as-Ceo.
26 Vgl. Hermann Simon: Hidden Champions des 21. Jahrhunderts. Die Erfolgsstrategien unbekannter Weltmarktführer, Frankfurt a. M.: Campus, 2007 und Hermann Kronseder: Mein Leben, Regensburg: Verlag Mittelbayerische Zeitung, 1993.
27 Vgl. Chris Zook/James Allen: The Founder's Mentality: How to Overcome the Predictable Crises of Growth, Brighton, MA: Harvard Business Review Press, 2016.
28 Vgl. Johnson, 2011.
29 Vgl. Karl Sigmund: Exact Thinking in Demented Times: The Vienna Circle and the Epic Quest for the Foundations of Science, New York: Basic Books, 2017. Mehr über das kulturelle Ambieten der Freudschen Salons finden Sie in der Rezension zu *Exact Thinking in Demented Times* im *Economist* vom 13. Januar 2018 unter: https://www.economist.com/books-and-arts/2018/01/13/the-scientific-debates-of-the-vienna-circle.
30 Vgl. Katherine W. Phillips/Robert B. Lount Jr./Oliver Sheldon/Floor Rink: The Biases That Punish Racially Diverse Teams, in: Harvard Business Review, Online-Artikel, 22. Februar 2016, https://hbr.org/2016/02/the-biases-that-punish-racially-diverse-teams.
31 Vgl. Gompers/Kovvali, 2018.

32 Vgl. Erik Samdahl: Top Employers Are 5.5x More Likely to Reward Collaboration, i4cp.com, 22. Juni 2017, https://www.i4cp.com/productivity-blog/top-employers-are-5-5x-more-likely-to-reward-collaboration.

33 Vgl. Richard Whittington/Basak Yakis-Douglas/Kwangwon Ahn: Wall Street Rewards CEOs Who Talk about Their Strategies, in Harvard Business Review, Online-Artikel, 28. Dezember 2015, https://hbr.org/2015/12/wall-street-rewards-ceos-who-talk-about-their-strategies.

34 Wenn Sie mehr über die Fünf-Stunden-Regel erfahren möchten, nach der man sich fünf Stunden pro Woche Zeit nehmen soll, um etwas Neues zu lesen oder zu lernen, empfehlen wir Ihnen Michael Simmons: Why Constant Learners All Embrace the 5-Hour Rule, Accelerated Intelligence, 20. Juni 2016, https://medium.com/accelerated-intelligence/why-constant-learners-all-embrace-the-5-hour-rule-8836f554da1#.99stfzkbb.

35 Vgl. Michael Simmons: Bill Gates, Warren Buffett, and Oprah All Use the 5-Hour Rule. Here's How This Powerful Habit Works, in: Business Insider, 25. Februar 2020, https://www.businessinsider.com/bill-gates-warren-buffet-and-oprah-all-use-the-5-hour-rule-2017-7?r=US &IR=T.

## Kapitel 3

1 Interview mit Sylvie Löffler, Saxonia Systems, 5. Oktober 2018.

2 Zitat entnommen aus Marius K. Luedicke/Katharina C. Husemann/Santi Furnari/Florian Ladstaetter: Radically Open Strategizing: How the Premium Cola Collective Takes Open Strategy to the Extreme, in: Long Range Planning 50, Ausgabe 3/2017, S. 371–384.

3 2012 verkaufte das Unternehmen 1 Million Premium Colas. Zum Vergleich: Coca-Cola verkauft 1,9 Milliarden Coke-Getränke pro Tag. Weitere Informationen zu Premium Cola finden Sie unter: www.premium-cola.de und https://www.coca-cola.co.uk/our-business/faqs/how-many-cans-of-coca-cola-are-sold-worldwide-in-a-day.

4 https://www.business.uzh.ch/dam/jcr:6f131156-542f-4de9-9b0b-df28d73ff8b5/Open%20Strategy%20at%20AXA%20UKI_A%20new%20approach%20to%20strategy%20making.pdf

5 Vgl. Gary Hamel: Strategy as Revolution, in: Harvard Business Review 7, July/August 1996, S. 69–82.

6 Vgl. Julia Hautz/David Seidl/Richard Whittington: Open Strategy: Dimensions, Dilemmas, Dynamics, in: Long Range Planning 50, Ausgabe 3/2017, S. 298–309.

7 Vgl. ars Bo Jeppesen/Karim R. Lakhani: Marginality and Problem-Solving Effectiveness in Broadcast Search, in: Organization Science 21, Ausgabe 5/2010, S. 1016–1033; Richard W. Woodman/John E. Sawyer/Ricky W. Griffin: Toward a Theory of Organizational Creativity, in: Academy of Management Review 18, Ausgabe 2/1993, S. 293–321; Jill E. Perry-Smith/Christina E. Shalley: The Social Side of Creativity: A Static and Dynamic Social Network Perspective, in: Academy of Management Review 28, Ausgabe 1/2003, S. 89–106.

8 Interview mit Heraldo Sales-Cavalcante, Ericsson, 23. September 2018.

9 Interview mit Klaus Bachstein, CEO, Gallus, 11. August 2017.

10 Vgl. Hautz/Seidl/Whittington, 2017.

11 Vgl. Julia Hautz: Opening Up the Strategy Process—a Network Perspective, in: Management Decision 55, Ausgabe 9/2017, S. 1956–1983.

12 Vgl. Teppo Felin/Todd R. Zenger: Closed or Open Innovation? Problem Solving and the Governance Choice, in: Research Policy 43, Ausgabe 5/Juni 2014, S. 914–925.

13 Ebd.

14 Vgl. Stefan Haefliger/S. Monteiro/G. V. Krogh: Social Software and Strategy, in: Long Range Planning 44, Ausgabe 5/6, 2011), S. 297–316.

15 Vgl. Daniel Stieger/Kurt Matzler/Sayan Chatterjee/Florian Ladstätter-Fussenegger: Democratizing Strategy: How Crowdsourcing Can Be Used for Strategy Dialogues, in: California Management Review 54, Ausgabe 4/Sommer 2012, S. 44–68.
16 Vgl. Julia Hautz/Kurt Matzler/Jonas Sutter et al.: Practices of Inclusion in Open Strategy, in: Cambridge Handbook of Open Strategy, herausgegegebn von David Seidl/Richard Whittington/Georg Von Krogh, Cambridge: Cambridge University Press, 2019, S. 87–105.
17 Mehr dazu in Gloria Lombardi: Unilever Leaders Chat Strategy with Employees, The Future of Earth, 7. März 2014, https://futureofearth.online/unilever-leaders-chat-strategy-with-employees und Christian Stadler/Julia Hautz/Stephan Friedrich von den Eichen: Open Strategy: The Inclusion of Crowds in Making Strategies, in: NIM Marketing Intelligence Review 12, Ausgabe 1/2020, S. 36–41.
18 Lombardi, 2014.
19 Ebd.
20 Ebd.
21 Vgl. Markus Reitzig/Olav Sorenson: Biases in the Selection Stage of Bottom-up Strategy Formulation, in: Strategic Management Journal 34, Ausgabe 7/2013), S. 782–99; Markus Reitzig: Is Your Company Choosing the Best Innovation Ideas?, in: MIT Sloan Management Review 52, Ausgabe 4/Sommer 2011, S. 47–52.
22 Vgl. Christian Stadler: Enduring Success: What We Can Learn from the History of Outstanding Corporations, Stanford, CA: Stanford University Press, 2011.
23 Interview mit Sylvie Löffler, Saxonia Systems, 5. Oktober 2018.

## Kapitel 4

1 https://www.topcoder.com/challenges/30041395/?type=develop &tab=details.
2 Interview mit Peter van Voris, April 2020.
3 Das erzählte uns Ryon Stewart, Koordinator des Wettbewerbs am NASA Center of Excellence for Collaborative Innovation, während eines Interviews am 8. November 2019.
4 Sun Tzu/Wu Tzu: Die Kunst des Krieges, Norderstedt: BoD – Books on Demand, 2019.
5 Vgl. Joel Brenner: The Chocolate Wars: Inside the Secret Worlds of Mars and Hershey, New York: HarperCollins Business, 2000.
6 Vgl. Oliver Staley: To Fill 70,000 Jobs, Chocolate Giant Mars Will Have to Overcome Its Deeply Secretive Past, Quartz, 14. August 2017, https://qz.com/1047136/mars-recruiting.
7 Das Zitat stammt aus Christoph Keese: Silicon Valley: Was aus dem mächtigsten Tal der Welt auf uns zukommt, München: Verlagsgruppe Random House, 2016.
8 Ebd.
9 Ebd.
10 Vgl. Richard Whittington: Opening Strategy: Professional Strategists and Practice Change, 1960 to Today, Oxford: Oxford University Press, 2019.
11 Vgl. Don Tapscott/Anthony D. Williams: Radical Openness: Four Unexpected Principles for Success, TED Books, 2013.
12 Vgl. NASA: Citizen Scientists Find New World with NASA Telescope, 7. Januar 2019, https://www.jpl.nasa.gov/news/news.php?feature=7313.
13 Ray Dalio: Die Prinzipien des Erfolgs, München: FinanzBuch Verlag, 2019, S. 381.
14 Vgl. Dalio, S. 373 f.
15 Vgl. Duncan Neil Angwin: Mergers and Acquisitions, Chichester: Wiley-Blackwell, 2007.
16 Vgl. Ian Harwood: Confidentiality Constraints within Mergers and Acquisitions: Gaining Insights through a Bubble Metaphor, in: British Journal of Management 17, Ausgabe 4/2006, S. 347–359.

17 Vgl. Tapscott/Williams: Radical Openness.
18 Vgl. Basak Yakis-Douglas/Duncan Angwin/Kwangwon Ahn/Maureen Meadows: Opening M&A Strategy to Investors: Predictors and Outcomes of Transparency During Organisational Transition, in: Long Range Planning 50, Ausgabe 3/2017, S. 411–422.
19 Siehe hierzu verschiedene Medienberichte wie Neal Ungerleider: Wannabe SEALs Help U.S. Navy Hunt Pirates In Massively Multiplayer Game, Fast Company, 10. Mai 2011, https://www.fastcompany.com/1752574/wannabe-seals-help-us-navy-hunt-pirates-massively-multiplayer-game oder Spencer Ackerman: Navy Crowdsources Pirate Fight to Online Gamers, Wired, 11. Mai 2011, https://www.wired.com/2011/05/navy-crowdsources-pirate-fight-to-online-gamers/).
20 Vgl. Ackerman: Navy Crowdsources Pirate Fight to Online Gamers.
21 Vgl. Analytic Services, Inc.: Massive Multiplayer Online Wargame Leveraging the Internet, https://web.archive.org/web/20140221213723/https://www.anser.org/mmowgli. Weitere Informationen zum Portal selbst finden Sie unter https://web.archive.org/web/20140222220000/http://portal.mmowgli.nps.edu/game-wiki/-/wiki/PlayerResources/About+MMOWGLI.
22 Weitere Informationen dazu finden Sie in Kathryn Aten/Gail Fann Thomas: Crowdsourcing Strategizing: Communication Technology Affordances and the Communicative Constitution of Organizational Strategy, in: International Journal of Business Communication 53, Ausgabe 2/2016, S. 148–180.
23 Interview mit Dale Moore, US Navy, 16. November 2018.
24 Vgl. Aten/Thomas: Crowdsourcing Strategizing.
25 Interview mit Dale Moore, US Navy, 16. November 2018.
26 Interview mit Mark Darrah, US Navy, 13. Dezember 2018.
27 Vgl. Daniel Stieger/Kurt Matzler/Sayan Chatterjee/Florian Ladstätter-Fussenegger: Democratizing Strategy: How Crowdsourcing Can Be Used for Strategy Dialogues, in: California Management Review 54, Ausgabe 4/Sommer 2012, S. 44–68; Julia Hautz: Opening Up the Strategy Process—a Network Perspective, in: Management Decision 55, Ausgabe 9/2017, S. 1956–1983.
28 Vgl. Elizabeth E. Richard/Jeffrey R. Davis: NASA Human Health and Performance Center: Open Innovation Successes and Collaborative Projects, in: Acta Astronautica 104, Ausgabe 1/2014, S. 383–387.
29 Vgl. Kurt Matzler/Ryon Stewart: Crowdsourcing at NASA: About the Work behind Having Others Do the Work: An Interview with Ryon Stewart, Challenge Coordinator at NASA's Center of Excellence for Collaborative Innovation (CoECI), in: Marketing Intelligence Review 12, Ausgabe 1/2020, S. 48–54.
30 Weitere Informationen dazu finden Sie auf der CoECI-Webseite der NASA unter https://www.nasa.gov/coeci/nasa-at-work.
31 Matzler/Stewart: Crowdsourcing at NASA.
32 Interview mit Stewart, 8. November 2019.
33 Ebd.
34 Ebd.

## Kapitel 5

1 Vgl. Brandon Huebner: The Scilly Naval Disaster—22 October 1707 (O.S.), On This Day (Blog), Maritime History Podcast, 22. Oktober 2014, http://maritimehistorypodcast.com/scilly-naval-disaster-22-october-1707-o-s.
2 Vgl. William E. Carter/Merri Sue Carter: The British Longitude Act Reconsidered, in: American Scientist 100, Ausgabe 2/2012, S. 102–106.
3 Siehe die Website des Royal Museum Greenwich unter https://www.rmg.co.uk/discover/behind-the-scenes/blog/why-longitude-mattered.

4 Dava Sobel: Längengrad: Die wahre Geschichte eines einsamen Genies, welches das größte wissenschaftliche Problem seiner Zeit löste, Berlin: Berlin Verlag, 1996.
5 Vgl. William J. H. Andrewes: Even Newton Could Be Wrong: The Story of Harrison's First Three Sea Clocks, in: The Quest for Longitude: The Proceedings of the Longitude Symposium Harvard University, Cambridge, Massachusetts, 4.–6. November 1993, herausgegeben von William J. H. Andrews, Cambridge, MA: Harvard University Press, 1996, S. 190–234.
6 Vgl. Anthony G. Randall: The Timekeeper That Won the Longitude Prize, in: William J. H. Andrewes (Hrsg.): The Quest for Longitude, Collection of Scientific Instruments, Harvard University, 1996, S. 236–254.
7 Weitere Informationen hierzu finden Sie auf der Website des Royal Museum of Greenwich unter: https://www.rmg.co.uk/discover/explore/longitude-found-john-harrison.
8 Vgl. A. N. Thomas Varzeliotis: Time under Sail: The Very Human Story of the Marine Chronometer, Victoria, B.C.: Alcyone Books, 1998.
9 Weitere Informationen hierzu finden Sie auf der Website des Royal Museum of Greenwich unter: https://www.rmg.co.uk/discover/explore/longitude-found-john-harrison.
10 Vgl. Charles Waltner: I-Prize Contest Proving a Winning Approach to Discovering Billion-Dollar Business Ideas, Cisco Systems, 14 Juli 2008, https://newsroom.cisco.com/feature-content?type=webcontent &articleId=4429590.
11 Zitiert nach Ben Paynter: The Power of Competition in Creativity: Cisco's ‚Big' Jolt for Startups, Fast Company, 4. Mai 2013, https://www.fastcompany.com/3002680/power-competition-creativity-ciscos-big-jolt-startups.
12 Vgl. Guido Jouret: Wie Cisco die Weisheit der Vielen nutzt, in: Harvard Business Manager, Ausgabe 11/2009, S. 25.
13 Guido Jouret, Chief Technology Officer bei Cisco, über das Projekt I-Prize in Charles Waltner: Cisco I-Prize Successfully Taps Ideas from People Outside of Silicon Valley's Mainstream, Cisco, The Network, Cisco's Technology News Site, 14. Juli 2018, https://newsroom.cisco.com/feature-content?type=webcontent&articleId=4429680.
14 Vgl. Jouret: Wie Cisco die Weisheit der Vielen nutzt.
15 Ebd.
16 Das Zitat stammt aus dem Artikel *Cisco Announces Winner of Global I-Prize Innovation Competition*, Cisco Systems, 30. Juni 2010, https://newsroom.cisco.com/press-release-content?type=webcontent &articleId=5593364.
17 Vgl. Kurt Matzler: Crowd Innovation: The Philosopher's Stone, a Silver Bullet, or Pandora's Box?, in: NIM Marketing Intelligence Review 12, Ausgabe 1/2020, S. 10–17.
18 Mehr dazu unter https://www.innocentive.com.
19 Mehr dazu unter https://www.kaggle.com.
20 Vgl. Allan Afuah/Christopher L. Tucci: Crowdsourcing as a Solution to Distant Search, in: Academy of Management Review 37, Ausgabe 3/2012, S. 355–375.
21 Vgl. Alan MacCormack/Fiona Murray/Erika Wagner: Spurring Innovation through Competitions, in: MIT Sloan Management Review 55, Ausgabe 1/2013, S. 25–32.
22 Lars Bo Jeppesen/Karim R. Lakhani: Marginality and Problem-Solving Effectiveness in Broadcast Search, in: Organization Science 21, Ausgabe 5/2010, S. 1016.
23 Vgl. Kevin J. Boudreau/Nicola Lacetera/Karim R. Lakhani: Incentives and Problem Uncertainty in Innovation Contests: An Empirical Analysis, in: Management Science 57, Ausgabe 5/2011, S. 843–863.
24 Gary Hamel/Michele Zanini: Humanocracy: Creating Organizations as Amazing as the People inside Them, Brighton, MA: Harvard Business Review Press, 2020, S. 189–190.
25 Vgl. Teppo Felin/Karim R. Lakhani/Michael L. Tushman: Firms, Crowds, and Innovation, in: Strategic Organization 15, Ausgabe 2/2017, S. 119–140; Andrew King/Karim R. Lakhani: Using Open Innovation to Identify the Best Ideas, in MIT Sloan Management Review 55, Ausgabe 1/2013, S. 41–48.
26 MacCormack/Murray/Wagner: Spurring Innovation through Competitions, S. 27.

27 Vgl. Kevin J. Boudreau/Karim R. Lakhani: Using the Crowd as an Innovation Partner, in: Harvard Business Review 91, Ausgabe 4/2013, S. 60–69.
28 Vgl. Kevin Boudreau/Karim Lakhani: How to Manage Outside Innovation, in: MIT Sloan Management Review 50, Ausgabe 4/2009) S. 69–76.
29 Vgl. u. a. MacCormack/Murray/Wagner: Spurring Innovation through Competitions.
30 Vgl. A. Majchrzak/A. Malhotra: Towards an Information Systems Perspective and Research Agenda on Crowdsourcing for Innovation, in: Journal of Strategic Information Systems 22, Ausgabe 4/2013), S. 257–268 und die darin zitierte Literatur.
31 Vgl. Karl Duncker/Lynne S. Lees: On Problem-Solving, in: Psychological Monographs 58, Ausgabe 5/1945, S. i–113.
32 Ebd.
33 Vgl. MacCormack/Murray/Wagner: Spurring Innovation through Competitions.
34 Cisco Systems: Cisco Announces the Cisco I-Prize to Identify New Business Ideas, Pressemitteilung vom 31. Oktober 2007, https://newsroom.cisco.com/press-release-content?type=webcontent &articleId=4030414.
35 Vgl. Don Tapscott/Anthony D. Williams, Wikinomics: How Mass Collaboration Changes Everything, New York: Penguin, 2008.
36 Linda Tischler: He Struck Gold on the Net (Really), Fast Company, 31. Mai 2002, https://www.fastcompany.com/44917/he-struck-gold-net-really.
37 Vgl. Paynter: The Power of Competition in Creativity.
38 Vgl. Katja Hutter/Julia Hautz/Johann Füller et al.: Communitition: The Tension between Competition and Collaboration in Community-Based Design Contests, in: Creativity & Innovation Management 20, Ausgabe 1/2011, S. 3–21.
39 Vgl. Jouret: Wie Cisco die Weisheit der Vielen nutzt.
40 Vgl. Anne Lange/Doug Handler/James Vila: Next-Generation Clusters Creating Innovation Hubs to Boost Economic Growth, Cisco Internet Business Solutions Group, 2010, http://www.clustermapping.us/resource/next-generation-clusters-creating-innovation-hubs-boost-economic-growth.
41 Vgl. Lange/Handler/Vila.
42 Vgl. Jouret: Wie Cisco die Weisheit der Vielen nutzt.
43 Vgl. MacCormack/Murray/Wagner: Spurring Innovation through Competitions.
44 Vgl. Jouret: Wie Cisco die Weisheit der Vielen nutzt.
45 Ebd.
46 Toastiemaker: Wakes Up Every Hour Every Fucking Night, Thread am 1. April 2020 gestartet, https://www.mumsnet.com/Talk/sleep/3867735-Wakes-up-Every-hour-every-fucking-night.
47 Siehe die Website unter: https://www.mumsnet.com/info/about-us.
48 Vgl. Mikal E. Belicove: 8 Do's and Don'ts for Marketing on Online Forums and Message Boards, 28. Juni 2012, https://www.entrepreneur.com/article/223900.
49 Vgl. Jenny Preece, Blair Nonnecke, and Dorine Andrews: The Top Five Reasons for Lurking: Improving Community Experiences for Everyone, in: Computers in Human Behavior 20, Ausgabe 2/2004, S. 201–223.
50 Vgl. Kent D. Miller/Frances Fabian/Shu-Jou Lin: Strategies for Online Communities, in: Strategic Management Journal 30, Ausgabe 3/2009, S. 305–322; Constance Elise Porter et al.: How to Foster and Sustain Engagement in Virtual Communities, in: California Management Review 53, Ausgabe 4/2011, S. 80–110; Florian Hauser et al.: Firestorms: Modeling Conflict Diffusion and Management Strategies in Online Communities, in: Journal of Strategic Information Systems 26, Ausgabe 4/2017, S. 285–321.
51 Vgl. Molly McLure Wasko/Samer Faraj: Why Should I Share? Examining Social Capital and Knowledge Contribution in Electronic Networks of Practice, in: MIS Quarterly 29, Ausgabe 1/2005, S. 35–57; Jenny Preece: Supporting Commmunity and Building Social Capital, in: Communications of the ACM 45, Ausgabe 4/2002, S. 36–40.

52 Vgl. Katja Hutter/Bright Adu Nketia/Johann Füller: Falling Short with Participation: Different Effects of Ideation, Commenting, and Evaluating Behavior on Open Strategizing, in: Long Range Planning 50, Ausgabe 3/2017, S. 355–370.
53 Vgl. Stieger et al.: Democratizing Strategy.
54 Boudreau/Lakhani: Using the Crowd as an Innovation Partner.
55 Vgl. Boudreau/Lakhani: How to Manage Outside Innovation.
56 Stieger et al.: Democratizing Strategy; Josh Bernoff/Charlene Li: Harnessing the Power of the Oh-So-Social Web, in: MIT Sloan Management Review 49, Ausgabe 3/2008, S. 36–42.
57 Gary Hamel: The Future of Management, Boston: Harvard Business School Publishing, 2007.
58 Vgl. Ericsson: Ericsson Reports Fourth Quarter and Full Year Results 2017, Pressemitteilungen, 31. Januar 2018, https://www.ericsson.com/en/press-releases/2018/1/ericsson-reports-fourth-quarter-and-full-year-results-2017.
59 Interview mit Heraldo Sales-Cavalcante, Ericsson, 23. September 2018.
60 Vgl. Rob Marvin: Ericsson Is Building AI Networks for Our 5G Future, PCMag UK, 26. Februar 2018, https://uk.pcmag.com/news-analysis/93530/ericsson-is-building-ai-networks-for-our-5g-future.
61 Vgl. „Ericsson to Buy CENX for Boosting Network Automation Ability, Zacks, 5. September 2018, https://www.nasdaq.com/article/ericsson-to-buy-cenx-for-boosting-network-automation-ability-cm1017894.
62 Interview mit Heraldo Sales-Cavalcante, Ericsson, 23. September 2018.
63 Reto Hofstetter/Suleiman Aryobsei/Andreas Herrmann: Should You Really Produce What Consumers Like Online? Empirical Evidence for Reciprocal Voting in Open Innovation Contests, in: Journal of Product Innovation Management 35, Ausgabe 2/2017, S. 209–229.
64 Vgl. Matzler: Crowd Innovation.
65 Vgl. Marion Poetz/Martin Schreier: The Value of Crowdsourcing: Can Users Really Compete with Professionals in Generating New Product Ideas?, in: Journal of Product Innovation Management 29, Ausgabe 2/2012, S. 245–256.
66 Vgl. Hofstetter/Aryobsei/Herrmann: Should You Really Produce What Consumers Like Online?
67 Mehr zu den Dialogue Days finden Sie in Stieger et al.: Democratizing Strategy.
68 Vgl. Stieger et al.: Democratizing Strategy, S. 55.
69 Ebd.
70 Haefliger/Monteiro/Krogh: Social Software and Strategy.
71 Vgl. Hutter/Hautz/Füller: Communitition.
72 Vgl. Johann Füller/Katja Hutter/Julia Hautz/Kurt Matzler: User Roles and Contributions in Innovation-Contest Communities, in: Journal of Management Information Systems 31, Ausgabe 1/2014, S. 273–308.
73 Vgl. Hutter/Nketia/Füller: Falling Short with Participation.

## Kapitel 6

1 Vgl. Karl E. Weick: Sensemaking in Organizations, Thousand Oaks, CA: Sage, 1995.
2 Ebd.
3 Herbert Alexander Simon: The Shape of Automation for Men and Management, New York: Harper and Row, 1965.
4 Brad Darrach: Meet Shaky: The First Electronic Person, in: Life Magazine 69, Ausgabe 21/1970, S. 58B–68B.
5 Nick Bostrom: Superintellignez: Szenarien einer kommenden Revolution, Berlin: Suhrkamp Verlag, 2016.
6 Ebd.

7 *Thomas Edison's Predictions: Spot On*, CBS News, 28. Januar 2011, https://www.cbsnews.com/news/thomas-edisons-predictions-spot-on/.
8 *Microsoft's Ballmer Not Impressed with Apple Iphone*, CNBC, 17. Januar 2010, https://www.cnbc.com/id/16671712.
9 Adam Shaw: Why Economic Forecasting Has Always Been a Flawed Science, The Guardian, 2. September 2017, https://www.theguardian.com/money/2017/sep/02/economic-forecasting-flawed-science-data. Zum Thema ungenaue Wirtschaftsprognosen siehe auch: Masayuki Morikawa: The Accuracy of Long-term Growth Forecasts by Economics Researchers, VOX EU, 10. Februar 2020, https://voxeu.org/article/accuracy-long-term-growth-forecasts-economics-researchers.
10 Vgl. Philip E. Tetlock: Expert Political Judgment: How Good Is It? How Can We Know?, neu bearbeitete Auflage, Princeton, NJ: Princeton University Press, 2017.
11 Louis Menand: Everybody's an Expert, in: New Yorker, 5. Dezember 2005, S. 98–101.
12 Vgl. Bent Flyvbjerg: Over Budget, Over Time, Over and Over Again: Managing Major Projects, in: The Oxford Handbook of Project Management, herausgegeben von Peter W. G. Morris/Jeffrey K. Pinto/J. Söderlund, Oxford: Oxford University Press, 2011, S. 321–344.
13 Vgl. Emily Schultheis: Whatever Happened to Berlin's Deserted ‚Ghost' Airport?, BBC Worklife, 5. November 2018, https://www.bbc.com/worklife/article/20181030-what-happened-to-berlins-ghost-airport.
14 Vgl. Bent Flyvbjerg/Massimo Garbuio/Dan Lovallo: Delusion and Deception in Large Infrastructure Projects: Two Models for Explaining and Preventing Executive Disaster, in: California Management Review 51, Ausgabe 2/2009), S. 170–194.
15 Flyvbjerg/Garbuio/Lovallo, S. 172.
16 Vgl. Daniel Kahneman: Thinking, Fast and Slow, London: Penguin, 2012.
17 George S. Day/Paul J. H. Schoemaker: Peripheral Vision: Detecting the Weak Signals That Will Make or Break Your Company, Brighton, MA: Harvard Business Review Press, 2006.
18 Zitiert nach Kahneman: Thinking, Fast and Slow.
19 Flyvbjerg: Over Budget, Over Time, Over and Over Again.
20 Vgl. Rita McGrath: Seeing around Corners: How to Spot Inflection Points in Business before They Happen, New York: Houghton Mifflin, 2019.
21 Vgl. Paul J. H. Schoemaker/George S. Day: How to Make Sense of Weak Signals, in: MIT Sloan Management Review 50, Ausgabe 3/2009, S. 89–98.
22 Vgl. Schoemaker, P. J./Day, G. S.: How to Make Sense of Weak Signals, in: MIT Sloan Management Review, Ausgabe 50/3, 2009, S. 89–98.
23 Ebd.
24 Ebd.
25 Ingvar, D. H.: Memory of the Future: An essay on the Temporal Organization of Conscious Awareness, in: Human Neurobiology, Ausgabe 4/3, 1985, S. 127–136.
26 Vgl. Vecchiato, R.: Creating Value through Foresight: First Mover Advantages and Strategic Agility, in: Technological Forecasting and Social Change, Ausgabe 101, 2015, S. 25–36.
27 De Geus, A.: The Living Company, Harvard Business Press 2002, S. 29.
28 De Geus, S. 36.
29 Vgl. Schwarz, J. O.: The Symbolism of Foresight Processes in Organizations, in: L. A. Costanzo/R. B. MacKay (Hrsg.): Handbook of Research on Strategy and Foresight, Edward Elgar: Cheltenham 2009, S. 82–89.

30 Philip E. Tetlock/Dan Gardner: Superforecasting: Die Kunst der richtigen Prognose, Frankfurt: FISCHER E-Books, 2016.
31 Philip E. Tetlock: Why an Open Mind Is Key to Making Better Predictions (Video), Wharton School, University of Pennsylvania, 2. Oktober 2015, https://knowledge.wharton.upenn.edu/article/why-an-open-mind-is-key-to-making-better-predictions.

32 Vgl. Tetlock/Gardner: Superforecasting.
33 Vgl. Paul J. H. Schoemaker/Philip E. Tetlock: Superforecasting: How to Upgrade Your Company's Judgment, in: Harvard Business Review 94, 2016, S. 72–78.
34 Barbara Mellers/Eric Stone/Terry Murray et al.: Identifying and Cultivating Superforecasters as a Method of Improving Probabilistic Predictions, in: Perspectives on Psychological Science 10, Ausgabe 3/2015), S. 267–281.
35 Vgl. Tetlock/Gardner: Superforecasting.
36 Vgl. Michael P. Grady: Qualitative and Action Research: A Practitioner Handbook, Bloomington, IN: Phi Delta Kappa International, 1998.
37 Vgl. Tetlock/Gardner: Superforecasting.
38 Vgl. David Lieberman: CEO Forum: Microsoft's Ballmer Having a ‚Great Time', US Today 30, 29. April 2007, https://usatoday30.usatoday.com/money/companies/management/2007-04-29-ballmer-ceo-forum-usat_N.htm.
39 Vgl. Paul Miller: Apple Sold 270,000 Iphones in the First 30 Hours," engadget, 25. Juli 2007, https://www.engadget.com/2007-07-25-apple-sold-270-000-iphones-in-the-first-30-hours.html.
40 Vgl. Fogland Geschäftsbericht 2019. (Da wir den Namen des Unternehmens geändert haben, stellen wir hier keinen Link zum Geschäftsbericht zur Verfügung.)
41 Interview mit einer Führungskraft bei Fogland.
42 Ebd.

## Kapitel 7

1 Gisbert Rühl beim Peter Drucker Forum 2016 in Wien.
2 Christoph Keese: Silicon Valley: Was aus dem mächtigsten Tal der Welt auf uns zukommt, München: Verlagsgruppe Random House, 2016.
3 Shay Hershkovitz: Wargame Business, in: Naval War College Review 72, Ausgabe 2/2019, S. 67–82.
4 Mehr über die Strategie des Unternehmens erfahren Sie auf der Webseite https://www.kloeckner.com/en/group/strategy.html.
5 Vgl. Kurt Matzler/Franz Beilom/Stephan Friedrich von den Eichen/Markus Anschober: Digital Disruption: Wie Sie Ihr Unternehmen auf das digitale Zeitalter vorbereiten. München: Franz Vahlen Verlag, 2016.
6 Vgl. Augier, M./Dew, N./Knudsen, T./Stieglitz, N.: Organizational Persistence in the Use of War Gaming and Scenario Planning, in: Long Range Planning, Ausgabe 51/4, 2018, S. 511–525.
7 Vgl. Perla, P. P.: The Art of Wargaming: A Guide for Professionals and Hobbyists, Naval Institute Press 1990.
8 Vgl. Augier et al.
9 Hanley Jr, J. T.: Planning for the Kamikazes: Toward a Theory and Practice of Repeated Operational Games, in: Naval War College Review, Ausgabe 70/2, 2017, S. 29–48.
10 Vgl. Hershkovitz, S.: Wargame Business, in: Naval War College Review, Ausgabe 72/2, 2019, S. 67–82.
11 Vgl. Cares, J./Miskel, J.: Spielerisch den Markt analysieren, in: Harvard Business Manager, Ausgabe 3/2007.
12 Vgl. Schwarz, J. O.: Ex-Ante Strategy Evaluation: The Case for Business Wargaming, in: Business Strategy Series, Ausgabe 12/3, 2011, S. 122–135.
13 Aus einem Interview mit Hans-Peter Cohn, Vorstandsvorsitzender von Leica, erschienen unter dem Titel „Nur ein Intermezzo" in Der Spiegel, 20. September 2004, https://www.spiegel.de/spiegel/print/d-32205196.html.
14 Ebd.
15 Ebd.

16 Olaf Storbeck: Geniale Ingenieure, Miese Manager, in: Handelsblatt, 28. März 2008, https://www.handelsblatt.com/unternehmen/industrie/teures-spielzeug-fuer-puristen-geniale-ingenieure-miese-manager-seite-3/2939400-3.html.

17 Norbert Rief: Andreas Kaufmann: Ein „Edelknipser" als Leica-Retter, in: Die Presse, 17. Juli 2010, https://www.diepresse.com/581895/andreas-kaufmann-ein-edelknipser-als-leica-retter.

18 Vgl. Eric Wick/Jody Foldesy/Sam Farley: Creating Value from Disruption (While Others Disappear). Boston: Boston Consulting Group, 2017, https://www.bcg.com/en-us/publications/2017/value-creation-strategy-transformation-creating-value-disruption-others-disappear; O. Abbosh/M. Moore/B. Moussavi, et al.: Disruption Need Not Be an Enigma, Accenture Digital Reports, 6. Februar 2018, https://www.accenture.com/us-en/insight-leading-new-disruptability-index.

19 Diese Tools finden in strategischen Projekten sehr häufig Anwendung. Mit der SWOT-Analyse bestimmen Unternehmen ihre Stärken, Schwächen, Chancen und Risiken und leiten daraus entsprechende Strategien ab. Im Rahmen einer PESTEL-Analyse werden Entwicklungen im Unternehmensumfeld (unter Berücksichtigung politischer, ökonomischer, gesellschaftlicher, technologischer, ökologischer und rechtlicher Faktoren) analysiert. Das Fünf-Kräfte-Modell ermöglicht eine Branchenstrukturanalyse und nimmt dabei Kunden, Zulieferer, Ersatzprodukte, neue Marktteilnehmer und die Rivalität unter den bestehenden Wettbewerbern in den Blick.

20 Vgl. Michael Shayne Gary/Robert E. Wood: Mental Models, Decision Rules, and Performance Heterogeneity, in: Strategic Management Journal 32, Ausgabe 6/2011, S. 569–594.

21 Vgl. Heather L. LaMarre/Kristen D. Landreville/Michael A. Beam: The Irony of Satire: Political Ideology and the Motivation to See What You Want to See in the Colbert Report, in: International Journal of Press/Politics 14, Ausgabe 2/2009, S. 212–231.

22 George S. Day/Paul J. H. Schoemaker: Driving Through the Fog: Managing at the Edge, in: Long Range Planning 37, Ausgabe 2/2004, S. 127–142.

23 Ebd.

24 Michael D. Watkins/Max H. Bazerman: Predictable Surprises: The Disasters You Should Have Seen Coming, in: Harvard Business Review 81, Ausgabe 3/2003, S. 72–85.

25 Vgl. Clayton Christensen/Kurt Matzler/Stephan Friedrich von den Eichen: The Innovator's Dilemma: Warum etablierte Unternehmen den Wettbewerb um bahnbrechende Innovationen verlieren. München: Franz Vahlen Verlag, 2011); Liz Bolshaw: Kaufmann Provides New Focus at Leica, in: Financial Times, 5. Juni 2014, https://www.ft.com/content/bc23b48a-eb0b-11e3-bab6-00144feabdc0.

26 Vgl. Jan Oliver Schwarz: Ex Ante Strategy Evaluation: The Case for Business Wargaming, in: Business Strategy Series (Åarhus University School of Business and Social Sciences) 12, Ausgabe 3/2011, S. 122–135.

27 Vgl. Cares/Miskel: Take Your Third Move First.

28 Hansjörg Honegger: We Want to Revolutionise the Industry, Interview mit Gisbert Rühl, CEO von Klöckner & Co., Swisscom, 16. Oktober 2017, https://www.swisscom.ch/en/business/enterprise/themen/iot/digitalisierung-im-stahlhandel.html.

29 Vgl. Daniel Kahneman: Thinking, Fast and Slow. New York: Farrar, Straus and Giroux, 2011.

30 Vgl. Clayton Christensen/Kurt Matzler/Stephan Friedrich von den Eichen: The Innovator's Dilemma: Warum etablierte Unternehmen den Wettbewerb um bahnbrechende Innovationen verlieren. München: Franz Vahlen Verlag, 2011); Clayton M. Christensen/Elizabeth Altman/Rory McDonald/Jonathan Palmer: Disruptive Innovation: Intellectual History and Future Paths, HBS Working Paper 17-057, Cambridge, MA: Harvard Business School, 2016, http://www.accioneduca.org/admin/archivos/clases/material/disruptive-innovation_1564407854.pdf.

31 Zitiert nach Clark G. Gilbert: Unbundling the Structure of Inertia: Resource versus Routine Rigidity, in: Academy of Management Journal 48, Ausgabe 5/2005, S. 741–63.

Gilbert hat außerdem herausgefunden, dass es nach hinten losgehen kann, wenn Unternehmen die Disruption als Bedrohung darstellen und dabei das Online-Vorhaben nicht vom Mutterunternehmen trennen. Findet diese Trennung nicht statt, würden sich die Verantwortlichem im etablierten Unternehmen an das bestehende Geschäft klammern in dem Versuch, es vor der Kannibalisierung zu schützen.

32 Vgl. PricewaterhouseCoopers: Energy Transformation the Impact on the Power Sector Business Model, 13th PwC Annual Global Power & Utilities Survey, 2013, https://www.pwc.com/ua/en/industry/energy-and-utilities/assets/pwc-global-survey-new.pdf.

33 Vgl. TrendResearch: Kurzstudie Eigentümerstruktur: Erneuerbare Energien. Bremen: Institut für Trend-und Marktforschung, 2012, www .trendresearch.de.

34 Vgl. Christensen/Matzler/von den Eichen: The Innovator's Dilemma; Mario Richter: Business Model Innovation for Sustainable Energy: German Utilities and Renewable Energy, in: Energy Policy, Ausgabe 62/2013, S. 1226–1237.

35 Vgl. Richter: Business Model Innovation for Sustainable Energy.

36 https://de.statista.com/outlook/cmo/lebensmittel/brot-getreideprodukte/fruehstueckscerealien-muesli/d-a-ch

37 https://www.dgap.de/dgap/News/corporate/mymuesli-gmbh-mymuesli-waechst-stark-und-profitabel-onlinestrategie-unterstuetzt-wachstum-waehrend-covidpandemie/?newsID=1454189; Anmerkung: DTC = Direct to Consumer

38 https://www.handelsblatt.com/unternehmen/handel-konsumgueter/best-practice-wie-gustavo-gusto-die-tiefkuehlpizza-vom-junkfood-image-befreit-hat/26965622.html

39 Vgl. voestalpine, Annual Report, 2016/2017. https://www.voestalpine.com/group/static/sites/group/.downloads/en/publications-2016-17/2016-17-annual-report.pdf.

40 Vgl. John E. Lichtenstein/Richard Oppelt: Five Inconvenient Truths for the Global Steel Industry, Natural Resources Blog, Accenture, 31. Juli 2017, https://www.accenture.com/us-en/blogs/blogs-five-global-steel-industry.

41 Ebd.

42 Interview mit Christian Presslmayer, voestalpine, 7. Mai 2018.

43 Vgl. Johanna Ruzicka: Voest bleibt brößter heimischer $CO_2$-Emittent, in: Der Standard, 2015.

44 Interview mit Christian Presslmayer, voestalpine, 7. Mai 2018.

45 voestalpine: H2Future on Track: Baustart der weltgrößten Wasserstoffpilotanlage, Pressemitteilung, 16. April 2018, https://www.voestalpine.com/group/de/media/presseaussendungen/2018-04-16-H2FUTURE-on-track-baustart-der-weltgroessten-wasserstoffpilotanlage.

46 voestalpine: voestalpine und ihre Partner erhalten grünes Licht für den Bau der weltweit größten industriellen Wasserstoffpilotanlage in Linz, Pressemitteilung, 16. Januar 2018, https://www.voestalpine.com/group/de/media/presseaussendungen/2018-01-16-voestalpine-und-ihre-partner-erhalten-gruenes-licht-fuer-den-bau-der-weltweit-goessten-industriellen-wasserstoffpilotanlage-in-linz/.

47 Martin L. Weitzman: Recombinant Growth, in: Quarterly Journal of Economics 113, Ausgabe 2/1998, S. 331–360, 331.

48 Weitzman: Recombinant Growth, S. 356 f.

49 Peter Burrows: The Future Is Ear: Why ‚Hearables' Are Finally Tech's Next Big Thing," Fast Company, 2. August 2018, https://www.fastcompany.com/90212065/the-future-is-ear-why-hearables-are-finally-techs-next-big-thing.

50 Interview mit Benedikt Heuer, WS Audiology, 18. Februar 2020.

51 Ebd.

## Kapitel 8

1 Vgl. Amy Keller: Truck Accidents, ConsumerNotice .org, 28. Juli 2020, https://www.consumernotice.org/personal-injury/traffic-safety/trucks.
2 Vgl. „BPW: Die Ladungssicherung intelligent machen", Bausicherheit, 17. Oktober 2018, https://www.bausicherheit-online.de/d/bpw-die-ladungssicherung-intelligent-machen.
3 Ebd.
4 Vgl. „BPW iGurt. Intelligent Cargo Securing", iF World Design Guide, 2019, https://ifworlddesignguide.com/entry/259574-bpw-igurt.
5 Vgl. „iGurt", German Innovation Award, Germany Design Council, 2019, https://www.german-innovation-award.de/preistraeger/preis/gewinner/igurt/.
6 Vgl. „BPW receives German Innovation Awards", Global trailer, 30. Mai 2019, http://www.globaltrailermag.com/news/article/bpw-receives-german-innovation-awards.
7 Nicolai Foss and Tina Saebi: Fifteen Years of Research on Business Model Innovation: How Far Have We Come, and Where Should We Go?, in: Journal of Management. 43, Ausgabe 1/2017, S. 202.
8 Vgl. Kurt Matzler/Franz Bailom/Stephan Friedrich von den Eichen/Thomas Kohler: Business Model Innovation: Coffee Triumphs for Nespresso, in: Journal of Business Strategy 34, Ausgabe 2/2013; Clayton M. Christensen/Thomas Bartman/Derek Van Bever: The Hard Truth about Business Model Innovation, in: MIT Sloan Management Review 58, Ausgabe 1/2016, S. 31–40.
9 Vgl. Zhenya Lindgardt/Martin Reeves/George Stalk/Michael S. Deimler: Business Model Innovation: When the Game Gets Tough, Change the Game, The Boston Consulting Group, Dezember 2009, https://imagesrc.bcg.com/Images/BCG_Business_Model_Innovation_Dec_09_tcm81 -121706.pdf.
10 Interview mit Markus Kliffken, BPW Gruppe, 8. April 2020.
11 Ebd.
12 Ebd.
13 Vgl. Mark W. Johnson: Overcoming Incumbent Challenges to Business Model Innovation, in; Leader to Leader, Ausgabe 91/2019), S. 7–12.
14 Vgl. Matzler et al.: Business Model Innovation.
15 Vgl. Zaw Thiha Tun: How Skype Makes Money, Unternehmensprofil, Investopedia, aktualisiert am 10. Juni 2020, https://www.investopedia.com/articles/investing/070915/how-skype-makes-money.asp; sowie Tom Warren: Microsoft's Skype Struggles Have Created a Zoom Moment, The Verge, Microsoft, 31. März 2020, https://www.theverge.com/2020/3/31/21200844/microsoft-skype-zoom-houseparty-coronavirus-pandemic-usage-growth-competition.
16 Vgl. „Rote Zahlen bei Air Berlin", in: Handelsblatt, 17. März 2011, https://www.handelsblatt.com/unternehmen/handel-konsumgueter/fluggesellschaft-rote-zahlen-bei-air-berlin/3962784.html?ticket=ST -1301463-Peig665PrpfD6CVlQYDk-ap2.
17 Jeffrey A. Krames: Inside Drucker's Brain, New York: Penguin, 2008, S. 101.
18 Vgl. Bill Schweber: Wildfire Ignites, Then Extinguishes, EDN, 10. November 2005, https://www.edn.com/wildfire-ignites-then-extinguishes.
19 Vgl. Christensen/Bartman/Van Bever: The Hard Truth about Business Model Innovation.
20 Ebd.
21 Ebd.
22 Ebd.
23 Vgl. Johnson: Overcoming Incumbent Challenges to Business Model Innovation.
24 Vgl. Christensen/Bartman/Van Bever: The Hard Truth about Business Model Innovation.
25 Vgl. Oliver Gassmann/Karolin Frankenberger/Michaela Csik: The Business Model Navigator: 55 Models That Will Revolutionise Your Business, Pearson UK, 2014.

26 Vgl. Giovanni Gavetti/Jan W. J. Rivkin: Analogien nutzen – aber richtig, in: Harvard Business Manager, Ausgabe 7/2005, S. 2–13.
27 Vgl. Gassmann/Frankenberger/Csik: The Business Model Navigator; Ellen Enkel/Florian Mezger: Imitation Processes and Their Application for Business Model Innovation: An Explorative Study, in: International Journal of Innovation Management 17, Ausgabe 1/2013, art. 1340005.
28 Vgl. Giovanni Gavetti/Daniel A. Levinthal/Jan W. Rivkin: Strategy Making in Novel and Complex Worlds: The Power of Analogy, in: Strategic Management Journal 26, Ausgabe 8/2005, S. 691–712.
29 Vgl. Gavetti/Rivkin: Analogien nutzen – aber richtig.
30 Ebd.
31 Vgl. Steven Johnson: Where Good Ideas Come From: The Natural History of Innovation, Penguin, 2011.
32 Vgl. Stuart A. Kauffman: Investigations, New York: Oxford University Press, 2000.
33 Vgl. Stephen Jay Gould/Elisabeth S. Vrba: Exaptation – a Missing Term in the Science of Form, in: Paleobiology 8, Ausgabe 1/1982, S. 4–15.
34 Vgl. Kauffman: Investigations.
35 Scott J. Warren/Greg Jones: Yokoi's Theory of Lateral Innovation: Applications for Learning Game Design, in: Journal of Educational Technology 5, Ausgabe 2/2008, S. 32–43.
36 https://www.ise.fraunhofer.de/content/dam/ise/de/documents/publications/studies/aktuelle-fakten-zur-photovoltaik-in-deutschland.pdf
37 https://efahrer.chip.de/news/alle-scheitern-an-solar-ziegeln-deutsche-firma-zeigt-wie-es-richtig-geht_106138
38 https://www.faz.net/aktuell/wirtschaft/klima-nachhaltigkeit/elon-musk-will-solar-dachziegel-fuer-besseres-klima-nutzen-17576059.html?premium
39 https://www.faz.net/aktuell/wirtschaft/klima-nachhaltigkeit/elon-musk-will-solar-dachziegel-fuer-besseres-klima-nutzen-17576059.html?premium
40 Vgl. Charles Baden-Fuller/Stefan Haefliger: Business Models and Technological Innovation, in: Long Range Planning 46, Ausgabe 6/2013, S. 419–426.
41 Vgl. Matzler et al.: Business Model Innovation.
42 Ebd.
43 Vgl. Emil Warburg: Magnetische Untersuchungen, in: Annalen der Physik 249, Ausgabe 5/1881, S. 141–64.
44 Vgl. Pierre Weiss/Auguste Piccard: Le Phénomène Magnétocalorique, in: Journal of Physics, Ausgabe 7/1917, S. 103–109.
45 Vgl. Ekkes Brück: Developments in Magnetocaloric Refrigeration, in: Journal of Physics D: Applied Physics 38, Ausgabe 23/2005, R381.
46 Vgl. Pressemitteilug von Mellsoft, 2013.
47 Vgl. Pressemitteilug von Mellsoft, 2009.
48 Vgl. Pressemitteilug von Mellsoft, 2015.
49 Mehr zur „Jobs to be done"-Theorie finden Sie in: Clayton M. Christensen/Taddy Hall, Karen Dillon/David S. Duncan: Erledigen Sie die Jobs Ihrer Kunden, in: Harvard Business Manager 10/2016), S. 32–43.
50 Vgl. Isin Guler: Pulling the Plug: The Capability to Terminate Unsuccessful Projects and Firm Performance, in: Strategy Science 3, Ausgabe 3/2018, S. 481–97.
51 Vgl. Stephanie Pandolph: adidas Uses Speedfactory to Localize Shoe Designs, in: Business Insider, 9. Oktober 2017, https://www.businessinsider.com/adidas-uses-speedfactory-to-localize-shoe-designs-2017-10?r=DE &IR=T.
52 Mehr dazu lesen Sie in dieser Pressemitteilung von adidas: adidas Deploys Speedfactory Technology at Asian Suppliers by End of 2019, adidas Newsarchiv, 11. November 2019, https://www.adidas-group.com/en/media/news-archive/press-releases/2019/adidas-deploys-speedfactory-technology-at-asian-suppliers-by-end-2019.

53 Vgl. „Adidas Unlocks a Circular Future for Sports with Futurecraft Loop“, adidas Newsarchiv, 17. April 2019, https://www.adidas-group.com/de/medien/newsarchiv/pressemitteilungen/2019/adidas-schliesst-den-produktlebenszyklus-mit-futurecraft-loop.
54 Vgl. Mark Wilson: Exclusive: adidas's Radical New Shoe could Change How the World Buys Sneakers, Fastcompany, 17. April 2019, https://www.fastcompany.com/90335038/exclusive-adidass-radical-new-shoe-could-change-how-the-world-buys-sneakers.
55 Vgl. Elizabeth Sergan: Inside adidas's Ambitious Plan to End Plastic Waste by 2030, Fastcompany, 28. Januar 2020, https://www.fastcompany.com/90456454/inside-adidas-ambitious-plan-to-end-plastic-waste-in-a-decade.
56 Vgl. „Coming Full Circle: adidas Futurecraft.Loop Gen 2“, in: Sneakers Magazine, 14. November 2019, https://sneakers-magazine.com/adidas-futurecraft-loop-gen-2.

## Kapitel 9

1 Francis Galton: Vox Populi, in: Nature 75/1907, S. 450–51.
2 Zitiert nach James Surowiecki: The Wisdom of Crowds: Why the Many Are Smarter Than the Few and How Collective Wisdom Shapes Business, Economics, Society and Nations, New York: Doubleday, 2004.
3 CrowdWorx hat Zeppelin Rental unterstützt und die Softwareplattform für den Prognosemarkt des Unternehmens bereitgestellt. Das Zitat stammt aus einer Pressemitteilung von CrowdWorx: Neue Fallstudie beweist: Mitarbeitermotivation 2.0 auf dem Vormarsch, 12. Februar 2013, https://www.pressebox.de/inaktiv/crowdworx/Neue-Fallstudie-beweist-Mitarbeitermotivation-2-0-auf-dem-Vormarsch/boxid/573611.
4 James Surowiecki: The Wisdom of Crowds.
5 Vgl. McKinsey: How Companies are Benefiting from Web 2.0, Ergebnisse einer weltweiten Studie, 1. September 2009, https://www.mckinsey.com/business-functions/mckinsey -digital/our-insights/how-companies-are-benefiting-from-web-20-mckinsey-global-survey-results#:~:text=Their%20responses%20suggest%20why%20Web,doing%20business%2C%20and%20higher%20revenues; Jacques Bughin: Taking the Measure of the Networked Enterprise, in: McKinsey Quarterly 51, Ausgabe 10/2015, S. 1–4.
6 Donald N. Thompson: Oracles: How Prediction Markets Turn Employees into Visionaries, Brighton, MA: Harvard Business Review Press, 2012.
7 Vgl. Clayton Christensen/Kurt Matzler/Stephan Friedrich von den Eichen: The Innovator's Dilemma: Warum etablierte Unternehmen den Wettbewerb um bahnbrechende Innovationen verlieren, München: Vahlen Verlag, 2011.
8 Zitiert nach Joe Nocera: The Future Divined by the Crowd, in: New York Times, 11. März 2006, https://www.nytimes.com/2006/03/11/business/the-future-divined-by-the-crowd.html.
9 Jack L. Treynor: Market Efficiency and the Bean Jar Experiment, in: Financial Analysts Journal 43, Ausgabe 3/1987, S. 50–53.
10 Ebd.
11 Vgl. Michael Nofer/Oliver Hinz: Are Crowds on the Internet Wiser Than Experts? The Case of a Stock Prediction Community, in: Journal of Business Economics 84, Ausgabe 3/2014, S. 303–338.
12 Nofer/Hinz: Are Crowds on the Internet Wiser Than Experts?, S. 303.
13 Vgl. Thompson: Oracles.
14 Vgl. Friedrich August Hayek: The Use of Knowledge in Society, in: American Economic Review 35, Ausgabe 4/1945, S. 519–530.
15 Vgl. Eugene F. Fama: Efficient Capital Markets: A Review of Theory and Empirical Work, in: Journal of Finance 25, Ausgabe 2/1970), S. 383–417.

16 Vgl. Joyce E. Berg/Forrest D. Nelson/Thomas A. Rietz: Prediction Market Accuracy in the Long Run, in: International Journal of Forecasting 24, Ausgabe 2/2008, S. 285–300.
17 Vgl. Justin Wolfers/Eric Zitzewitz: Prediction Markets, in: Journal of Economic Perspectives 18, Ausgabe 2/2004, S. 107–26; Philip M. Polgreen et al.: Use of Prediction Markets to Forecast Infectious Disease Activity, in: Clinical Infectious Diseases 44, Ausgabe 2/2007, S. 272–279.
18 Vgl. Patrick Buckley: Harnessing the Wisdom of Crowds: Decision Spaces for Prediction Markets in:" Business Horizons 59, Ausgabe 1/2016, S. 85–94.
19 Vgl. Bo Cowgill/Eric Zitzewitz: Corporate Prediction Markets: Evidence from Google, Ford, and Firm X, in: Review of Economic Studies 82, Ausgabe 4/2015, S. 1309–41; Thompson: Oracles.
20 Kurt Matzler/Christopher Grabher/Jürgen Huber/Johann Füller: Predicting New Product Success with Prediction Markets in Online Communities, in: R&D Management 43, Ausgabe 5/2013, S. 420–432.
21 Ebd.
22 Vgl. Buckley: Harnessing the Wisdom of Crowds.
23 Vgl. Thompson: Oracles.
24 Zitiert nach Jon Brodkin: Google Bets on Value of Prediction Markets, Network World, 5. März 2008, https://www.networkworld.com/article/2284098/google-bets-on-value-of-prediction-markets.html.
25 Vgl. Buckley: Harnessing the Wisdom of Crowds.
26 Vgl. Ho Teck-Hua/Chen Kay-Yut: New Product Blockbusters: The Magic and Science of Prediction Markets, in California Management Review 50, Ausgabe 1/2007, S. 144–158.
27 Vgl. Christian Franz Horn/Björn Sven Ivens: Corporate Prediction Markets for Innovation Management, in: Adoption of Innovation, Springer, 2015, S. 11–23.
28 Vgl. Ho/Chen: New Product Blockbusters.
29 Vgl. Matzler et al.: Predicting New Product Success with Prediction Markets in Online Communities.
30 Vgl. Martin Spann/Bernd Skiera: Internet-Based Virtual Stock Markets for Business Forecasting, in: Management Science 49, Ausgabe 10/2003, S. 1310–1326.
31 Vgl. Daniel E. O'Leary: User Participation in a Corporate Prediction Market, in: Decision Support Systems, Ausgabe 78/2015, S. 28–38.
32 Vgl. Thompson: Oracles.
33 Wenn Sie Externe einbinden, sind eventuell materielle Anreize nötig. Diese sollten angemessen hoch sein, damit die Teilnehmerinnen und Teilnehmer motiviert sind, Informationen zu recherchieren und ihr Wissen zu teilen, aber nicht so hoch, dass sie negatives, manipulatives Verhalten fördern. Vgl. Caitlin Hall: Prediction Markets: Issues and Applications, in: Journal of Prediction Markets 4, Ausgabe 1/2010.
34 Vgl. Li Chen/Paulo Goes/James R. Marsden/Zhongju Zhang: Design and Use of Preference Markets for Evaluation of Early Stage Technologies, in: Journal of Management Information Systems 26, Ausgabe 3/Winter 2009/2010, S. 45–70.
35 Vgl. Arina Soukhoroukova/Martin Spann/Bernd Skiera: Sourcing, Filtering, and Evaluating New Product Ideas: An Empirical Exploration of the Performance of Idea Markets, in: Journal of Product Innovation Management 29, Ausgabe 1/2012, S. 100–12.
36 Ebd.
37 Ebd.
38 Ebd.
39 Vgl. Chen et al.: Design and Use of Preference Markets for Evaluation of Early Stage Technologies.
40 Vgl. Mark Lang/Neeraj Bharadwaj/C. Anthony Di Benedetto: How Crowdsourcing Improves Prediction of Market-Oriented Outcomes, in: Journal of Business Research 69, Ausgabe 10/2016, S. 4168–4176.
41 Ebd.

42 Lang/Bharadwaj/Di Benedetto: How Crowdsourcing Improves Prediction of Market-Oriented Outcomes, S. 4174.
43 Ulrich Meyer-Berhorn, Deutsche Telekom, in einer E-Mail vom 4. April 2020.
44 Vgl. Philip E. Tetlock/Barbara A. Mellers/J. Peter Scoblic: Bringing Probability Judgments into Policy Debates via Forecasting Tournaments, in: Science 355, Ausgabe 6324/2017, S. 481–483.
45 Vgl. https://www.gjopen.com.
46 Lavoie, J.: The Innovation Engine at Rite-Solutions: Lessons from the CEO, in: The Journal of Prediction Markets, Ausgabe 3/1, S. 1.
47 Ebd.
48 Rite-Solutions, Gründungsdokument, Januar 2000.
49 Vgl. Lavoie: The Innovation Angine at Rite-Solutions.

50 Vgl. Buckley: Harnessing the Wisdom of Crowds.
51 Vgl. John C. Camillus: Strategy as a Wicked Problem, in: Harvard Business Review 86, Ausgabe 5/2008, S. 98.
52 Vgl. Surowiecki: The Wisdom of Crowds.

## Kapitel 10

1 Auf diese Geschichte aufmerksam geworden sind wir in BBC Radio Four: Check Out Costing the Earth: Heroines of the Rainforest, 14. März 2017, https://www.bbc.co.uk/programmes/b08hnly0.
2 Vgl. die Website des Unternehmens: https://healthinharmony.org.
3 Kinari Webb: Saving Lives by Saving Trees, TEDxRainier, YouTube-Video, 19. Februar 2016, https://www.youtube.com/watch?v=tJkeZ_4wuYg.
4 Vgl. die Website des Unternehmens: https://healthinharmony.org.
5 Webb: Saving Lives by Saving Trees.
6 Yao-Hua Law: How a Pioneering Clinic in Indonesia Is Saving Lives—and the Rainforest, in: Independent, 29. November 2017, https://www.independent.co.uk/news/long_reads/rainforest-healthcare-asri-indonesia-conservation-a8060681.html.
7 Vgl. BBC Radio Four: Check Out Costing the Earth.
8 Vgl. Jon L. Pierce/Tatiana Kostova/Kurt T. Dirks: Toward a Theory of Psychological Ownership in Organizations, in: Academy of Management Review 26, Ausgabe 2/2001, S. 298–310; Jon L. Pierce/Michael P. O'Driscoll/Anne Marie Coghlan: Work Environment Structure and Psychological Ownership: The Mediating Effects of Control, in: Journal of Social Psychology 144, Ausgabe 5/2004, S. 507–534; Linn-Van Dyne and Jon L. Pierce: Psychological Ownership and Feelings of Possession: Three Field Studies Predicting Employee Attitudes and Organizational Citizenship Behavior, in: Journal of Organizational Behavior 25, Ausgabe 4/2004, S. 439–459.
9 Vgl. Michael P. O'Driscol/Jon L. Pierce/Ann-Marie Coghlan: The Psychology of Ownership: Work Environment Structure, Organizational Commitment, and Citizenship Behaviors, in: Group & Organization Management 31, Ausgabe 3/2006, S. 388–416.
10 Vgl. Donald Sull/Stephano Turconi/Charles Sull/James Yoder et al.: Turning Strategy into Results, in: MIT Sloan Management Review, 28. September 2017, https://sloanreview.mit.edu/article/turning-strategy-into-results; „When CEOs Talk Strategy, Is Anyone Listening?", in: Harvard Business Review, Juni 2013, https://hbr.org/2013/06/when-ceos-talk-strategy-is-anyone-listening.
11 Purps-Pardigol, Sebastian und Kehren, Henrik: Digitalisieren mit Hirn: Wie Führungskräfte die Mitarbeiter für den Wandel gewinnen, Campus Verlag 2018
12 https://www.digitalkompakt.de/transkripte/digitalisierung-viessmann/

13 Für eine detaillierte Beschreibung siehe Purps-Pardigol, Sebastian und Kehren, Henrik: Digitalisieren mit Hirn: Wie Führungskräfte die Mitarbeiter für den Wandel gewinnen, Campus Verlag 2018
14 Purps-Pardigol, Sebastian und Kehren, Henrik: Digitalisieren mit Hirn: Wie Führungskräfte die Mitarbeiter für den Wandel gewinnen, Campus Verlag 2018
15 https://www.handelsblatt.com/unternehmen/mittelstand/familienunternehmer/familienunternehmer-und-vordenker-so-umfassend-transformiert-max-viessmann-den-eigenen-familienbetrieb/24088062.html
16 https://www.businessinsider.de/gruenderszene/allgemein/max-viessmann-digitalisierung/
17 Die Ansichten, die Michael Ryan hier vertritt, spiegeln seine persönliche Meinung wieder und entsprechen nicht unbedingt der Position des US-Verteidigungsministeriums.
18 Interview mit Michael Ryan, NATO, 10. Juni 2020.
19 Ebd.
20 Interview mit Liam Cleaver, IBM.
21 Interview mit Thomas Cook, Steelecase, 5. Juni 2020.
22 Ebd.
23 Interview with Christian Wiese, Steelecase, 5. Juni 2020.
24 Interview mit Thomas Cook, Steelecase, 5. Juni 2020.
25 Interview with Christian Wiese, Steelecase, 5. Juni 2020.
26 Brightline Project Management Institute: Organizational Transformation: How Steelcase Developed a Strategy for Growth in a Changing Workplace, Fallstudie, 14. Mai 2019, https://www.brightline.org/resources/how-steelcase-developed-a-strategy-for-growth-in-a-changing-workplace.
27 Vgl. Steelcase, Geschäftsbericht 2020, http://ir.steelcase.com/static-files/8276e01c-79b2-4b07-9261-ecdd8629703c.
28 Vgl. Brightline Project Management Institute: Organizational Transformation: How Steelcase Developed a Strategy for Growth in a Changing Workplace.
29 Vgl. Tsedal B. Neeley/Paul Leonardi: Enacting Knowledge Strategy through Social Media: Passable Trust and the Paradox of Non-Work Interactions, in: Strategic Management Journal 39, Ausgabe 3/2018, S. 922–946.
30 Interview mit Luz Rodrigo Martorell, Telefónica, 20. Dezember 2017.
31 Nachzulesen in Adam Zawel: Strategy and the Social Enterprise, Palladium, 2016, https://silo.tips/download/strategy-and-the-social-enterprise.
32 Zitiert nach Microsoft: Telefónica Empowers Employees, Achieves Digital Transformation with Social Communities, Office 365, https://customers.microsoft.com/en-us/story/telefnica-empowers-employees-achieves-digital-transformation-with-social-communities, abtufbar unter https://de.scribd.com/document/369798847/Telefonica-Case-Study.
33 Vgl. Telefónica: Letter from José María Álvarez-Pallete, 27. November 2019, https://www.telefonica.com/ext/the-new-telefonica.
34 Interview mit Rodrigo Martorell, 20. Dezember 2017.
35 Vgl. Jim Whitehurst: The Open Organization: Igniting Passion and Performance, Brighton, MA: Harvard Business Review Press, 2015.
36 Jackie Yeaney: Democratizing the Corporate Strategy Process at Red Hat, Management Innovation Exchange, 10. November 2011, https://www.managementexchange.com/story/democratizing-corporate-strategy-process-red-hat.
37 Arne Gast/Michele Zanini: The Social Side of Strategy, McKinsey Quarterly, Mai 2012, S. 1–15.
38 Vgl. Yeaney: Democratizing the Corporate Strategy Process at Red Hat.
39 Mehr zu diesen Dilemmata im Zusammenhang mit Open Strategy lesen Sie zum Beispiel hier: Julia Hautz/David Seidl/Richard Whittington: Open Strategy: Dimensions, Dilemmas, Dynamics, in: Long Range Planning 50, Ausgabe 3/2017, S. 298–309; Dani-

el Stieger/Kurt Matzler/Sayan Chatterjee/Florian Ladstätter-Fussenegger: Democratizing Strategy: How Crowdsourcing Can Be Used for Strategy Dialogues, in: California Management Review 54, Ausgabe 4/Sommer 2012, S. 44–68; oder Arvind Malhotra/Ann Majchrzak/Rebecca M. Niemiec: Using Public Crowds for Open Strategy Formulation: Mitigating the Risks of Knowledge Gaps, in: Long Range Planning 50, Ausgabe 3/2017, S. 397–410.

40 Zitiert nach João Baptista/Alex Wilson/Robert D. Galliers:Steve Bynghall: Social Media and the Emergence of Reflexiveness as a New Capability for Open Strategy, in: Long Range Planning 50, Ausgabe 3/2017, S. 328.

41 Vgl. Neeley/Leonardi: Enacting Knowledge Strategy through Social Media.

42 Interview with Rodrigo Martorell, Telefónica, 20. Dezember 2017.

## Epilog

1 Vgl. Thomas Wolfram: Have Corporate Prediction Markets Had Their Heyday?, in: Foresight: The International Journal of Applied Forecasting, Ausgabe 37/2015, S. 29–36.

2 Interview mit Ernesto Maurer, SSM, 8. August 2017.